全国土壤污染状况详查技术与方法系列丛书

全国重点行业企业用地土壤污染状况调查技术与方法

生态环境部土壤生态环境司
全国土壤污染状况详查工作办公室 　编著

中国环境出版集团·北京

图书在版编目（CIP）数据

全国重点行业企业用地土壤污染状况调查技术与方法/
生态环境部土壤生态环境司，全国土壤污染状况详查工作
办公室编著. —北京：中国环境出版集团，2023.10
（全国土壤污染状况详查技术与方法系列丛书）
ISBN 978-7-5111-5617-4

Ⅰ. ①全… Ⅱ. ①生…②全… Ⅲ. ①土壤污染—调查—中国 Ⅳ. ①X53

中国国家版本馆 CIP 数据核字（2023）第 179445 号

扫码获取本书视频资源

出版人	武德凯
责任编辑	宾银平
封面设计	彭 杉

出版发行　中国环境出版集团
　　　　　（100062　北京市东城区广渠门内大街 16 号）
　　　网　　址：http://www.cesp.com.cn
　　　电子邮箱：bjgl@cesp.com.cn
　　　联系电话：010-67112765（编辑管理部）
　　　发行热线：010-67125803，010-67113405（传真）

印　刷	北京鑫益晖印刷有限公司
经　销	各地新华书店
版　次	2023 年 10 月第 1 版
印　次	2023 年 10 月第 1 次印刷
开　本	787×1092　1/16
印　张	21.5
字　数	460 千字
定　价	198.00 元

【版权所有。未经许可请勿翻印、转载，侵权必究】
如有缺页、破损、倒装等印装质量问题，请寄回本集团更换。

中国环境出版集团郑重承诺：
中国环境出版集团合作的印刷单位、材料单位均具有中国环境标志产品认证。

全国土壤污染状况详查技术与方法系列丛书

编委会

主　　编：苏克敬

执行主编：林玉锁　洪亚雄

副 主 编：李海生　赵克强　陆　军　钟　斌　刘晓文　黄业茹
　　　　　成杭新　闫　成　郧文聚　马义兵　吕春生

编　　委：何　军　郭从容　刘玉平　邹世英　田洪海　王文杰
　　　　　王夏晖　郑顺安　张俊丽　魏彦昌　任　静　杨　伟
　　　　　郭观林　师华定　龙　涛　吴忠祥　王国庆　张红振
　　　　　安　毅　李菊梅

《全国重点行业企业用地土壤污染状况调查技术与方法》

编著者及参编单位名单

主要编著者： 刘晓文　郭观林　林玉锁　张俊丽　谢云峰　丁文娟　史沛丽
　　　　　　　杨　宾　邓绍坡　王国庆　熊文成

编著者成员（按姓氏笔画顺序）：

丁文娟　丁　达　王云涛　王　永　王国庆　王　维　王　磊
区杰泳　方婷婷　邓绍坡　田志仁　田　梓　史沛丽　冯艳红
朱岗辉　朱玮玮　伍　斌　刘晓文　孙　丽　杜俊洋　杜蕴慧
李大雁　李名升　李忠元　李宗超　李龚程　李勖之　李媛媛
李　群　杨　宾　杨　楠　吴文成　吴运金　吴　健　吴颖欣
吴嘉慧　何泽新　何瑞成　沙克昌　沈　城　宋清梅　张　亚
张丽娜　张俊丽　张施阳　张笑然　张雅琼　张翼翔　陆子熠
陆晓松　陈运帷　陈　征　范婷婷　林玉锁　周　丽　周伶俐
屈　冉　胡大鹏　姜锦林　娄启佳　郭观林　黄沈发　黄国鑫
崔冠男　康玉麟　谢云峰　雷　蕾　熊文成

参编单位：

生态环境部土壤生态环境司

生态环境部土壤与农业农村生态环境监管技术中心

生态环境部南京环境科学研究所

生态环境部卫星环境应用中心

生态环境部华南环境科学研究所

国家环境分析测试中心

生态环境部环境规划院

中国环境科学研究院

中国环境监测总站

生态环境部环境工程评估中心

北京市生态环境保护科学研究院

上海市环境科学研究院

序

土壤是生命赖以生存的重要基础。作为地球上最具多样性的栖息地和主要碳库，健康的土壤对粮食生产、宜居的环境、清洁和充足的供水以及稳定的气候至关重要。科学、合理地开发、利用、改造、保护土地，正确处理人与土地的关系，并在利用土地、获得土地产品的过程中，实现土地的可持续利用和人类自身的可持续发展，一直是我国生态环境系统的重要职责。

党的十八大以来，以习近平同志为核心的党中央以前所未有的力度推动生态文明建设，美丽中国建设迈出重大步伐，我国生态环境保护发生历史性、转折性、全局性变化。2016 年，国家发布实施《土壤污染防治行动计划》，明确的第一项任务便是开展全国土壤污染状况详查（以下简称土壤详查）；2019 年，国家施行《中华人民共和国土壤污染防治法》。这一系列重大战略措施对我国土壤的保护、风险管控、治理修复起到了非常重要的作用。

土壤详查是目前国内外开展的覆盖面较广、系统性较强、工作量巨大、质量管理严格、工作程度较深、各部门合作密切的土壤环境调查工作之一，广大详查参与人员创新思路、扎实苦干，克服时间紧、技术基础弱、质量管理挑战大、新冠疫情影响突出等诸多困难，如期高质量完成了任务，其工作成果夯实了土壤环境管理基础，提升了土壤生态环境管理水平，为管控土壤环境风险发挥了重要支撑作用，也为全国土壤监测网络的设计与建设提供了重要参考，还可为将来土壤环境质量标准的制修订提供科学依据。

为了应对工作过程中面临的诸多挑战，本次土壤详查加强顶层设计，形成了严密的组织体系和高效的工作推进模式；制定了科学合理的技术路线；充分利用智能终端、地理信息系统、物联网和卫星遥感、现代分析测试等先进技术手段，提升了工作效率,创新建立了土壤环境调查全过程质量管理体系和质量控制技术与方法,真正实现了对调查全过程独立质量控制,为开展全国性土壤调查积累了宝贵的经验。为了科学总结土壤详查技术方法与工作经验,生态环境部土壤生态环境司、全国土壤污染状况详查工作办公室组织编写了"全国土壤污染状况详查技术与方法系列丛书"(以下简称丛书)。

丛书针对土壤详查中不同任务的工作特点,共分为《全国农用地土壤污染状况详查技术与方法》《全国重点行业企业用地土壤污染状况调查技术与方法》《全国土壤污染状况详查质量保证与质量控制》3个分册,在编写上既考虑了专业技术人员的需要,又考虑了普通读者的需求,并辅以实际案例对组织与技术内容进行解释说明,增强了可读性,使丛书成为技术人员和管理人员可以按图索骥、解决实际问题的常备工具书。

作为全国土壤污染状况详查工作专家咨询委员会主任,本人密切参与并跟踪土壤详查工作的顶层设计、组织实施、数据分析与成果集成,充分体会到土壤详查工作顶层设计科学严谨、组织实施严密细致,获得的成果科学、翔实、可靠,为全国土壤污染防治工作的开展奠定了坚实基础。将土壤详查的主要成果体现在一套丛书之中,是广大参与土壤详查工作人员集体智慧的结晶,是一件非常有意义的事。希望丛书能够对土壤生态环境保护工作者、关心和支持土壤生态环境保护工作的社会各界读者有所借鉴,并为今后开展同类调查或其他相关调查工作提供参考。让我们共同努力,为践行习近平生态文明思想、实现美丽中国建设目标而不懈奋斗!

魏复盛

2023年7月

序

　　万物土中生。土壤是经济社会可持续发展的物质基础，支撑着人类的繁衍和国家的发展，良好的土壤环境关系到人民群众的身体健康、生态环境安全和美丽中国建设。党和国家高度重视土壤生态环境保护和土壤污染风险管控。2000年以来，生态环境、自然资源、农业农村等相关部门相继开展了全国性的土壤污染状况、土壤地球化学状况、农产品产地土壤重金属污染状况等调查，掌握了我国土壤环境质量变化和土壤污染的基本情况，积累了大量第一手调查数据。2012年，党的十八大吹响了向环境污染宣战的号角，提出坚决打好污染防治攻坚战的总要求。为深入打好净土保卫战，科学精准管控土壤污染风险，2016年5月，国务院发布《土壤污染防治行动计划》，其中首要任务就是要在以往土壤环境调查基础上，进一步查清农用地土壤污染面积、分布及其对农产品质量的影响，掌握重点行业企业用地土壤污染风险情况，为农用地土壤环境质量分类管控和建设用地准入管理提供科学支撑。

　　为此，2017—2021年，生态环境、自然资源、农业农村等部门联合组织开展了全国土壤污染状况详查（以下简称土壤详查），整合各自领域优势学科资源，集中行业专业技术力量，调动了国家和地方几百支/个专业队伍、科研机构和第三方检测实验室的数万人参加，是我国土壤环境领域历史上一次空前的"大会战"，各部门、各单位密切配合，团结协作，真正实现了"五统一"（统一调查方案、统一实验室筛选要求、统一评价标准、统一质量控制、统一调查时限）。本次土壤详查克服了时间紧、任务重、要求高、工作量大以及新冠疫情影响等困难和挑战，圆满完成了土壤详查的目标任务，确保调查数据"真、准、全"，交出了一份满意的答卷。

本次土壤详查有许多方面值得总结，除项目组织管理、条件保障等工作做得好之外，离不开土壤详查总体方案的顶层设计、调查技术路线与方法等方面的创新与实践。"全国土壤污染状况详查技术与方法系列丛书"（以下简称丛书）系统总结了土壤详查的技术与方法，由 3 个分册组成，分别为《全国农用地土壤污染状况详查技术与方法》《全国重点行业企业用地土壤污染状况调查技术与方法》《全国土壤污染状况详查质量保证与质量控制》。丛书内容全面、系统，图文并茂，可读性强，全方位展示了我国土壤环境调查专业技术人员的智慧和经验。相信丛书的出版，一定会在国内外产生积极的影响，对促进土壤环境领域调查技术方法进步、提升调查工作水平，具有很强的实际指导意义。希望丛书能够对土壤生态环境保护工作者、关心和支持土壤生态环境保护工作的社会各界读者有所帮助，为今后开展同类调查或其他相关调查提供借鉴和参考。

蔡道基

2023 年 7 月

前 言

全国土壤污染状况详查（以下简称土壤详查）是一次重大的基础国情调查，也是目前国内外开展的覆盖范围最广的调查活动之一，是多部门团结协作并取得高质量成果的典范工程。2016年12月，经国务院批准，环境保护部、财政部、国土资源部、农业部、国家卫生计生委联合印发实施《全国土壤污染状况详查总体方案》，全面部署土壤详查工作，包括农用地土壤污染状况详查（以下简称农用地详查）和重点行业企业用地土壤污染状况调查（以下简称企业用地调查）两方面。在各地方、各部门的精心组织和密切配合下，广大详查人员历时4年，圆满完成土壤详查工作各项任务，取得了丰硕的成果。

本次土壤详查工作探索形成了一整套覆盖调查全过程的技术体系、方法和组织管理模式，在点位布设、采样调查、分析测试、综合评价、成果集成和信息技术应用等方面统一规范，制定了系列技术规定和操作指南。采用了多源数据融合科学确定调查范围和对象，通过重点采样和分层抽样方法，确保了有限条件下调查的科学性和有效性；全过程按照统一调查方案、统一实验室筛选要求、统一评价标准、统一质量控制、统一调查时限的"五统一"原则，建立了完备的质量管理体系，确保了数据的真实性和可靠性。本次土壤详查超过3万人参与，进一步提升了我国土壤环境调查的专业化技术能力和水平，为今后开展全国土壤污染状况调查等工作积累了宝贵经验。

土壤详查成果在支撑中央宏观决策和战略规划制定、《中华人民共和国土壤污染防治法》贯彻实施、《土壤污染防治行动计划》目标任务落实等方面发挥了积极作用，夯实了土壤环境管理基础，提升了土壤生态环境管理水平。"十四五"时期是我国开启全面建设社会主义现代化国家新征程、向第二个百年奋斗目标进军、积极推进美丽中国建设的第一个五年，我们希望充分发挥土壤详查成果的基础性作用，贯彻习近平生态文明思想，深入打好净土保卫战，为落实精准治污、科学治污、依法治污要求提供重要支撑，为全面建设社会主义现代化国家、全面推进中华民族伟大复兴做出新的更大贡献。为此，生态环境部土壤生态环境司、全国土壤污染状况详查工作办公室组织编写了"全国土壤污染状况详查技术与方法系列丛书"（以下简称丛书），包括《全国农用地土壤污染状况详查技术与方法》《全国重点行业企业用地土壤污染状况调查技术与方法》《全国土壤污染状况详查质量保证与质量控制》3个分册。丛书系统、全面、准确总结了农用地和企业用地土壤环境调查方法以及质量保证与质量控制技术方法，希望能够对土壤生态环境保护工作者、关心和支持土壤生态环境保护工作的社会各界读者有所借鉴，为今后开展同类调查或其他相关调查工作提供重要参考。

土壤详查是落实党中央和国务院部署的重要工作，得到了生态环境部、财政部、自然资源部、农业农村部、国家卫健委以及各省（区、市）人民政府和新疆生产建设兵团有关领导、有关部门负责同志的大力支持。在工作过程中，国家级及省级的生态环境、自然资源、农业农村等部门的有关技术单位，中国科学院南京土壤研究所、地理科学与资源研究所、生态环境研究中心、沈阳应用生态研究所等相关科研院所，以及清华大学、浙江大学、中国地质大学、南方科技大学、南京农业大学、北京大学、成都理工大学、贵州大学等高校的专家学者和技术人员深度参与、精诚协作，为顺利完成土壤详查工作做出了重要贡献。特别感谢魏复盛、蔡道基、陶澍、朱利中、朱永官、周成虎、孙九林、毛景文等院士，以及王水、王亚平、王英英、王衍亮、田西昭、史舟、代杰瑞、兰希平、朱焰、刘飞、刘伟、刘国、刘毅、李广贺、李玉浸、李发生、李国刚、杨忠芳、吴天生、吴爱民、吴攀、谷庆宝、宋云、张天柱、张甘霖、张古斌、张秀芝、张建辉、张榆霞、陈梦舫、陈蓓、赵方杰、郝爱兵、荆继红、胡冠九、胡清、钟重、侯德义、姜林、骆永明、夏天翔、夏学奇、顾铁新、奚小环、高尚宾、郭书海、黄宏坤、黄明祥、黄标、龚宇阳、蒋新、雷梅（按姓氏笔画排序）等专家在土壤详查工作开展过程中强有力的技术指导与支持；感谢各级各部门领导对土壤详查工作的支持，感谢全体参与土壤详查工作的技术人员、管理者的辛勤付出。参加本丛书编写的各位编著者，都深度参与了土壤详查工作，他们在此基础上对详查工作的技术方法进行了系统科学的凝练总结，向他们表示诚挚的感谢！

自土壤详查工作启动至丛书出版，历时7年多时间，相关资料、技术方法在整理过程中会有不尽如人意之处，敬请读者谅解指正。

丛书主编　苏克敬

2023年7月

目 录

第1章 概 述 /1
　1.1 背景与意义 /1
　1.2 国内外建设用地环境调查与管理 /3
　1.3 企业用地调查面临的挑战 /16
　1.4 调查工作目标与内容 /16
　1.5 组织管理与实施 /18
　1.6 质量保证与质量控制 /23

第2章 企业用地调查技术路线与技术体系构建 /28
　2.1 总体思路与技术路线 /28
　2.2 企业用地调查技术体系 /31
　2.3 企业用地调查主要技术难点 /38

第3章 调查对象确定 /41
　3.1 重点行业分类与企业筛选原则 /41
　3.2 调查对象名单初筛 /43
　3.3 调查对象核实确定 /47

第4章 风险筛查与分级 /59
　4.1 风险筛查模型的构建方法 /59
　4.2 风险筛查模型评估及优化方法 /77
　4.3 基于综合研判的风险等级优化规则 /101
　4.4 风险筛查与分级方法的应用 /108

第5章 基础信息调查 /115
　5.1 基础信息调查内容 /115

5.2 基础信息采集方法 / 119

5.3 企业地块空间信息采集方法 / 132

5.4 调查信息整合分析与档案建立 / 136

第6章 初步采样调查 / 151

6.1 初步采样调查地块的确定及工作流程 / 151

6.2 初步采样调查布点方法 / 152

6.3 测试指标筛选与方法确定 / 161

6.4 土孔钻探与地下水建井采样的方法 / 172

6.5 样品保存和流转方法 / 197

第7章 数据审核与综合分析 / 204

7.1 数据审核 / 204

7.2 数据综合分析 / 211

7.3 图件编制 / 224

第8章 企业用地调查信息管理系统构建 / 236

8.1 基础信息调查子系统 / 236

8.2 初步采样调查子系统 / 244

8.3 样品检测与数据报送子系统 / 251

8.4 数据统计分析与评价子系统 / 255

8.5 系统相关软硬件配置 / 257

第9章 总结与展望 / 259

9.1 总结 / 259

9.2 展望 / 262

附 录 / 264

附录A 土壤污染重点行业及其影响途径、企业筛选原则表 / 264

附录B 关闭搬迁企业地块风险筛查指标释义及等级得分的计算方法 / 286

附录C 在产企业地块风险筛查指标释义及等级得分的计算方法 / 292

附录D 关闭搬迁企业地块信息调查表 / 302

附录E 在产企业地块信息调查表 / 314

参考文献 / 329

第 1 章 概 述

重点行业企业用地土壤污染状况调查(以下简称企业用地调查)是全国土壤污染状况详查的重要组成部分,是一项重大的国情调查,是保障《土壤污染防治行动计划》(以下简称"土十条")全面实施的重要基础性工作。企业用地调查自2016年启动以来,在充分调研与借鉴国内外相关调查经验、统筹利用和分析已有相关调查数据成果的基础上,通过系统谋划,国家多部门团结协作,省、市两级有关部门和广大详查人员扎实苦干,克服了时间紧、技术基础弱、质量管理挑战大等诸多困难,顺利完成了企业用地调查各项目标任务。在调查过程中,通过全流程三级质量控制体系,确保了企业用地调查质量保证与质量控制工作顺利实施,保障了全国调查数据的真实、准确、全面。

1.1 背景与意义

1.1.1 工作背景

改革开放以来,我国工业经济迅速发展壮大,企业数量快速增长,生产经营活动中有毒有害物质排放导致部分企业地块土壤、地下水以及周边农用地受到不同程度污染。2000年以后,我国进入"退二进三"[①]经济结构战略性调整的重要时期,许多城市及地区进行了工业结构与布局调整,关闭搬迁了一批重污染工业企业,随之产生大量关闭搬迁企业地块,其中有相当部分是污染地块。与此同时,随着城市化进程的不断加快,城市用地供需矛盾进一步加剧,关闭搬迁企业地块再开发利用的情况日益增多。一些未经调查、评估、治理的污染地块直接被开发利用,存在较大环境安全隐患,直接影响人居环境安全、威胁人民群众身体健康的事件时有发生,如"北京宋家庄地铁站中毒事件""常州外国语学校事件"等,成为社会广泛关注的焦点。

---

① "退二进三"即调整城市市区用地结构,减少工业企业用地比重,提高服务业用地比重。

党中央、国务院高度重视土壤环境问题。2012年，党的十八大报告提出"以解决损害群众健康突出环境问题为重点，强化水、大气、土壤等污染防治"。党的十八届五中全会明确要求"加大环境治理力度，以提高环境质量为核心，实行最严格的环境保护制度，深入实施大气、水、土壤污染防治行动计划"。加强土壤环境保护成为推进生态文明建设和维护国家生态安全的重要内容。但是，我国土壤环境管理起步晚、基础薄弱，监测体系不健全，长期面临土壤污染状况底数不清等问题；以往调查以"宏观"为最基本特点，着眼于综合防治工作，调查对象多侧重于农用地土壤，针对在产和关闭搬迁企业地块调查相对缺乏，加之我国企业数量众多、行业类型多样、污染问题复杂，企业用地土壤污染状况底数不清的问题成为制约企业用地土壤环境精细化管理的主要"瓶颈"。因此，迫切需要在充分利用和综合分析已有相关调查成果的基础上，开展全国重点行业企业用地土壤污染状况调查。

为贯彻落实党中央、国务院重要决策部署，有效解决土壤污染状况底数不清问题，满足土壤污染分级分类管理的需求，2016年5月，"土十条"印发实施，其将开展土壤污染状况详查列为第一项任务。据此，2016年12月，经国务院批准，环境保护部、财政部、国土资源部、农业部、卫生计生委5部委联合印发《全国土壤污染状况详查总体方案》（以下简称《总体方案》），总体部署启动全国土壤污染状况详查工作，包括全国农用地土壤污染状况详查（以下简称农用地详查）和企业用地调查。

1.1.2 重要意义

企业用地调查是一次重大国情调查，是在坚决打好、打赢污染防治攻坚战的大背景下实施的一项系统工程。

1）开展企业用地调查是全面摸清企业用地土壤污染状况底数的基础性工作。通过企业用地调查，能够及时摸清企业用地土壤环境风险的底数，了解我国经济社会长期发展的过程中工矿企业生产对土壤和地下水的环境风险状况和污染情况，从源头上采取针对性措施保护土壤生态环境，防止污染加重与扩散，提升土壤污染风险管控的成效。

2）开展企业用地调查是确保"住得安心"的重大民生工程。随着我国供给侧结构性改革持续深化，关闭搬迁企业地块进一步开发建设的情况日趋增多。开展企业用地调查，可以提前识别企业用地的潜在环境风险和优先管控重点，进一步支撑建设用地准入管理需求，保障人民群众"住得安心"。

3）开展企业用地调查是落实"土十条"的重要任务。"土十条"明确了"坚持预防为主、保护优先、风险管控，突出重点区域、行业和污染物，实施分类别、分用途、分阶段治理，严控新增污染、逐步减少存量"的土壤污染防治总体思路，通过企业用地调查，查清重点行业企业用地中污染地块的分布及其环境风险情况，可以有针对性地推进建设用地准入管理、合理确定土地用途、分阶段实施污染地块风险管控和治理，为开展在产企业土壤地下水污染源头防控提供重要依据，进而提升土壤环境管理的精细化、专业化、信息化水平。

4）开展企业用地调查有助于增强企业土壤生态环境保护意识。长期以来，许多工矿企业对生产经营活动造成的地块土壤、地下水污染及周边环境影响重视程度不够，没有采取有效措施预防土壤污染，导致企业用地土壤地下水污染比较严重。开展企业用地调查，查明企业生产经营活动对地块土壤、地下水生态环境的影响，有助于推动企业经营者树立保护土壤生态环境的责任意识，落实土壤生态环境保护责任。

5）开展企业用地调查有助于健全土壤污染调查技术体系。2014年印发实施的HJ 25.1～HJ 25.4[①]系列导则，建立了地块尺度上涵盖调查、监测和修复等环节的技术方法体系。企业用地调查在已有工作基础上，建立健全、完善了覆盖调查全过程的技术体系、管理体系和质量管理体系，为今后全国土壤污染状况调查提供支撑。

6）开展企业用地调查有助于提升土壤污染防治相关产业发展水平。企业用地调查可以推动各级生态环境部门和企业加深对国家政策法规和技术规范的理解，掌握企业用地土壤污染防治和风险管控的关键环节；能够培养一支服务、支撑土壤环境管理和地块风险管控的专业化技术队伍，促进土壤污染防治相关产业健康、规范、有序发展。

1.2 国内外建设用地环境调查与管理

在全国范围内组织开展企业用地调查，充分调研与借鉴国内外相关调查经验，对企业用地调查具有十分重要的参考和借鉴作用。

1.2.1 国外建设用地环境调查与管理

美国、加拿大、日本等国家在土壤污染状况调查和土壤环境管理方面已经积累了40多年的经验，形成了基于风险防控的污染地块环境管理相关法律法规与标准规范，建立了污染地块调查、风险评估制度，在污染地块的污染识别、分类管理、监管体系构建、依法追责、管控修复资金筹措等方面发挥了重要作用。国外在区域尺度或地块尺度上陆续开展了以污染地块为主要对象的土壤污染状况调查，并将其作为一项长期持续性的日常土壤环境监管工作。

---

① HJ 25.1～HJ 25.4 分别指《场地环境调查技术导则》（HJ 25.1—2014）、《场地环境监测技术导则》（HJ 25.2—2014）、《污染场地风险评估技术导则》（HJ 25.3—2014）、《污染场地土壤修复技术导则》（HJ 25.4—2014），现均已作废，分别被下列标准代替：《建设用地土壤污染状况调查技术导则》（HJ 25.1—2019）、《建设用地土壤污染风险管控和修复监测技术导则》（HJ 25.2—2019）、《建设用地土壤污染风险评估技术导则》（HJ 25.3—2019）、《建设用地土壤修复技术导则》（HJ 25.4—2019）。

1.2.1.1 区域尺度调查与管理

（1）美国调查评估与危害排序

《综合环境反应、补偿与责任法》（通常称为《超级基金法》）规定，由美国国家环境保护局（USEPA）在日常管理工作中组织开展地块污染识别与调查，通过系统性调查评估确认污染严重、环境危害大、需进一步调查和治理修复的地块，建立国家优先管控地块名录（NPL）（U.S. Environmental Protection Agency，1991）。

《超级基金法》规定的污染地块调查评估与管理流程（图1-1）具体如下：

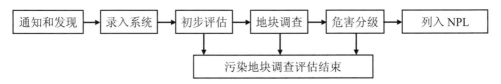

图1-1 《超级基金法》规定的污染地块调查评估和管理流程

在通知和发现污染地块过程中，通过所在地环境管理部门的定期或不定期监测，公众检举、土地所有者或使用者通报，特定行业土地转让时的检测资料等途径发现污染地块。发现的地块经预筛选后录入到"超级基金地块管理信息系统"。

在初步评估地块危害程度的过程中，对进入"超级基金地块管理信息系统"的地块，由环境管理部门组织第三方进行概况调查，收集地块有关数据、文件记录和图文资料等，开展现场踏勘（无采样分析），根据评分软件初步评估地块危害程度，区分出对人类健康和环境可能产生严重威胁的地块和不构成威胁的地块。若初步评估得分≥28.5，则需进一步调查。

在开展地块调查的过程中，初步调查需按照一定的技术规则要求进行有限的布点和采样，如有必要则进行扩展采样。初步调查和扩展调查可进行多次，因为仅进行1次初步调查可能无法发现重大问题，通常是在后期调查中才发现更严重的问题，因此有必要再进行地块扩展调查。调查目的是确定有害物质及其扩散与造成的不良影响，识别极有可能符合NPL条件的污染地块，并充分收集危害分级评分所需要的资料。

在开展危害分级的过程中，美国国家危害分级系统是筛选NPL的主要决策工具（U.S. Environmental Protection Agency，1992）。该系统配备了专门的评分软件，内置计算模型与所需污染物毒性、理化性质等数据。评分过程已实现半自动化，在给定地块分类评估指标分值的基础上，操作人员根据专业和经验判断，可以综合计算分值。根据前期获取的信息，从地下水迁移、地表水迁移、土壤暴露和大气迁移（从土壤挥发至大气）4种污染迁移途径对污染地块进行评分，每种迁移途径又分为污染排放可能性、污染物特性、污染受体3类评价因子。污染排放可能性细分为已知的污染排放和潜在的污染排放。其中，已知的污染排放是指污染活动造成的地块的实际危害；潜在的污染排放是指污染活动对地块有潜在威胁,需要通过多种因素判断是否已经造成污染。污染受体包括人群、生态系统及其他敏感目标。地块分类评估指标分值计算分为相加和相乘两种方式。相加算法说明地块分类评估指标之间相互独立;而相乘则说明地块分类评估指标之间相互关联。地块危害评估总分值由地下水迁移、地表水迁移、土壤暴露和大气迁移这4种污染迁移途径得分的均方根得到[式(1-1)]。

$$S = \sqrt{\frac{S_{gw}^2 + S_{sw}^2 + S_s^2 + S_a^2}{4}} \tag{1-1}$$

式中:S 为地块总分值;S_{gw}^2 为地下水迁移分值;S_{sw}^2 为地表水迁移分值;S_s^2 为土壤暴露分值;S_a^2 为大气迁移分值。

当得分≥28.5且经公众评议通过的地块可列入NPL,并开展下一步调查评估与治理修复。此外,各州或地区提出的最需优先考虑的地块可列入NPL。美国公共卫生服务部毒物与疾病登记署已发出让居民紧急搬迁通知且被USEPA认为对公众健康威胁特别严重、采取治理修复比采取紧急搬迁更加合理可行的地块也可列入NPL。NPL是一个动态的、开放性的信息管理系统。

(2)加拿大调查评估与风险筛查

加拿大根据《国家污染地块修复计划》,开展污染地块的日常调查与系统管理,并借助国家污染地块分类系统按危害等级将污染地块分为第1类地块(高优先级行动地块)、第2类地块(中等优先级行动地块)、第3类地块(低优先级行动地块)、第4类地块(非优先性行动地块)及第5类地块(信息不足地块),以确定下一步实施管理行动的优先顺序(Canadian Council of Ministers of the Environment,2008)。污染地块调查与管理技术流程主要包括以下4步:

1)确认潜在污染地块。基于地块内或周边(过去或现在)从事的活动,通过对之前的环境记录、内部环境规划、公民投诉、污染物泄漏或排放证据等的分析,以及与已知污染地块特征的对比,确定潜在污染地块,并由加拿大联邦政府相关部门上报汇总形成国家污染地块清单。

2)开展地块历史回顾。通过查阅文件、地块踏勘或相关人员走访等方式,收集与地块有关的所有历史信息,以确定潜在污染物和地块环境问题,明确进一步调查的必要性以及制订调查工作计划。

3)开展地块采样与初步分类。针对历史回顾确定的热点区域,通过现场初步采样分析、定性风险识别及地块概念模型构建,确定地块是否存在可疑污染物,描述地块的地质、水文地质和其他水文有关物理条件,获取初步的地块污染特征;基于已掌握的信息,采用国家污染地块分类系统对地块进行初步分类。当初步采样分析结果表明地块存在严重污染时,则可能要对初步调查的重点关注区域开展详细采样分析,目的是量化全部污染物的浓度和边界,详细说明地块条件以识别有关污染物的迁移途径。

4)开展地块危害等级分类。基于初步分类和详细调查的结果对地块危害等级进行分类［式（1-2）］，涉及地块预筛选和地块危害等级评分两个步骤。地块分类评估指标分为污染特性、迁移途径和暴露（途径与受体）3 类。污染特性指地块上存在的有害污染物状况，如残留介质、污染物化学危害性、污染物超标倍数、污染物数量和修正因子。迁移途径指地块上存在的污染物有可能通过大气、地表水、土壤、地下水进行扩散或迁移至地块的其他区域或周边区域。暴露（途径与受体）指污染物（污染源）扩散后，对周边人群健康或环境安全造成危害或潜在危险。采用数值加和评分方法，即各指标实际分值相加得出地块总分值，总分值范围为 0～100。污染特性、迁移途径和暴露（途径与受体）三大类地块分类评估指标被认为是同等重要的，分值分别是 33、33 和 34。如果三级指标的信息不全，可以选择最后的"未知"选项，"未知"选项赋予的分值是地块分类评估指标最大分值的 1/2。"确定性"百分比是地块总分值减去"未知"总分值后与地块总分值的百分比，"确定性"百分比越大，表明对地块污染实际状况的了解越全面，评估结果可信度越高。当"确定性"百分比小于 85% 时，地块分类被认为是无效的，需要补充资料才能进行有效的分类。

$$S=(A_c/40)\times33+(A_m/64)\times33+(A_e/46)\times34 \tag{1-2}$$

式中：S 为地块综合评分；A_c 为污染特性分值，$0 \leqslant A_c \leqslant 40$；$A_m$ 为迁移途径分值，$0 \leqslant A_m \leqslant 64$；$A_e$ 为暴露（途径与受体）分值，$0 \leqslant A_e \leqslant 46$。

若 $70 \leqslant S \leqslant 100$，则该地块为第 1 类地块，这类地块有多种需要高度关注的评价因子，并且已经测定出或观察到污染所产生的不良影响。若 $50 \leqslant S < 70$，则该地块为第 2 类地块，这类地块周边没有直接污染迹象，但潜在污染可能性很大。若 $37 \leqslant S < 50$，则该地块为第 3 类地块，现有资料表明这类地块尚未受到高度关注，但可能需要采取进一步的调查以确定其类别。若 $S < 37$，则该地块为第 4 类地块，现有资料表明这类地块可能没有对人群或周边环境产生重大影响，没有必要对其采取行动。若"未知"选项总分值大于 15%，则该地块为第 5 类地块，尽管已经进行了最小限度的地块环境评价，但现有资料不足以对这类地块进行分类，需要进一步收集资料。

（3）新西兰风险筛查与风险分类

借鉴加拿大国家污染地块分类系统，新西兰建立了"风险筛选系统"（RSS），在日常地块调查与管理中实施全国统一的地块快速风险筛查与分类，将污染地块分为高、中、低风险地块，以确定下一步调查的优先顺序。调查步骤相对简单，主要是利用现有的信息开展资料分析，借助"风险筛选系统"对污染危害性、迁移途径、危害受体 3 类指标进行评分，计算污染风险分值，根据分值大小实现地块污染风险排序，以便确定进一步调查的优先次序。

快速风险筛查指标体系涉及 12 项指标，其中污染危害性相关指标有 3 项，迁移途径相关指标有 7 项，危害受体相关指标有 2 项（表 1-1）。

表 1-1　新西兰地块快速风险筛查指标体系

污染危害性	迁移途径	危害受体
1. 污染物毒性 2. 污染范围和数量 3. 污染物移动性	1. 人工隔离设施情况 2. 污染物随地表水直接扩散、随沉积物或洪水扩散情况 3. 含水层上方隔离保护层情况 4. 受污染含水层至取水点距离与含水层类型 5. 直接接触受污染含水层暴露可能性：地下受污染含水层埋深 6. 皮肤接触受污染含水层可能性：地表覆盖情况 7. 土壤渗透性	1. 水体（地下水或地表水）利用方式 2. 土地利用方式

基于风险评估理念，利用相乘法，构建地块快速风险筛查评分方法（表 1-2）。就污染危害性、迁移途径、危害受体 3 类指标而言，每类指标分值均由对应的指标分值相乘得到。地块快速风险筛查分值由 3 类指标分值相乘得到（表 1-2）。新西兰环境部根据"风险筛选系统"评价得到地块污染危害分值，快速风险筛查分值将地块分为：第 1 类地块，即高风险地块，分值为 [0.4，1]；第 2 类地块，即中风险地块，分值为 [0.02，0.4）；第 3 类地块，即低风险地块，分值为 [0，0.02）。一般来说，当 3 类指标同时存在时，表明地块具有一定水平的危害风险；当缺乏或基本缺乏某一要素时，表明无风险或风险可忽略。

表 1-2　新西兰地块风险筛查评分方法

指标及其分类		指标分值	备注
污染危害性（S_1）		S_1 最大值=1	S_1=[1a]×[1b]×[1c]
[1a]	污染物毒性	0.2~1	—
[1b]	污染范围和数量	0.4~1	
[1c]	污染物移动性	0.3~1	
迁移途径（S_2）		S_2 最大值=1	S_2=[2a]×[2b]×[2c]×[2d]×[2e]×[2f]×[2g]
[2a]	人工隔离设施情况	0.2~1	—
[2b]	污染物随地表水直接扩散、随沉积物或洪水扩散情况	0.2~1	
[2c]	含水层上方隔离保护层情况	0.4~1	
[2d]	受污染含水层至取水点距离与含水层类型	0.3~1	

指标及其分类	指标分值	备注
[2e] 直接接触受污染含水层暴露可能性：地下受污染含水层埋深	0.5~1	
[2f] 皮肤接触受污染含水层可能性：地表覆盖情况	0.3~1	—
[2g] 土壤渗透性	0.3~1	
危害受体（S_3）	S_3最大值=1	S_3=[3a]×[3b]
[3a] 水体（地下水或地表水）利用方式	0.2~1	
[3b] 土地利用方式	0.2~1	
地块污染危害分值（S）	S最大值=1	$S = S_1 \times S_2 \times S_3$

（4）法国调查评估与风险分类

作为欧洲最早进行污染地块管理的国家之一，法国污染地块管理方法的最大特点是将一系列原则贯穿于地块管理的始终，不仅有基本原则，如预防原则、透明原则、比例平衡原则、具体问题具体分析原则等，也有各阶段具体操作过程中所要遵循的原则。目前，法国形成了较为完善的国家登记系统、事故登记系统、工业遗留地块名录和在产工业企业地块名录。根据《基于环境保护的工业地块分类环境许可法》《污染土地管理方法》，法国的污染地块管理分为 3 个阶段：地块初步调查—简单风险评估、地块深入调查—详细风险评估、土地数据库构建。其中，利用简单风险评估方法划分地块等级，以确定是否开展深入调查评估。在初步调查—简单风险评估阶段，污染地块调查与管理技术流程主要包括以下三步：

1）确定地块名录。利用国家登记系统、事故登记系统、工业遗留地块名录和在产工业企业地块名录等确定地块名录。

2）开展初步调查。首先是收集地块及周边已有资料，然后是样品采集与分析以及进一步的文献调查，以识别地块的潜在污染源。当初步调查表明需要对污染地块进行评估时，则进行相应的简单风险评估。在点位布设时，网格密度约为 20 m×20 m；当需要进一步确定污染源时，网格密度可采用 10 m×10 m 或 5 m×5 m。土壤取样深度有时以固定间隔进行布设（如 0.5 m 或 1.0 m），但经常基于现场判断进行布设。针对土壤挥发和半挥发性有机污染物的采集，法国制定了专门的指南以指导样品采集。针对污染地块中地下水采集，法国对其布点密度无明确要求，需根据判断的潜在污染位置或对污染羽的预测进行地下水监测井布设。

3）实施简单风险评估。简单评估污染地块对人群健康和周边环境所造成的潜在威胁，以便确定是否需要进行深入调查（French Environment and Energy Management Agency，2003）。在进行简单风险评估时，考虑地下水、地表水、土壤 3 类污染迁移途径，其中地下水迁移和地表水迁移又细分为饮用水供给、未来储备饮用水水源、其他用途水供给（如工业用水）3 种。任意迁移途径对污染地块风险的判定是基于危险/有害污染源→污染介质状况→污染受体的污染扩散过程的。通过相加或相乘计算方式综合每类迁移途径的分值，但不需要求取地块总分值。根据每类迁移途径的分值对地块进行分类，并以迁移途径中分类级别最高者为准。根据不同分值范围将地块分为 3 类：第一类为需要深入调查和详细风险评估的地块；第二类为需要监测的地块，若地块存在部分持久性污染风险，需对其进行监测，以防止污染恶化；第三类为低风险的地块，这类地块可被用作指定的土地用途，不需要对其进行专门监测。

1.2.1.2 地块尺度调查与管理

（1）美国调查与评估

《资源保护及恢复法》和《超级基金法》对美国开展在产和关闭搬迁企业地块土壤污染防治具有里程碑式的意义（U. S. Environmental Protection Agency，1985）。美国污染地块管理涉及识别、通告、地块评估和排查、修复调查与可行性研究、决议记录、修复设计、修复行动、地块运行与维护等阶段。在各阶段，通知潜在的责任者参与相关管理事宜，并及时向公众公布对污染地块将要采取的措施及决定，鼓励公众参与。此外，USEPA 还发布了一系列导则，形成了包括导则指南、技术文件和辅助工具在内的完善的污染地块环境管理技术体系。

在点位布设和样品采集环节，采样调查方法基本参照 *ASTM E 1527-13_Phase I Environmental Site Assessment Process* 和 *ASTM E 1903-11_Phase II Environmental Site Assessment Process*。土壤样品采集、土壤气体样品采集、表面地球物理样品采集和采样设备清洗的程序参照 *Superfund Program Representative Sampling Guidance Volume 1：Soil*，其中土壤样品采集方法有判断采样法、随机采样法、分层随机采样法、系统网格采样法、系统随机抽样采样法、灵活抽样法和样条采样法。土壤点位布设参照 *A Rationale for the Assessment of Errors in the Sampling of Soils*。地下水采样设备清洗、监测井监测、地下水样品采集、土壤气体采集、水位测量、控制泵试验和微水试验参照 *Superfund Program Representative Sampling Guidance Volume 5：Water and Sediment PART II—Ground Water*、*Compendium of ERT Ground-Water Sampling Procedures*、*Ground-Water Sampling Guidelines for Superfund and RCRA Project Managers*。

在风险评估环节，美国于 1992 年提出了层次化风险评估方法，其工作程序和内容细分为 3 个层次：第一层次采用默认参数和保守原则进行暴露计算，其结果通常存在较高不确定性，不足以支撑风险决策，当第一层次风险评估未达到结果准确性和效益最优化时，则需进一步开展更高层次风险评估；第二层次风险评估基于污染地块特征及暴露特性进行；第三层次根据实际暴露途径和受体特征对风险评估模型进行细化或修正，并将概率方法作为重要补充，获得更贴近真实情况的风险表征结果。USEPA 强调风险评估过程的不确定性。为减少参数不确定性，USEPA 推荐使用蒙特卡罗等概率分析方法，并发布 *Policy for Use of Probabilistic Analysis in Risk Assessment* 等文件推动其应用（U. S.

Environmental Protection Agency，1992）。

（2）德国调查与管理

根据《联邦土壤保护法》和《联邦土壤保护和污染地块条例》，德国建立了较为完善的污染地块管理制度，严格执行风险评价、现场调查等程序，排除低风险或无风险的地块，确保良好的成本效益比，提高地块修复的可行性。但是，对急性危害地块，德国政府要求立即采取有效措施，消除对人体和环境的危害。

污染地块管理分为4个阶段：疑似污染地块识别、风险评估、修复和监测。污染地块调查与管理技术流程主要包括以下三步：

1）书面调查。如果环境主管部门发现危害或污染土壤线索时，则采取措施确定线索是否属实。书面调查一般由地方政府组织开展，调查中尽可能收集历史资料。

2）导向性调查。对有线索表明存在疑似污染的地块，由地方环境主管部门组织开展现场采样测试。

3）详细调查。当导向性调查结果显示有可能属于疑似污染地块（如超过触发值）时，则地块责任主体需开展详细调查。

在污染地块调查与管理过程中，为配合污染地块识别与登记制度，详细补充污染地块相关信息，德国建立了全国土壤信息数据库系统，为联邦和州政府开展土壤污染防治工作提供支持。

（3）日本调查与管理

根据《土壤污染对策法》要求，日本构建了以土壤污染状况调查机构确定、污染土壤转运联单和土壤污染处理行业许可等有关制度为核心的管理体系，采取调查机构准入退出与评估管理、技术管理员监督土壤污染调查、土壤污染处理行业设施许可管理、污染区域台账公开制度、污染土壤转运联单制度等监管手段，实现污染土壤从发现到处理的全过程管理。在日常环境管理工作中，开展污染地块调查评估，并将地块划分为3种类型：①不存在土壤污染的土地；②存在土壤污染可能性较小的土地；③存在土壤污染可能性比较大的土地。污染地块调查与管理技术流程主要包括以下两步：

1）资料调查。收集地块历史沿革、特定有害物质使用情况、土壤及地下水污染概况等与土壤污染相关的资料，包括可从土地所有者、涉及有害物质使用的特定设施设置者等得到的信息、公共资料或市售的资料等。不要求主动采集周边土地信息。信息采集追溯到特定设施开始使用有害物质的时间。调查方法包括资料调查、问卷调查、走访调查、实地考察等。

2）采样调查。开展表层土壤调查、表层土壤气体调查、地下水调查、物理探查等。根据人为源、自然源和水面复垦土源等污染来源实施不同调查规则（日本環境省，2022a）。对于人为源，以调查区域的东北角为起点，按照网格法进行点位布设（图1-2）（日本環境省，2022b）。在风险较高的区域按 10 m×10 m 网格进行点位布设；在风险较低的区域按 30 m×30 m 网格进行点位布设。对于自然源，若调查区域小于 900 m×900 m，则选择距离最远的两个 30 m×30 m 网格进行样品采集；若研究区大于 900 m×900 m，则按 900 m×900 m 区域分割调查区域，即在 900 m×900 m 区域中选择相距最远的两个 30 m×30 m 网格进行样品采集（日本環境省，2022a）。对于水面复垦土源，则按 30 m×30 m 网格进行点位布设（日本環境省，2022a）。

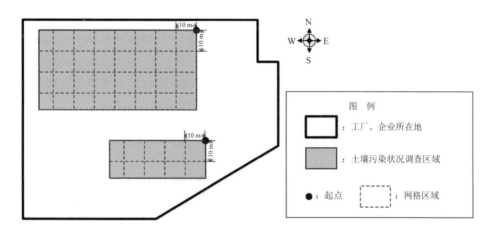

图 1-2　污染地块调查中针对调查区域的点位布设

在样品采集和分析测试过程中，根据不同有害物质类别开展分析测试。其中，针对第一类有害物质[挥发性有机物（VOCs）等]进行土壤气和土壤浸出量的分析测试；针对第二类有害物质（重金属等）进行土壤浸出量和总量的测试；针对第三类有害物质（农药等）进行土壤浸出量的测试（日本環境省，2022a）。土壤气取样孔直径为 15~30 mm、深度为 0.8~1.0 m。土壤采样方法参照《钻探调查方法》；土壤气采样方法参照《土壤气调查采样和测试方法》《地下水样品采集方法》（日本環境省，2022c）。表层土采集 1 个表层样品和 1 个混合样品；深层土在潜在污染所在深度采集 1 个土壤样品，且每间隔 1 m 深度采集 1 个土壤样品（日本環境省，2022a）。同时，在含水层底部采集 1 个土壤样品（日本環境省，2022a）。土壤气测试方法参照《土壤气调查采样和测试方法》，地下水测试方法参照《地下水采样及目标物质含量测定方法》；土壤测试方法参照《第二类特定有害物质和第三类特定有害物质的土壤样品采集方法》《土壤溶出量调查测试方法》《土壤含有量调查测试方法》（日本環境省，2022c）。

1.2.1.3　经验借鉴分析

美国、加拿大等一些发达国家在土壤污染状况调查的组织实施和技术方法等方面积累了丰富的经验，对我国开展企业用地调查工作具有参考和借鉴意义。

1）科学设定有限工作目标，针对性确定调查对象和调查区域，差异化提出布点精度、分析测试指标，建立多级质量检查制度，构建信息化管理系统，确保了数据真、准、全，提高了工作效率。

2）开展多源数据收集和挖掘，分析易造成地块污染的重点行业，以此为筛选条件梳理形成重点关注的企业用地地块名单并进行动态更新，突出重点调查对象。

3）采用定性与定量相结合的方式进行危害评估与等级划分，大幅降低了调查成本，优化了资源配置。首先分析案头资料，包括地块对人体健康和环境的危害程度；然后筛选重点污染地块开展现场采样及分析测试。

4）采用多级筛选评估方式，结合管理需求，划分污染地块优先等级，实施差异化的污染地块分类分级管理。

5）建立全国土壤信息数据库系统，将污染地块纳入国家优先管控地块名录，实现污染地块环境管理的信息化和网络化，进而提高环境管理水平和效率。

1.2.2 国内建设用地环境调查与管理

1.2.2.1 区域尺度调查与管理

（1）全国土壤污染状况调查

全国土壤污染状况调查是由国家环境保护总局和国土资源部联合在 2005—2013 年组织实施的全国性土壤污染状况专项调查，主要目的是全面、系统、准确地掌握全国土壤环境质量总体状况，查明重点地区的土壤污染状况及其成因，评估土壤污染风险，确定土壤环境安全级别。

该调查涉及面积约 630 万 km^2，涵盖我国境内（未含香港、澳门和台湾）的陆地国土。调查区域分为普查区域和重点区域，其中，重点区域包括重点污染行业企业及周边地块、工业企业遗留或遗弃地块、工业（园）区及周边地块、固体废物处理处置地块及周边地块、油田、采矿区及周边地区等。针对重点区域，全国土壤污染状况调查共对 690 处重点污染行业企业及周边地块、81 处工业企业遗留或遗弃地块、146 处工业（园）区及周边地块、188 处固体废物处理处置地块及周边地块、13 个采油区、70 个采矿区开展了调查。

在点位布设方面，针对不同类型的重点区域，提出了差异化的布点要求，给出了差异化的布点方法。在重点污染行业企业及周边地块，废气污染企业及周边点位以污染源为中心的 4 个方向放射状布点，每个方向根据废气影响范围确定点位数量，并在主导风向的下风向适当增加监测点；废水污染企业及其周围点位沿企业废水排放水道带状布点，点位按水流方向自纳污口起由密渐疏。在工业企业遗留或遗弃地块，采用网格法布点，布点基本要求为 50 m×50 m，且根据地块大小调整网格尺度。在工业（园）区及周边地块，采用网格法布点，网格尺度根据园区级别和面积确定，其中国家级工业（园）区不大于 500 m×500 m，省级工业（园）区不大于 300 m×300 m，市县级工业（园）区不大于 200 m×200 m。此外，在点位布设时，兼顾"七五"时期全国土壤环境背景值调查布设的背景点位和土壤环境质量例行监测需求，考虑全面覆盖不同土壤类型、不同土地利用方式和不同污染类型地块。

分析测试项目分为必测项目和选测项目，必测项目包括 pH、有机质、颗粒组成等土壤理化性质项目，砷、镉、铬等无机污染物项目，有机氯农药、多环芳烃等有机污染物项目；选测项目包括多氯联苯，石油烃，稀土元素总量，砷、镉、铬等的有效态。在必测项目和选测项目的基础上，有针对性地增加特征污染物测试项目，主要涉及有毒污染物（如持久性有机污染物等）。围绕数据分析，结合土地利用类型和土壤类型评价土壤环境质量状况，建立全国土壤环境质量数据库和土壤样品库，绘制全国土壤环境质量图集。

（2）省级企业用地调查

北京市、天津市、上海市、重庆市、河北省、浙江省、山西省、云南省等地也积极开展企业用地地块系统性排查工作，探索相关排查工作程序和方法。京津冀三个省（市）针对正在或拟关停并转、破产或搬迁的工业企业原址用地，从易造成地块污染的重点行业、发生过环境污染事故、以往工作认为可能存在污染三个方面筛查潜在污染地块，开展地块基础信息调查，并建立急需开展风险管控的首批优先管控地块清单。上海市针对行政区域内"12+3"个重点行业，分四批开展潜在污染地块排查，通过排查清单梳理、企业信息采集、实地踏勘和风险分级，掌握潜在污染地块空间位置、用地、污染排放和风险情况等信息，并率先在国内开发应用了基于空间信息的地块信息采集与风险管理系统。重庆市全面排查行政区域内 8 类重点行业企业，收集地块地址、面积、土地利用历史、现状和未来规划、生产排污、污染源、污染事故、周边敏感受体等基本信息，并逐年进行地块清单的动态调整与分类管理。山西省、云南省等地的排查工作与重庆市类似，不过更倾向于对疑似污染地块清单的摸底调查，主要是通过整合各部门信息建立污染地块动态清单。在浙江省，排查工作还涵盖对地块环境的初步调查、详细调查和风险评估，并建立污染地块风险管控与修复项目清单。

1.2.2.2 地块尺度调查与管理

我国污染地块环境管理起步较晚，但是随着土壤环境管理实践的深入，土壤污染防治形成以"一条一法两标三部令"为主体、若干技术规范相支撑的土壤污染防治"四梁八柱"制度体系。2014 年，首次发布污染地块调查、监测、评估与修复相关系列技术规范（HJ 25.1～HJ 25.4），并于 2019 年进行了修订；修订《中华人民共和国环境保护法》，提出加强对大气、水、土壤等的保护，建立和完善相应的调查、监测、评估和修复制度。2016 年，发布"土十条"，要求对建设用地实施准入管理；发布《污染地块土壤环境管理办法（试行）》，规定了污染地块环境管理程序。2018 年，首次发布《土壤环境质量 建设用地土壤污染风险管控标准（试行）》（GB 36600—2018）（生态环境部等，2018），规定了土壤污染风险筛选值和管制值；印发实施《工矿用地土壤环境管理办法（试行）》，加强工矿用地土壤和地下水环境保护监督管理，防治工矿用地土壤和地下水污染；颁布《中华人民共和国土壤污染防治法》，提出了建设用地调查、监测、评估和修复等相关法律责任。2021年，印发实施《工业企业土壤和地下水自行监测技术指南（试行）》（HJ 1209—2021）（生态环境部，2021a），规定了监测方案制定，样品采集、保存、流转、制备与分析，监测结果分析等方面的基本内容和要求。

基于前述现行标准规范，污染地块的土壤污染状况调查主要包括3个阶段：第一阶段是以资料收集与分析、现场踏勘和人员访谈为主的污染识别阶段；第二阶段是以采样与分析为主的污染证实阶段，主要目的是确定污染物种类、浓度和空间分布；第三阶段以补充采样和测试为主，主要目的是获得满足风险评估和修复所需的参数（图1-3）。需要注意的是，在第二阶段的初步采样分析中，在水平方向上，布点方法主要有系统随机布点法、专业判断布点法、分区布点法、系统布点法及其耦合方法；在垂直方向上，土壤采样深

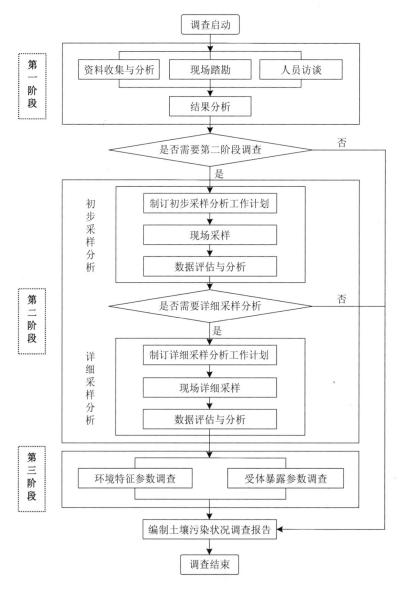

图1-3 污染地块的土壤污染状况调查流程

度可根据污染源的位置、迁移和地层结构以及水文地质特征等进行判断设置,当对地块信息了解不足且难以合理判断采样深度时,可按 0.5～2 m 等间距设置采样位置。在第二阶段的详细采样分析过程中,根据初步采样分析结果,结合地块分区,制订采样方案;采用系统布点法加密布设采样点,对于需要划定污染边界范围的区域,采样单元面积不大于 1 600 m^2;根据初步采样结果判断垂直方向采样深度和间隔。

在土壤污染状况调查基础上,基于健康风险,分析地块土壤和地下水中污染物对人群的主要暴露途径,评估污染物对人体健康的致癌风险或危害水平。污染地块的风险评估主要包括危害识别、暴露评估、毒性评估、风险表征以及控制值计算(图 1-4)。围绕

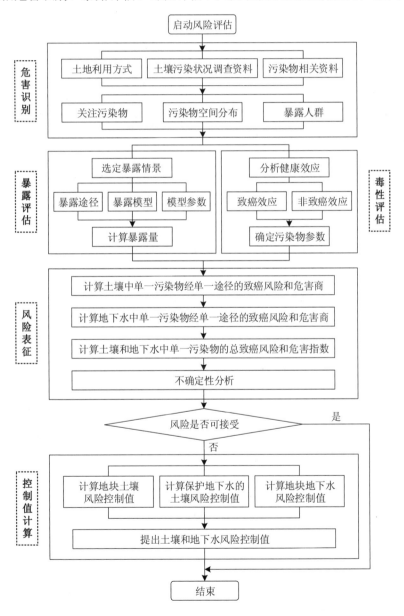

图 1-4　污染地块风险评估流程

暴露评估，根据土地利用方式选定暴露情景，确定暴露途径，并且利用暴露评估模型进行土壤和地下水暴露评估。围绕毒性评估，分析污染物经不同途径对人体健康的致癌和非致癌效应。

1.3 企业用地调查面临的挑战

在有限的时间和资金条件下，按期保质完成企业用地调查目标和任务面临艰巨的挑战。

1）企业用地调查的总体思路需要进行创新性设计。发达国家对企业用地土壤污染状况调查的实践表明，通过一次调查很难发现所有问题，关键要突出调查重点，聚焦有限目标。因此，需要综合考虑现有工作基础、时限要求、经费成本等因素条件，在充分借鉴、分析已有相关调查工作思路的基础上，围绕实现调查目标和主要任务，必须坚持问题和需求导向，既能兼顾全面又能突出重点，创新性地科学设计调查总体思路。

2）企业用地调查的关键技术和方法需要构建和完善。借鉴国内外相关调查技术和方法，特别是全国土壤污染状况调查以及 HJ 25.1～HJ 25.4 系列导则，我国初步探索了区域尺度污染地块土壤污染状况调查评估的技术方法体系，基本形成了地块尺度土壤污染状况调查评估技术体系。但针对我国行业类型繁多、污染状况复杂等情况，开展全国性企业用地调查，需要建立和完善企业调查对象确定、基础信息调查、风险筛查与分级、现场抽样等关键环节的技术和方法，构建切实可行的技术体系面临巨大压力。

3）企业用地调查的质量管理需要得到有效保障。企业用地调查工作环节多、专业性强、技术要求高，任务承担单位对质量管理中的潜在问题认识不足，调查质量失控风险大。质量管理作为企业用地调查的生命线，需要建立全过程质量管理体系，实施严格的质量控制措施，确保调查结果真实、可靠。

4）企业用地调查是一项难度极高的系统工程，必须加强组织实施，确保有序推进。企业用地调查工作范围广、系统性强、涉及领域多，需要多部门、多领域、多行业的专家和技术队伍参加，对企业用地调查的组织协调工作提出了非常高的要求。但是，地方的工作基础相对薄弱、专业队伍匮乏，对企业用地调查工作认识不高、统筹考虑不足。如何统筹协调相关部门和企业协同推进，合理确定企业用地调查工作实施计划、进度安排和保障措施，确保按期完成目标和任务面临较大挑战。

1.4 调查工作目标与内容

1.4.1 工作目标

根据"土十条"和《总体方案》要求，企业用地调查总体目标是掌握重点行业企业用地中污染地块的分布及其环境风险情况。

主要任务是全面排查全国有色金属矿采选、有色金属冶炼、石油开采、石油加工、化工、焦化、电镀、制革等重点行业企业地块；开展重点行业企业地块的基础信息收集和采样调查，摸清土壤污染状况及污染地块分布，初步掌握污染地块环境风险情况，建立优先管控名录。调查成果有效支撑重点行业企业用地污染防治和风险管控，严控新增土壤污染，防范人居环境风险。

1.4.2 工作内容

企业用地调查以掌握各重点行业企业地块的污染状况和环境风险情况为主线，其中，污染状况是指地块土壤和地下水污染物含量是否超过相关标准，强调掌握重点行业企业的整体污染状况；环境风险是指地块土壤和地下水受到污染进而对受体造成不利影响的可能性，纳入本次调查的重点行业企业均存在不同程度的环境风险。

调查内容包括以下几个方面。

（1）确定调查对象

聚焦对土壤环境影响突出的重点行业，全面排查，确定对土壤环境影响突出的重点行业企业地块作为调查对象，包括在产企业地块和关闭搬迁企业地块。

（2）开展基础信息调查

按照统一的技术方法开展基础信息、污染特征、扩散迁移特性和敏感受体等资料调查，为风险筛查提供数据支撑。

（3）开展地块风险筛查

基于调查获得的基础信息开展风险筛查，初步确定地块土壤污染风险等级，划分高度、中度、低度关注地块。

（4）开展初步采样调查，掌握污染地块分布

选择样本地块开展初步采样调查，获取调查企业地块土壤和地下水中污染物种类及浓度等数据，掌握污染地块分布情况。

（5）开展地块风险分级

基于风险筛查结果与初步采样调查结果，构建风险等级综合研判规则，确定潜在高、中、低风险地块，明确重点行业企业用地的管理优先序。

（6）数据分析与成果集成

开展数据审核清洗、统计处理、综合评价与专题分析，结合土壤环境管理决策需求，进行成果集成，形成全国企业用地调查报告、图件、数据库与信息管理平台等系列成果。

1.5 组织管理与实施

本次企业用地调查是以掌握重点行业企业用地环境风险情况为主线、以重点行业在产和关闭搬迁企业用地为主体开展的有针对性、系统性的调查。

1.5.1 建立组织架构

全国企业用地调查组织架构如图 1-5 所示。2017 年 7 月，环境保护部、财政部、国土资源部、农业部、卫生计生委五部委联合成立全国土壤污染状况详查工作协调小组及其办公室，负责企业用地调查工作的统一领导和协调监督；成立全国土壤污染状况详查工作专家咨询委员会（以下简称专家咨询委员会），负责定期研究、解决企业用地调查的重大技术问题。2017 年 10 月，环境保护部成立全国土壤污染状况详查工作办公室（以下简称国家详查办），下设综合协调组、企业用地调查组、分析测试与质控组，作为全国土壤污染状况详查工作协调小组及其办公室的具体执行机构，统筹推进具体工作。同时，国家层面由生态环境部土壤与农业农村生态环境监管技术中心牵头负责企业用地调查技术支撑，由国家环境分析测试中心牵头负责企业用地调查质量控制技术支撑。

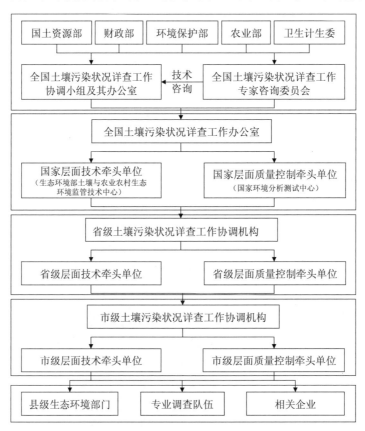

图 1-5 全国企业用地调查组织架构

31个省（区、市）和新疆生产建设兵团（以下简称兵团）均成立了相应的多部门参与的省级土壤污染状况详查工作协调机构，负责本行政区域企业用地调查工作的统一领导、组织实施。同时，确定省级技术牵头单位和质量控制牵头单位，负责技术统筹和质量管理。各地技术牵头单位以省级环境科学研究院为主，质量控制牵头单位以省级环境监测站为主。此外，成立省级专家咨询委员会，负责省级层面企业用地调查重大技术问题研究与决策。

1.5.2 强化人员保障

（1）组建国家管理与技术队伍

在企业用地调查工作中，累计投入管理人员和技术人员640余人次，从事组织实施、技术支撑、质量管理和成果集成等工作。国家详查办有来自生态环境部土壤生态环境司及十余家部属事业单位的33人专职从事企业用地调查的组织管理和技术支撑工作。企业用地专家咨询委员会有3名院士和26名知名专家，为企业用地调查提供技术咨询与把关。结合工作进度，从生态环境部直属单位及地方单位中，筛选确定涵盖地块调查、环境影响评价、水文地质等领域的专家260余名，组建基础信息调查国家质量控制专家组15个；筛选确定涵盖布点采样、分析测试等领域的专家200余名，组建31个初步采样调查国家质量控制专家组，分省（区、市）负责企业用地调查质量控制工作。

（2）组建地方调查工作队伍

31个省（区、市）和兵团组建省级企业用地调查专家库，专家共计3 211人，涵盖地块调查评估、环境影响评价、清洁生产、环境监测分析、地质勘查、环监执法等领域。各地充分利用社会力量，委托专业的第三方调查单位开展基础信息调查和采样调查工作。据统计，全国参与基础信息调查工作的调查单位共有478家，参与基础信息调查人数累计约有1.56万人；参与采样调查工作的布点方案编制单位有494家、样品采集单位有445家、检测实验室有319家，参与采样调查人员累计约1.57万人。

1.5.3 明确工作机制

（1）建立定期会商机制

国家详查办根据工作需要，定期组织召开工作联席会议（图1-6）、全国质量保证与质量控制工作会议、国家级质量控制专家组工作会议，总结工作进展，解决工作中的突出问题。生态环境部领导亲自抓工作落实，始终要求确保工作进度和工作质量，多次参加联席会议并亲临现场观摩指导，有效推动了调查工作。

（2）建立专家咨询论证机制

为统一企业用地调查技术要求，规范地方企业用地调查工作，保证工作质量，对于基础信息采集、风险筛查模型验证优化、样本地块选择、风险分级方法、集成分析方法等所有关键环节技术规范、工作手册，均在文件起草、征求意见、试用优化、印发实施阶段通过多轮专家咨询或论证（图 1-7），确保决策和技术方法科学合理。

图 1-6　工作联席会议

图 1-7　专家咨询、论证会

（3）建立多渠道联络机制

通过工作群组、信息化平台、网络视频、专家现场指导等多种信息沟通方式与地方对接，在技术层面随时交流解决工作推进中遇到的技术问题。

（4）建立分省施策机制

在国家详查办的统一管理下，组成若干个国家级技术指导与质量控制专家组，采用组长负责制，分工负责各省（区、市）和兵团企业用地调查技术指导与质量监督检查工作。根据各地工作进度与质量情况，将 31 个省（区、市）和兵团分为 4 个梯队，分省施策，向进度严重滞后的省（区、市）和兵团下发督办函，对工作成效较差的省（区、市）和兵团强化技术沟通与培训，对各省（区、市）和兵团逐一进行问题分析与沟通反馈，督促各地对问题工作进行全面整改，推动各地规范、高效开展工作。

（5）建立调度评估机制

依托信息系统及时掌握各地调查工作推进情况，国家详查办建立周调度、月评估机制，对各地工作开展情况和工作质量情况进行评估排名通报，定期发布工作进度周报、质量控制周报，确保按时保质完成调查任务（图 1-8）。

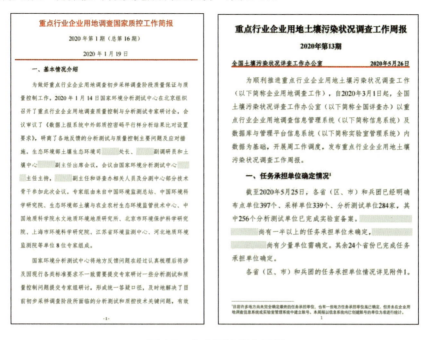

图 1-8　企业用地调查周报

（6）建立闭环审核机制

在国家详查办的统一管理下，依托国家级质量控制工作团队负责实施各调查环节的质量管理工作。工作推进中，结合调查各环节工作特点、地方工作进展和工作质量情况，组织各国家级质量控制专家组持续开展线上抽查工作，线上抽查累计参加人员共计 1.2 万余人次，审核 6 000 余个地块资料，抽查单位 1 500 余家。针对发现的问题，及时下发审核意见并督促整改闭环，组织开展调研指导、技术帮扶和质量监督检查等线下监督检查，通过专家指导和会议交流形式反馈问题，提出整改建议，监督检查达 520 余次，抽查单位近 370 家，反馈函件 100 余份，有效预防和整改了监督检查中发现的问题和潜在风险，切实保障了全流程各环节的工作质量。

1.5.4　加强技术支持

（1）建立全流程技术规范体系

企业用地调查强化顶层设计，在《总体方案》确定以后，按照工作环节设计并制定近 50 项技术文件，且经过试点和专家反复论证，构建了涵盖调查对象确定、基础信息调查、风险筛查、初步采样调查、风险分级、数据分析与成果集成全过程的技术规范体系，指导各地规范实施、推进，保证调查质量的可靠性、数据结果的有效性和可比性以及调查结论的客观性。在工作推进中，持续印发常见问题答疑，发布基础信息调查表关键信息填写说明、污染物字典、空间信息采集操作指南、空间信息采集质检软件等系列关键工具,及时解决工作中遇到的实际问题。

各省(区、市)和兵团根据本地实际情况,在国家技术规定的基础上,编写系列技术作业指导书,针对基础信息调查、风险筛查、采样调查、风险分级、数据分析与成果集成等不同环节细化技术操作要求,通过文件制定、技术培训和技术指导、答疑交流等手段确保调查工作质量。

(2)坚持试点先行

分阶段开展试点工作,通过试点先行,优化完善调查技术和方法。

一是基础信息调查方面。在北京、上海、天津、河北雄安、广东韶关、浙江台州、广西柳州等地持续开展基础信息采集试点工作,优化了资料收集清单,简化了信息项填报方式,提高了调查表填报的可操作性。在天津、重庆、河北雄安等地使用企业用地调查信息管理系统与信息采集终端,完成 32 家企业地块调查表填报,建立了信息采集工作流程,对信息采集终端和管理系统功能进行优化。针对进展较快的北京、上海、江苏、广东等地工作中发现的问题,提出突出技术问题解决对策,总结完善质量控制方式和工作模式,并在全国推广。

二是风险筛查方面。在技术文件编制阶段,选择北京通州、天津、重庆、广西柳州等地开展技术试点工作。进行了基于污染物迁移转化模型的风险筛查指标体系验证评估,以及基于 1.9 万个地块信息大样本统计分析的模型评估与优化,进一步提升了风险筛查模型的均衡性、指示性和区分度。在天津、重庆、广西柳州、河北雄安、广东韶关等地继续开展风险筛查模型及软件的试点,明确需开展风险筛查结果纠偏工作,初步形成纠偏工作流程和方法。在江苏徐州等地开展风险筛查结果纠偏试点,完善纠偏工作方法和技术要求,并在全国推广应用。

三是初步采样调查方面。在采样调查技术文件出台阶段,选择河北雄安等地开展初步采样调查试点,验证技术文件的可操作性;在上海、北京测试信息化手段,打通组织实施流程,对信息采集终端和管理系统功能进行优化,完善质量控制工作手册。采样调查工作全面启动后,各地结合实际,选择典型地市开展采样试点,针对布点及采样方案编制与审查、样品采集、样品流转、质量管理等关键环节开展试点,总结采样过程关键技术问题。

四是风险分级方面。为提高省级企业用地调查成果集成工作效率和工作质量,先后组织上海、北京开展风险分级试点,打通了企业用地调查风险分级的技术流程,系统验证了各项技术规定的适用性和信息管理平台的稳定性,为全国各地全面开展风险分级工作奠定了技术基础。

五是数据分析与成果集成方面。结合各地工作进度,分 4 批次集中开展省级成果集成试点。试点期间,组织国家层面专家与各地一对一核实企业用地调查底数,确保调查对象的完整性和一致性;针对性开展数据质量审核,保证数据的真实性和准确性;通过集中授课、实操演练、专人辅导、例会答疑等多种教学培训方式,加强对地方成果集成工作队伍的技术指导，确保各地全面掌握数据审查、数据分析、图件制作等各环节的技术细节要求和操作方法。

(3) 加强技术培训

为确保按照"五统一"①原则顺利实施企业用地调查，国家详查办组织技术专家编制培训教材、开展技术培训，各省（区、市）和各地级市对本行政区域内管理和技术人员进行培训。培训内容涵盖实施方案编制、基础信息调查、点位布设与核实、样品采集与流转、样品分析测试、质量保证和质量控制、报告编写等全流程各环节。根据培训内容的差异，采用课堂教学、视频教学、现场实操、现场观摩等相结合方式推进培训工作；根据工作进度的差异，按省（区、市）分批培训；结合学员的实际需求，邀请部分工作进度快、质量好的省（区、市）分享经验；在广西、上海、山东等 3 个省（区、市）举办工作推进与质量管理示范培训班，邀请地方管理人员现场观摩与交流；培训期间，组织安排多期集中讨论与答疑；搭建技术答疑平台，编制企业用地调查解答材料 12 期；培训教材和授课视频均上传网盘，供地方下载和自学，扩大国家培训覆盖面。基于"互联网+"和网络数据库，开发集合企业用地调查全过程功能的手持终端和配套信息系统，包括 3 个终端软件和 2 个信息系统，实现全流程信息管理与质量控制。

据统计，在企业用地调查过程中，共编制培训教材 15 套，制作发布 4 集技术规范讲解视频和 2 集现场操作视频；累计举办国家级培训 50 余期，培训学员 5 200 余人次；举办省级培训 763 期，培训学员 4.9 万人次；举办市级培训 905 期，培训学员 1.7 万人次。

1.6 质量保证与质量控制

在企业用地调查中，始终将质量保证与质量控制摆在首要位置。在充分借鉴国内外土壤环境调查质量保证与质量控制的组织管理经验和技术手段的基础上，结合企业用地调查工作特点及质量管理需求，确定质量管理目标，形成质量管理的总体思路与技术方法，建立覆盖全流程的任务承担单位自审内审、省市级质量控制单位外审与国家级质量控制专家组抽审的三级质量控制模式，确保了企业用地调查质量保证与质量控制工作顺利实施，保障了全国调查数据的真实、准确、全面。

1.6.1 质量管理工作目标

企业用地调查质量管理总体目标是确保全国调查数据真实、准确、全面。其中，调查对象确定环节确保调查对象应查尽查；基础信息调查环节确保调查表和空间信息的完整性、规范性和准确性；风险筛查环节确保地块关注度的合理；采样调查环节确保布点合理、采样规范、测试准确，实现有限点位捕获污染；风险分级环节确保地块等级划分

---

① "五统一"即统一调查方案、统一实验室筛选要求、统一评价标准、统一质量控制、统一调查时限。

合理；数据分析与成果集成环节确保数据完整、准确，数据统计分析科学、合理。

1.6.2 质量管理组织体系

通过建立企业用地调查质量管理体系、明确质量管理工作机制、强化质量管理工作保障等系列技术及管理手段，确保企业用地调查质量管理工作的规范、顺利实施，从而实现企业用地调查质量管理目标。

（1）建立质量管理体系

针对各环节调查工作特点，建立了覆盖全流程的任务承担单位自审内审、省市级质量控制单位外审与国家级质量控制专家组抽审的三级质量控制模式，明确了国家级监督管理责任、省级质量监督主体责任和任务承担单位内部质量管理首要责任（图1-9）。

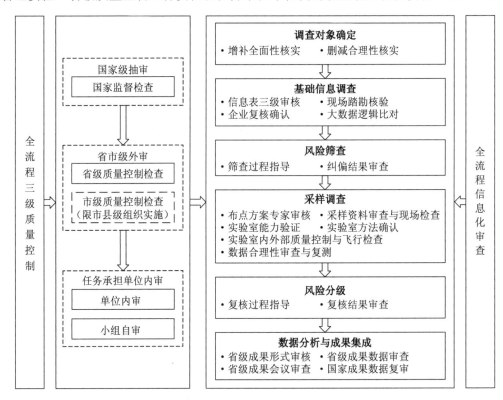

图1-9 企业用地调查质量管理体系

国家层面，国家详查办统筹管理企业用地调查质量保证与质量控制工作，包括组织建立和完善企业用地调查工作质量管理体系，发布系列管理文件、技术规定和答疑文件等。依托国家环境分析测试中心为质量控制牵头单位，组建企业用地调查国家级质量控制工作团队、国家级质量监督检查专家库，对企业用地调查质量保证与质量控制工作进行全面技术指导、监督检查和考核评估。

省级层面，省级详查工作协调小组办公室（以下简称省级详查办）负责本行政区域企业用地调查工作质量的统一管理,委托省级质量控制实验室/牵头单位对本行政区域详查质量保证与质量控制工作进行技术指导和组织实施。同时接受国家级质量控制实验室(工作团队)的技术指导和监督。

任务承担单位层面,任务承担单位是企业用地调查的实施主体,以国家层面和省级层面正式发布的技术文件为依据开展工作,建立符合本次调查质量保证与质量控制要求的内部质量管理体系并确保其有效运行,配合省级详查办和省级质量控制实验室或质量控制牵头单位做好各项相关工作,接受国家级、省级质量控制实验室或省级质量控制单位的技术指导、监督检查和工作质量评估。同时接受市级质量控制单位的监督检查和工作质量评估。

(2)强化质量管理工作保障

国家详查办成立专家咨询委员会,分环节组建了两批国家级质量控制工作队伍,包括15个基础信息调查环节国家级质量控制专家组和29个采样调查环节国家级质量控制专家组;建立国家级质量监督检查专家库,共计262名不同领域的专家,解决了工作中的关键技术问题,推动调查工作顺利实施。

优先选择有相关经验和背景的专业队伍承担调查任务,提出基础信息调查和采样调查环节的任务承担单位应具备地块调查评估、环境影响评价、环境保护竣工验收,或清洁生产审核等经验;检测实验室在人员、资质、设备、检测项目、检测方法(检出限)、内部质量管理等方面满足所承担企业用地调查样品的分析测试要求。调查期间,审核确认地方上报的土壤分析方法130个、地下水分析方法185个,并为其中120项污染物指标推荐分析方法。

1.6.3 质量管理技术方法

针对企业用地调查环节多、技术要求高、调查人员专业基础薄弱、质量管理挑战大的特点,创新应用质量保证与质量控制新技术和新方法,科学建立质量管理技术方法体系。本次企业用地调查各环节质量控制面临的挑战和采取的方法如下。

(1)调查对象确定环节

原始企业数据来源多样、内容庞杂,需在有限的时间与经费前提下确保调查对象应查尽查;企业用地调查时间跨度长,部分地块状态随时间改变,需要确保调查对象的调整科学合理。本次调查基于遥感影像、商用企业大数据平台等,确保调查对象删减的合理性;运用地空等多源大数据比对和持续动态增补,确保调查对象增补的全面性;组织专家开展技术指导与监督检查,复核调查对象的删减合理性与增补全面性。

(2)基础信息调查环节

基础信息调查任务体系庞大、信息项多,被调查单位的情况复杂多样,承担单位的水平参差不齐;同时,全国性工作涉及面广,但专家力量相对有限。本次调查运用持续线上抽审和适时线下监督检查的专家多级质量控制审核方式,同时创新利用信息系统参与质量控制,通过设置数据提交条件、完整性和逻辑性检查插件等方式,实现数据全流程信息化审核;对空间信息数据,通过统一技术要求并运用信息化技术,开展清单、图、表、影像等数据的一致性审查。

（3）风险筛查与分级环节

企业用地调查涉及行业类型复杂多样,同时企业规模、生产工艺差异大,给风险筛查与分级技术方法适用性带来较大挑战。本次调查综合运用多轮指导、数学统计纠偏、多级专家纠偏与复核等方式,同时结合管理经验和需求,开展风险筛查与分级结果审查。

（4）初步采样调查环节

我国地域辽阔,不同区域水文地质条件差异大,同时,不同行业企业污染排放特征差异显著,给布点方案编制、点位布设、采样深度选择、样品检测指标确定带来较大挑战。在企业用地调查中,通过专家会审、持续线上抽审和适时线下监督检查等专家多级质量控制审核方式（图 1-10）,开展布点方案审核。通过采样资料持续线上抽审和适时线下监督检查等方式,开展采样规范性审核;借助手持终端定位实时录入和记录所有采样调查资料的数据,实现样品全流程溯源。通过实验室能力验证、对选用分析测试方法开展审核以及密码平行样同步监控,评价分析测试数据准确度、精密度和可比性;通过对实验室飞行检查、对检测报告和质量控制报告开展线上抽审,规范实验室数据上报和报告编制内容,评价实验室内部质量控制的合规性。

图 1-10　采样调查环节监督检查

（5）数据分析与成果集成环节

通过形式审查、专家上机审查、专家会议审查、大数据比对等方式，对调查各环节异常数据的复核整改情况、调查重要成果等进行审核。

综合运用以上质量控制技术方法，结合明确的质量管理目标，企业用地调查实现了全流程、各环节的质量控制全覆盖，内部质量控制和外部质量控制相结合，质量控制过程规范、严格，获得了准确有效的调查成果。

第 2 章　企业用地调查技术路线与技术体系构建

根据"土十条"确定的企业用地调查总体目标，结合我国土壤环境管理需求，以风险调查为主线，采用重点调查和抽样调查相结合的方法，重点针对土壤污染潜在风险高的重点行业在产及关闭搬迁企业开展调查。按照系统谋划、分步实施的工作原则，确定调查技术路线，分为调查对象确定、基础信息调查、风险筛查、采样调查、风险分级、数据分析与成果集成等 6 个主要环节。充分借鉴国内外先进的调查技术方法，创新构建了系统完备、精准高效的企业用地调查技术方法体系，包括多源信息标准化、多源数据整合、风险筛查与分级等 20 多种技术方法，为高质量完成企业用地目标任务提供关键技术支撑。

2.1　总体思路与技术路线

2.1.1　总体思路

根据重点行业企业用地调查目标与任务，确定企业用地调查的总体思路为：
（1）坚持问题和需求导向

聚焦我国重点行业企业用地底数不清、污染状况及风险情况不明等突出问题，充分衔接在产企业土壤污染源头防控、关闭搬迁企业土壤污染风险管控及安全利用等重大管理需求。综合考虑目标可达性、技术可行性、经济合理性，有限目标、聚焦重点，主要针对土壤污染潜在风险高的重点行业在产及关闭搬迁企业地块开展调查，全面掌握重点行业企业用地土壤污染总体状况及环境风险情况。

（2）以风险调查为主线

不同于日常管理中建设用地健康风险评估，本次调查中企业地块土壤污染风险筛查与风险分级基于有限的基础信息和采样数据，利用创建的风险筛查与风险分级方法，评估地块土壤（含地下水）污染潜在风险，实现多个地块土壤污染潜在风险的排序，确定优先监管对象，支撑分类分级管理。基于风险排查确定调查对象，综合考虑企业的行业类别、生产年限、规模、土壤有毒有害物质使用及排放情况等,从 200 多万家工业企业中排查筛选出 10 万余家存在土壤污染潜在风险的重点行业企业作为调查对象。为确保土壤污染潜在风险评估的科学合理性,创造性地提出了重点行业企业用地土壤污染潜在风险评估思路。首先,创建基于"污染源—迁移途径—受体"风险三要素的风险筛查模型,以企业基础信息调查为支撑,对地块土壤污染潜在风险进行评估,初步划定地块风险等级;其次,综合风险筛查结果和样本地块采样调查结果,构建地块风险等级综合研判规则,最终划定地块风险等级。

(3) 重点调查与抽样调查相结合

我国国民经济行业门类、企业数量众多,不同行业企业对土壤和地下水环境影响程度差异巨大,对所有工业企业都开展调查不具有可操作性,且对土壤环境影响较小的行业企业开展调查也无必要,总结国内外企业用地调查和监管经验,本次调查采用重点调查和抽样调查相结合的方法,提高调查针对性和工作成效。在确定调查对象方面,通过科学制定重点行业企业筛选原则,将调查对象聚焦到对土壤污染潜在风险高的重点行业企业,综合运用多源数据融合比对、遥感核实等手段,实现应查尽查。在掌握重点行业企业土壤污染总体状况方面,考虑到不同地块、地块内不同区域土壤污染的差异性以及采样调查工作存在的不确定性,采用重点调查和抽样调查相结合的方法,优先选择土壤污染可能性较高的地块(风险筛查确定的高度关注地块),同时兼顾行业类别、区域分布、污染物种类的统计代表性,从中度、低度关注地块中随机选择部分地块开展采样调查,确保调查结果能够全面反映重点行业企业用地土壤污染总体情况和风险情况。

2.1.2 技术路线

围绕调查目标和总体思路,按照系统谋划、分步实施的工作原则,确定调查技术路线,即包括调查对象确定、基础信息调查、风险筛查、采样调查、风险分级、数据分析与成果集成等 6 个主要环节。企业用地调查技术路线见图 2-1 所示。

(1) 调查对象确定

结合第一次全国污染源普查、环境统计和相关部门资料等多源企业信息,运用高分遥感、地理信息系统等技术,聚焦对土壤环境影响突出的重点行业,全面排查,确定对土壤环境影响突出的重点行业企业地块作为调查对象。

(2) 基础信息调查

按照统一的技术方法开展基础信息、污染特征、污染迁移特性和敏感受体等资料调查,为风险筛查提供基础数据支撑。

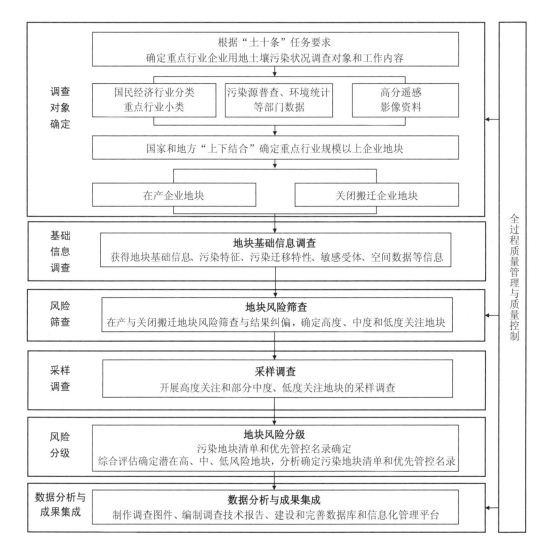

图 2-1　企业用地调查技术路线

（3）风险筛查

构建基于"污染源—迁移途径—受体"风险三要素的风险筛查模型，基于调查获得的基础信息开展风险筛查，结合管理需求确定风险分级标准，初步划定地块土壤污染潜在风险等级，确定高度、中度、低度关注地块。

（4）采样调查

结合重点行业土壤污染总体状况分析、调查企业地块土壤污染风险等级综合研判需求，基于重点调查法，对高度关注地块，全部开展采样调查；对中度、低度关注地块，综合考虑不同行业企业地块污染特征、土壤类型等因素，选择样本地块开展采样调查，获取调查地块土壤和地下水中污染物种类、浓度等基础数据。

（5）风险分级

基于风险筛查结果与采样调查结果，构建风险等级综合研判规则，最终划定地块土壤污染潜在风险等级，确定潜在高、中、低风险地块，确定重点行业企业用地优先监管对象。

（6）数据分析与成果集成

开展数据审核清洗、统计处理、综合评价与专题分析，结合土壤环境管理需求，进行成果集成，形成全国企业用地调查报告、图件、数据库与信息管理平台等系列成果。

2.2 企业用地调查技术体系

企业用地调查在国内首次大范围开展，工作基础弱，调查工作环节多、专业性强、技术要求高，创新构建系统完备、精准高效的企业用地调查技术体系，对按期高质量完成企业用地目标任务至关重要。企业用地调查技术体系构建是一项系统工程，对调查全过程6个主要环节涉及的技术方法进行整合，构建由调查对象确定、风险筛查与分级、基础信息调查、采样调查、数据审核与综合分析5个部分组成的技术体系，系统建立了20多种技术方法。技术体系总体架构见图2-2。

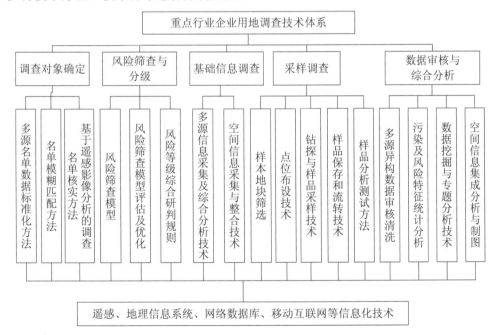

图 2-2 重点行业企业用地调查技术体系总体框架

2.2.1 调查对象确定

调查对象确定技术方法包括多源名单数据标准化方法、名单模糊匹配方法、基于遥感影像分析的调查名单核实方法等。

1）构建基于土壤环境潜在影响分析的重点行业企业筛选方法。经过几十年的发展，我国已形成了完整的现代工业体系，拥有 41 个工业大类、207 个工业中类、666 个工业小类，是全世界唯一拥有联合国产业分类中全部工业门类的国家。面对种类复杂、数量庞大、分布广泛的工业企业，以"土十条"中重点监管的有色金属矿采选、有色金属冶炼、石油开采、石油加工、化工、焦化、电镀、制革等 8 个行业为基础，综合已有行业环境监管经验和实践，考虑各行业生产经营活动对土壤（含地下水）环境的影响，建立一套系统科学的土壤污染重点行业筛选方法，对照《国民经济行业分类》筛选确定土壤污染重点行业；针对筛选出的重点行业，兼顾企业服务年限、生产规模、特征污染物等因素，分行业制定土壤污染重点企业筛选原则。

2）集成构建基于多源数据融合和高分遥感技术的企业用地调查对象筛选核实技术。企业名录数据多源、分散、海量，包括行业重点监控企业名录、环境统计企业名单、第一次全国污染源普查数据、2015 年度国家统计基本单位名录库中重点行业企业信息、工商企业注册信息等，不同来源数据的格式、内容、时效性、数据精度等不一致，经常出现信息不准确、不唯一、不完整、不规范等情况，通过多源名单数据标准化、名单模糊匹配方法，按照土壤污染重点行业分类及企业筛选原则，形成一套完整、规范、准确的重点行业企业调查对象初始名单。为解决人工现场逐一核实的工作强度大、效率低等问题，利用高分遥感影像分析技术，构建重点行业企业解译标志，通过人机交互快速解译，实现重点行业企业用地调查对象的快速、准确核实。

2.2.2 风险筛查与分级

风险筛查与分级方法是支撑本次调查工作的关键。本书首次创建的重点行业企业用地土壤污染潜在风险评估方法，用于对 10 万余个不同行业、不同区域、不同生产特征的企业地块的污染可能性及潜在环境风险水平综合分析评估，确定地块土壤污染潜在风险等级。风险筛查与分级技术体系包括风险筛查模型、风险筛查模型评估及优化、风险等级综合研判规则。

1）创建基于"污染源—迁移途径—受体"三要素的风险筛查模型。在深入分析美国、加拿大、新西兰等国外污染地块分类系统，以及国内上海、重庆等地区的污染地块分类管理实践经验的基础上，以"污染源—迁移途径—受体"三要素为核心，构建土壤和地下水污染潜在风险筛查指标体系及评分方法，建立地块土壤污染潜在风险筛查模型。

2）创新开展风险筛查模型评估及优化。可靠性评估是风险筛查模型建立过程中的重要环节。借鉴 USEPA 等分类系统可靠性评估经验，利用基础信息调查获得的 1 万多个企业地块数据作为验证评估样本，开展风险筛查指标的均衡性、指示性、风险筛查得分的区分度等三个方面的评估，优化风险筛查指标设置及指标权重分配，提高土壤污染潜在风险评估结果的准确性。

3）建立土壤污染潜在风险等级综合研判规则。风险等级综合研判是最终划定地块等级的重要步骤。选取具有行业、区域、污染物代表性的 1 000 多个企业地块土壤和地下水采样调查数据，综合运用多元统计分析、机器学习建模、大数据挖掘等技术手段，分析重点行业企业地块污染规律，识别最能反映地块土壤和地下水是否超标的关键指标及其阈值范围，建立风险等级综合研判规则，支撑地块风险等级的最终划定。

2.2.3 基础信息调查

基础信息调查技术体系包括多源信息采集及综合分析技术、空间信息采集与整合技术。基础信息调查是企业用地调查的基础环节，为风险筛查、采样调查等工作提供基础数据和信息。需要从生态环境、自然资源、发展改革、工业和信息化、规划等部门日常管理资料、企业生产经营资料、政府历史档案等资料中，系统、全面、准确地获取企业地块基本信息和地块污染特征、污染物扩散迁移、周边敏感受体等关键信息以及地块位置、边界范围、地块内疑似污染区及周边敏感受体等空间信息。企业基础信息具有多来源、多时期、非结构化、非标准化、信息甄别主观性较强等特点。通过信息采集内容的结构化处理，建立关键信息数据字典（污染物数据库等），开发信息采集移动终端和信息系统，统一信息获取途径、统一信息分析方法、统一信息填报要求，建立了标准化、规范化的信息调查技术体系，提高基础信息调查工作效率，确保基础信息数据真实、准确、全面。

2.2.4 采样调查

企业用地调查工作中的采样调查，在调查目的和调查方法上不同于依据《建设用地土壤污染状况调查技术导则》（HJ 25.1—2019）开展的初步采样分析。采样调查以有限点位确认地块土壤和地下水污染状况为目标，为分析行业土壤污染总体状况、综合研判地块风险等级等提供基础数据。采样调查技术方法体系包括样本地块筛选、点位布设技术、钻探与样品采集技术、样品保存和流转技术、样品分析测试技术等。

1）建立基于分层抽样的样本地块筛选方法。考虑到采样时间和成本，针对中度、低度关注地块，采用抽样调查方法，选择部分代表性地块开展采样调查。基于分层抽样（类型抽样）方法，兼顾行业类别、地块分布区域、风险筛查得分等信息，进行合理分层，利用统计推断估算各分层最小样本地块数量，基于风险筛查结果，筛选确定中、低关注度采样地块清单。

2）建立点位精准布设、样品规范化采集和高效安全保存流转的技术方法体系。为获得真实、准确、可靠性的地块土壤和地下水采样检测数据，在梳理国内外建设用地土壤污染状况调查、监测相关标准规范的基础上，建立了涵盖采样调查全流程的技术方法体系，明确采样调查各环节具体工作要求，确保全国各地数百家调查单位都能够按照统一要求规范开展调查工作。点位布设技术按照逐步聚焦企业土壤污染可能性较高的区域的思路，将点位布设分解为疑似污染区域识别、布点区域筛选、点位确定三个相互衔接、逐步递进的工作环节，细化各环节技术要求，确保调查点位的代表性、检测指标的全面性。钻探与样品采集技术结合企业用地地层和水文地质特点，明确土孔钻探、地下水监测井建设、土壤和地下水样品采集、现场快速监测等环节的规范化、标准化操作程序及技术要求，确保样品采集的规范性、样品的代表性。样品保存和流转技术对不同测试项目样品的保存容器材质、容器规格、保存问题、保存时限、保护剂添加等都做了统一的要求，实现不同类型样品安全高效保存和流转。

3）建立土壤和地下水样品最佳可行测试方法体系。样品分析测试方法体系包括土壤和地下水的理化性质分析测试方法、重金属分析测试方法、重金属可提取态分析测试方法、有机物分析测试方法等，为确保土壤和地下水样品分析测试数据的准确性、可比性，基于方法先进性、适用性、可行性和友好性原则，建立最佳可行测试方法体系。优先选择国内相关部门颁布的国家标准和行业标准方法，兼顾考虑国际标准方法；优先选用准确度高、灵敏度高、抗干扰能力强、重现性比较好且成本较低的分析测试方法；在满足质量管理要求及样品分析灵敏度和精密度的前提下，优先选择多指标同步测定的分析方法；针对同一检测项目的多种分析方法，选择前处理流程简单，试剂或溶剂无毒或低毒且用量少的环境友好型分析方法。

2.2.5 数据审核与综合分析

1）建立基于逻辑比对、统计分析的企业用地调查海量数据审核清洗技术。企业用地调查获得了海量数据，包括基础信息、空间信息、点位及采样信息、检测数据等几百万条数据，既有结构化数据，也有图片、报告、文本等非结构化数据，数据准确全面是调查成果合理可靠的前提，在成果集成前，需对整体调查数据进行全面、系统的审核，识别清洗异常数据。根据不同类型数据的特点，综合运用逻辑比对、统计分析等方法，建立以逻辑比对、异常值识别为主的大数据审核清洗技术方法，基于企业用地调查信息系统开发异常数据审核清洗脚本，实现对企业用地调查数据质量的全面系统扫描，排查异常数据，辅助人工核实、高分遥感影像比对进行核实整改，确保集成数据完整、规范、准确。企业用地调查整体数据审核包括基础信息异常数据核实、空间信息审核、采样信息审核评估和采样检测数据合理性评估等工作内容。

2）集成经典统计分析、空间统计分析、机器学习等技术，建立企业用地调查海量数据多尺度、多维度、多特征的数据综合分析技术体系，充分挖掘海量重点行业企业用地调查数据，系统揭示重点行业土壤污染规律及环境风险特点。对企业用地调查工作中基础信息、采样检测、风险筛查与分级等数据，综合运用经典统计方法（相关性分析、主成分分析、回归分析等）、空间统计分析（空间自相关、空间聚类等）、机器学习等方法，从多空间尺度[国家、省（区、市）、工业集聚区、地块等]、多维度（行业、污染物、土壤和地下水等）、多特征（污染状况、风险特点、主要影响因素、土壤和地下水污染关联、企业地块及周边农用地关联等)开展深入分析与综合评价,系统揭示重点行业企业用地土壤污染总体状况、风险特征,探索解析土壤污染的主要影响因素,确定需优先关注的土壤污染重点行业、重点污染物及高风险企业集聚度较高的重点区域,研究提出土壤环境管理建议,为精准治污、科学治污提供支撑。

2.2.6 信息技术

企业用地调查涉及的工作环节和从业人员较多。为确保调查成果数据实时上传、调查结果规范统一,保障按期、高质量完成调查任务,构建企业用调查信息技术体系至关重要。综合应用移动互联网、物联网终端、二维条码、遥感、地理信息、全球定位、网络数据库等多种技术,本次调查研发了涵盖调查对象确定、基础信息调查、风险筛查、采样调查、风险分级、数据分析与成果集成等全过程的信息系统和配套手持终端软件,包括基础信息调查子系统、初步采样调查子系统、样品检测与数据报送子系统、数据统计分析与评价子系统。信息化手段的运用,可以满足各级管理用户、质量控制用户以及各类调查单位用户在调查工作中的需求,实现全流程信息收集、资料管理与质量控制,实时监控和调度各地进度,提高各环节工作效率,确保调查质量。企业用地调查信息系统包括企业用地基础信息调查子系统、初步采样子系统、样品检测与数据报送子系统、数据统计分析与评价子系统。

1)构建基于移动互联网和高分遥感影像等信息技术的基础信息调查子系统。为确保地块基础信息采集完整、规范、准确,集成移动互联网、物联网终端、遥感、地理信息、全球定位导航和网络数据库等开发了基础信息调查子系统,功能涵盖调查对象管理、地块边界勾画、空间信息采集质检和地块基础信息采集等,实现了地块基础信息的规范化和标准化采集、地块空间信息的高效采集整合与质检,实现了地块基础信息调查数据的实时上传与入库管理,显著提升了基础信息采集工作的效率和质量。

2)构建基于移动智能终端的初步采样调查子系统。为保证按期、高质量完成采样调查任务,综合应用移动互联网、物联网终端、二维条码、遥感、地理信息和全球定位导航、网络数据库等多项现代信息技术,开发了覆盖企业用地调查点位布设、样品采集和流转等关键环节的初步采样调查子系统,实现了地块布点数据的智能管理、采样调查任务的精准派发、采样信息的规范填报、土壤和地下水样品的自动编码和样品的有序流转,有效支撑了企业用地调查布点采样各环节工作进展管理与质量管理。

3)构建基于网络数据库等信息技术的样品检测与数据报送子系统。为有序开展企业用地调查大量土壤和地下水样品的检测和数据质量审核,研发构建了基于网络数据库、移动智能终端等信息技术的样品检测与数据报送子系统。支持实验室进行大批量样品收样交接,实现了对检测实验室的基础信息等进行登记备案管理,支持检测实验室按照规定要求,统一报送样品检测数据,支持检测数据质量智能预警和开展检测数据质量审核。

4）构建基于网络地理信息系统的数据分析评价管理子系统。为支撑企业用地调查获得的大量土壤和地下水样品检测数据的分析与评价，综合应用遥感、地理信息系统、网络数据库等信息技术，研发构建了数据统计分析与评价子系统。子系统包括调查数据库、检测进展统计分析、检测数据评价等功能模块，实现了检测数据报送管理、数据统计分析、对标评价与结果表达，有效支撑了数据分析与成果集成。

2.2.7 统一调查技术要求

为统一调查技术要求，规范企业用地调查工作，保证工作质量的可靠性、数据结果的可比性及调查结论的客观性，在充分借鉴总结国内外相关技术方法的基础上，结合调查工作实际，构建涵盖调查对象确定、基础信息调查、风险筛查、采样调查、风险分级、数据分析与成果集成等全过程各环节的管理和技术体系（表2-1）。

表2-1　企业用地调查重要管理类和技术类文件

序号	工作环节	文件名称	文号
1	总体要求	全国土壤污染状况详查总体方案	—
2	实施方案编制	省级土壤污染状况详查实施方案编制指南	—
3	综合性	关于进一步明确重点行业企业用地调查相关要求的通知	环办土壤函〔2018〕924号
4	综合性	关于进一步明确油田、尾矿库、填埋场等地块相关调查要求的通知	环办土壤函〔2019〕222号
5		关于进一步稳妥推进重点行业企业用地土壤污染状况调查工作的通知	环办土壤函〔2019〕818号
6	质量管理	关于进一步加强重点行业企业用地调查质量管理的通知	环办土壤函〔2019〕352号
7	尾矿库调查	关于开展全国尾矿库环境基础信息排查摸底工作的通知	环办固体函〔2019〕387号
8	档案与保密管理	全国土壤污染状况详查档案管理办法（试行）	环办土壤函〔2018〕728号
9		全国土壤污染状况详查工作保密管理办法	环办土壤函〔2018〕729号
10		关于强化重点行业企业用地调查信息管理系统安全使用的函	土壤司司便函
11	实验室管理	全国土壤污染状况详查实验室管理办法	环办土壤〔2018〕16号
12		关于进一步加强重点行业企业用地土壤污染状况调查检测实验室质量管理的通知	环办土壤函〔2020〕482号
13	基础信息采集	重点行业企业用地调查信息采集技术规定（试行）	环办土壤〔2017〕67号
14		重点行业企业用地调查信息采集工作手册（试行）	环办土壤函〔2018〕884号

序号	工作环节	文件名称	文号
15	风险筛查与分级	在产企业地块风险筛查与风险分级技术规定（试行）	环办土壤〔2017〕67号
16		关闭搬迁企业地块风险筛查与风险分级技术规定（试行）	环办土壤〔2017〕67号
17		重点行业企业用地调查风险筛查结果纠偏工作手册（试行）	环办土壤函〔2018〕1168号
18		重点行业企业用地土壤污染状况调查风险等级判定规则	土壤司司便函
19	采样调查	关于重点行业企业用地土壤污染状况初步采样调查有关工作要求的函	环办便函〔2019〕280号
20		重点行业企业用地调查疑似污染地块布点技术规定（试行）	环办土壤〔2017〕67号
21		重点行业企业用地调查样品采集保存和流转技术规定（试行）	环办土壤〔2017〕67号
22		重点行业企业用地调查布点及采样方案核心内容编写模板	环办便函〔2020〕51号
23	采样调查（分析测试）	全国土壤污染状况详查土壤样品分析测试方法技术规定	环办土壤函〔2017〕1625号
24		全国土壤污染状况详查地下水样品分析测试方法技术规定	环办土壤函〔2017〕1625号
25	质量控制	重点行业企业用地调查质量保证与质量控制技术规定（试行）	环办土壤函〔2017〕1896号
26		重点行业企业用地调查信息采集质量控制工作手册（试行）	环办土壤函〔2018〕1168号
27		重点行业企业用地调查样品采集保存和流转质量控制工作手册（试行）	环办土壤函〔2019〕845号
28		重点行业企业用地调查疑似污染地块布点采样方案审核工作手册（试行）	环办土壤函〔2018〕1168号
29	成果集成	重点行业企业用地土壤污染状况调查成果集成数据审核工作手册	土壤司司便函
30		省级重点行业企业用地调查空间数据整合自查上报手册（试行）	土壤司司便函
31		重点行业企业用地调查地块空间数据审查入库工作方案	土壤司司便函
32		重点行业企业用地土壤污染状况调查阶段成果集成报告编制指南	环办土壤函〔2019〕845号
33		省级重点行业企业用地土壤污染状况调查报告编制指南	环办便函〔2020〕374号

序号	工作环节	文件名称	文号
34	成果集成	重点行业企业用地土壤污染状况调查制图规范（试行）	环办土壤函〔2019〕845号
35		重点行业企业用地土壤污染状况调查制图规范（修订）	环办便函〔2020〕374号
36		重点行业企业用地土壤污染状况调查省级质量保证与质量控制报告编写模板	土壤司司便函

2.3 企业用地调查主要技术难点

2.3.1 调查对象确定

1）重点行业筛选。根据《国民经济行业分类》（GB/T 4754—2011）[①]，我国行业有20个门类、96个大类、432个中类和1 094个小类，不同行业的生产工艺、原辅材料、有毒有害物质使用、污染产排特点差异较大，对土壤环境影响程度差异较大，制定科学合理的筛选原则，筛选出对土壤（含地下水）环境影响较大的重点行业是聚焦调查重点，确保调查对象合理性面临的关键技术问题。

2）重点企业筛选。对具体行业而言，不同企业因生产年限、企业规模、污染防治措施及环境管理水平等的差异，对土壤环境的影响程度存在较大差异，分行业制定科学合理的重点企业筛选原则，将行业内土壤和地下水污染隐患较大的重点企业纳入本次调查，是确保调查结果能全面准确反映行业总体污染状况的关键技术问题。

3）调查对象应查尽查。我国工业企业数据，根据管理职责分工，分散在环保、工信、统计等多个部门，各部门在日常管理和专项工作中积累了大量企业信息，多源信息的数据格式、数据内容、时效性等不一致，各部门掌握的数据都属于历史调查数据，企业状态变化快，可能与实际情况不符，特别是关闭搬迁企业地块信息缺失问题尤其突出。针对企业信息多源、异构、时效性差，信息不规范、不完整、不准确等问题，如何精准高效开展多源企业数据融合与核实，是确保调查对象应查尽查的关键技术问题。

2.3.2 基础信息调查

1）基于需求导向确定调查内容。基于"污染源—迁移途径—受体"三要素构建的风险筛查模型，针对企业用地土壤和地下水分别设置了19个和18个指标，并明确了每个指标赋分计算的信息需求。基础信息的内容和质量直接关系到风险筛查结果的准确性

---

① 该标准现已作废，被《国民经济行业分类》（GB/T 4754—2017）代替。本调查开始时，GB/T 4754—2017未发布，因此本书使用的是GB/T 4754—2011。

和合理性。将风险筛查指标的数据需求准确转化为基础信息调查内容是基础信息调查表设计面临的关键技术问题。

2) 非结构化基础信息的结构化处理。企业基础信息涉及大量非结构化、非标准化、定性文字描述信息，不同技术人员专业能力和工作经验的差异，会导致基础信息的填报质量差异较大，为规范统一信息填报要求，满足模型定量计算需求，减少人为主观因素的影响，提高企业风险筛查得分的可比性，如何将非结构化信息通过数据字典等方式转化为结构化数据是基础信息加工处理的关键技术问题。

3) 基础信息的规范高效填报。企业基础信息需要从环评、安评、清洁生产、企业日常管理台账等各类资料中提取整合，并结合现场踏勘和人员访谈核实确认。基础资料类型多，格式不统一，部分信息缺失或不完整，多源基础信息的高效采集、综合分析、规范填报是基础信息调查实施过程中面临的技术难题。通过设计调查模板、开发移动终端等方法，优化基础信息采集流程、提高工作质量和效率。

2.3.3 风险筛查与分级

1) 风险指标体系和计算方法。分析美国、加拿大、新西兰、法国等国家采用的风险筛查或分类管理系统工具，发现各国筛查指标设置和计算方法之间存在较大差异。指标数量与指标内容关系风险筛查结果的可靠性，也直接影响企业基础信息调查和采样调查的工作量、技术要求和工作成本，理论上指标越多，风险筛查结果越准确，但调查工作难度和成本投入也必然增加。本次调查是首次全国性调查，面临任务重、时间紧、基础能力弱等现实情况，综合平衡风险筛查精度、基础信息调查和采样调查的工作难度、工作时间和成本等因素，科学确定筛查指标和计算方法，确保土壤污染潜在风险评估结果的合理性，同时适当降低现场调查工作难度和强度，提高整体工作效率，是建立风险筛查模型面临的重要挑战。

2) 风险等级综合研判规则。采用重点调查方法，选择全部高度关注地块、部分中度、低度关注地块开展采样调查，基于样本地块土壤和地下水采样数据对调查地块土壤污染潜在风险有了更准确的认识。如何充分挖掘样本地块采样检测数据，建立风险筛查结果（高度、中度、低度关注）到风险分级结果（高、中、低风险）的综合研判规则，是确保风险等级划分结果科学性、合理性的重要技术难点。

2.3.4 采样调查

1) 点位布设。采样调查不同于日常污染地块土壤环境管理中的初步采样分析和详细采样分析，要求以尽量少的调查点位和样品数，判断采样地块土壤和地下水主要污染物的超标情况，调查点位数量、钻探深度、样品数量等要求低于日常管理中的初步采样分析，此外，出于对在产企业生产安全等方面的考虑，最优采样区域可能不具备钻探采样条件。如何兼顾生产安全，在尽可能提高土壤和地下水污染捕捉概率的基础上，科学确定点位布设原则，适当降低点位和样品数，是点位布设技术需解决的关键难点。

2）检测指标设置。大部分化工企业生产经营活动中涉及的有毒有害物质种类较多，全面检测会导致成本增加，土壤和地下水中污染物的毒性、迁移性、累积性差异较大，部分污染物不容易超标甚至不容易检出。提高企业特征污染物识别的准确性，合理确定监测项目，减少资金浪费，是提高布点方案科学性面临的关键问题。

3）样品采集保存。为准确反映企业用地土壤和地下水污染状况，要求采集原状、低扰动的土壤和地下水样品。我国幅员辽阔，自然环境区域分异明显，不同区域的地层性质、土壤类型、水文地质条件空间异质性较强。土壤和地下水检测项目较多，包括理化性质、重金属及无机物、VOCs、半挥发性有机污染物等，不同检测项目样品的采样操作要求、保存条件、有效期等存在差异。参与采样调查的单位和人员多，技术装备水平和专业能力参差不齐，需制定统一规范，明确不同地层性质和水文地质条件、不同污染物种类的样品采集保存技术要求，确保样品的代表性和有效性。

2.3.5 数据审核与综合分析

1）异常数据识别与数据清洗。企业用地调查数据来源多、类型多、数据量大。为确保数据质量，建立了覆盖全流程的质量保证与质量控制体系。调查实践中，考虑到工作量等因素，采用重点抽查法开展质量检查。在成果集成阶段，针对 10 万多个地块的海量数据，需进行系统的清洗，全面处理异常数据，确保分析结果的可靠性。考虑不同类型数据的特点，以及数据之间的逻辑关系，综合运用逻辑比对、统计分析等方法，建立数据合理性逻辑比对和异常值识别规则，并开发异常数据自动识别与清洗工具是确保集成数据准确、可靠的关键难点。

2）数据综合分析。成果集成阶段，在系统分析重点行业土壤地下水污染状况及环境风险情况的基础上，结合土壤环境管理需求，支撑精准、科学治污，围绕重点关注行业、重点关注污染物、重点区域、土壤污染成因等方面开展了专题分析。围绕每个专题研究目的，综合考虑数据特点，集成传统统计分析、机器学习等方法，建立一套科学合理的数据挖掘方法体系，确保分析结果合理性是专题分析阶段面临的关键难点。

3）制图表达。重点行业企业地块在全国的空间分布呈现总体分散、局部高度集中的特点，不同区域聚集程度差异较大。在部分企业地块高度集中的区域，空间展示上往往存在重叠现象，导致空间分布格局表征效果不理想。如何选取合适的表达方式展示重点行业企业空间分布模式和规律，表达出土壤环境风险和污染状况的特征是图集制作的关键问题和难点。

第 3 章 调查对象确定

调查对象确定是企业用地调查的起始环节。按照重点调查和系统调查相结合的工作思路，以"土十条"确定的有色金属矿采选、有色金属冶炼、石油开采、石油加工、化工、焦化、电镀、制革等 8 个重点行业为基础，根据《国民经济行业分类》，结合土壤环境管理要求以及不同行业污染防治技术政策和产排污特点确定重点行业，筛选得到 73 个重点行业小类；然后根据企业服务年限、生产规模、生产工艺、原辅料和污染物特点，整合第一次全国污染源普查数据（简称"一污普"）、国家统计基本单位名录库等近 180 万家企业数据，进一步筛选形成全国土壤污染重点行业企业初始名单；再基于第二次全国污染源普查（简称"二污普"）等多源数据进行增补，并通过各级各部门核实，做到应查尽查，最终确定了包括在产企业和关闭搬迁企业的调查对象清单。

3.1 重点行业分类与企业筛选原则

根据《第一次全国污染源普查公报》，2007 年末，全国工业源数量为 157.6 万个。根据《第二次全国污染源普查公报》，2017 年末，全国普查对象数量中工业源数量达到 247.74 万个，不仅企业数量大量增加，企业名称也发生很多变化。不同行业企业对土壤生态环境的影响与行业类别、规模、生产历史密切相关，需根据企业用地调查工作的目标和任务，确定土壤污染重点行业分类与企业筛选原则。

3.1.1 重点行业筛选

以《国民经济行业分类》（GB/T 4754—2011）的 20 个门类、96 个大类、432 个中类、1 094 个行业小类为基础梳理行业。依据"土十条"以及土壤环境管理的相关要求，按照国民经济行业分类特征，结合各行业污染防治技术政策和产排污特点，确定土壤污染重点行业。

(1)"土十条"确定的重点监管行业

包括有色金属矿采选、有色金属冶炼、石油开采、石油加工、化工、焦化、电镀、制革等 8 个行业。

(2)有各类土壤环境管理优先控制污染物的行业

梳理我国土壤环境质量标准及污染防治相关政策,综合确定对土壤环境影响较大的污染因子,如重金属、有机污染物等,通过行业生产工艺特点、典型产品结构、污染物产生特征和排放形式,对照污染因子确定重点行业。比如,17 纺织业中 1713 棉印染精加工,为《国家鼓励的有毒有害原料(产品)替代品目录》涉及的行业,该行业主要污染因子有重金属(铬)、苯胺类、可吸附有机卤素(AOX)、苯系物(苯、二甲苯、苯乙烯),该行业水污染物产生主要环节有染色、印花等,大气污染物产生主要环节有印花等,固体废物产生主要环节有废水处理、定型机空气净化等,因此将该行业纳入土壤污染重点行业。

(3)文献研究和环境监测发现有污染的行业

除以上行业外,有研究资料或实际监测表明可能对土壤产生污染的行业,通过专家咨询意见综合考虑纳入土壤污染重点行业。如 08 黑色金属矿采选业中 0810 铁矿采选,主要污染因子有 pH、重金属(铬、钒、锰、钛等),影响主要来自固体废物,包括废石(渗滤液酸性废水)、尾矿等。根据行业污染物产排特点及参考行业专家意见,将该行业纳入土壤污染重点行业。

综上,共筛选出 4 大门类中的 17 个大类、38 个中类、73 个小类的土壤污染重点行业。

3.1.2 重点企业筛选原则

在土壤污染重点行业类别确定的基础上,根据企业服务年限、生产规模、生产工艺、原辅料和污染物等对土壤污染的影响分析,确定每一个行业小类重点企业的筛选原则(附录 A),主要包括以下几个方面:

1)企业服务年限。主要考虑不同服务年限企业的环境风险、污染物累积差异,年限划分为:5 年以下、5~15 年、15~30 年、30 年以上。个别行业考虑行业特点、行业整体技术装备更新、污染物排放标准更替等,采取了不同年份划分原则,如 2520 炼焦行业根据污染物排放标准更替,选取 5 年、10 年、20 年为划分依据。

2)企业生产规模。企业生产规模划分主要依据相关建设规模标准、设计资质标准、产业结构目录等文件。B 采矿业中 08 黑色金属矿采选业、09 有色金属矿采选业的生产规模划分依据为《关于调整部分矿种矿山生产建设规模标准的通知》(国土资发〔2004〕208 号),C 制造业中多数行业生产规模划分依据为《工程设计资质标准》中"各行业建设项目设计规模划分表"。1910 皮革鞣制加工、3214 锡冶炼、3215 锑冶炼等个别行业依据"行业准入条件"及《产业结构调整目录(2011 年本)》[①]对生产规模进行了划分。

---

① 该指导目录于 2019 年废止,被 2020 年 1 月 1 日起施行的《产业结构调整指导目录(2019 年本)》代替。

3）企业生产工艺、原辅料和污染物。生产同一产品，采用不同的生产工艺、原辅料产生的污染物可能明显不同，辨识生产工艺，从中筛选出污染土壤的重点企业。例如，在 2611 无机酸制造中，并非将所有硫酸生产企业纳入，而是以原辅料为依据将以硫铁矿为原料生产硫酸的企业纳入土壤污染重点企业；2614 有机化学原料制造中，电石法制乙炔过程废渣中含有砷等重金属物质可能造成土壤污染，因此将电石法制乙炔企业纳入土壤污染重点企业。

3.2 调查对象名单初筛

调查对象名单初筛主要依据行业重点监控企业名录、环境统计企业名单、第一次全国污染源普查数据、国家统计基本单位名录库及工商企业注册数据等多源初始名单，通过模糊匹配、比对整合等技术手段完成。由于初始名单来源不同，常出现企业名称变化多、位置不准确、行业类别不唯一及企业信息不完整、不规范等情况，需要通过对多源信息标准化，开展基于模糊匹配的比对整合，按照土壤污染重点行业分类及企业筛选原则，筛选形成重点行业企业调查对象初始名单。

3.2.1 多源名单数据标准化方法

多源名单数据标准化是调查对象数据信息使用的基础。通过多源名单数据预处理，评估数据的准确性、完整性、规范性，逐级进行整合去重，形成内容全面的调查对象初始名单，名单数据标准化流程见图 3-1。主要内容包括关键属性字段的规范化、多源名单整合去重等工作。

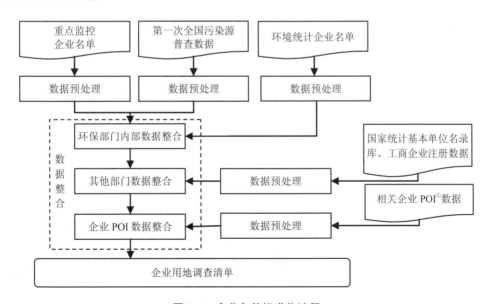

图 3-1　企业名单标准化流程

---

① POI（Point of Interest），兴趣点。

3.2.1.1 多源企业名单数据

多源企业名单数据包括重点监控企业名单、环境统计企业名单、全国污染源普查企业名单、国家统计基本单位名录库中重点行业企业的部分工商注册信息以及网络企业POI数据。企业POI数据也是此次工作的一个重要数据补充，在地理信息系统中，一个POI可以是一栋房子、一个商铺、一个邮筒、一个公交站、一个企业等，其位置对指示企业具有一定的参考价值。

3.2.1.2 数据预处理

数据预处理主要是对企业名单进行统一编号标注、数据格式规范化等。由于各个企业名单数据来源字段信息不同，需要统一关键属性字段。关键属性字段主要有唯一企业编码、数据来源、企业名称、统一社会信用代码、行政区划、地址信息、经纬度位置信息、行业信息、行业代码、经营状态、企业规模、建厂时间、是否符合筛选原则、备注等。

关键属性字段数据格式规范化，主要是规范统一各个字段的表达形式。比如，行政区划名称、地址信息是空间位置核实的重要参考，因此需要开展标准化处理。名单中行政区划名称存在以下几种情况：

1）行政区划名称不规范，如将"某某县"写成"某某"、"某某回族自治县"写成"某某县"、"某某区"写成"某某县"等。

2）县（市、区、旗）行政区划一栏有填写"某某开发区""某某工业区""某某管理区""某某试验区""某某高新区"等情况，需要根据最新行政关系整理归属。

3）部分地区的行政区划边界和名称已经调整，如目前天津市的滨海新区由原先的塘沽区、汉沽区、大港区合并而成。

4）错别字、信息缺失等其他情况。针对以上各类情形，主要通过开发相关软件模块进行处理，部分情况通过人工处理完成字段规范化。

3.2.1.3 数据整合

数据整合主要包括数据评估、名单汇合、重复检测与删重等过程，最后形成整合名单。

1）数据评估。首先，分别从数据格式规范性、信息完整性、数据准确性等方面开展多源名单数据质量评估，根据评估结果确定整合顺序。重点监控企业名单相对规范完整，环保部门内部数据信息较其他数据丰富，因此以重点监控企业名单为基础，依次汇合第一次全国污染源普查、环境统计企业名单等企业名录数据，完成环保部门内部数据整合。其次，依次整合国家统计基本单位名录库中重点行业企业部分工商注册信息数据。最后，整合相关企业POI数据。

2）名单汇合。对预处理后的多源企业名单数据进行汇合，形成一张统一的表格。

3）重复检测与删重。汇合后的数据存在较多的企业名单重复问题，需要对企业名单中存在的重复记录进行检测标识和删重。重复现象具体有以下4种情况：①"企业名称相同、地址信息相同、经纬度值相同"，认为是重复；②"企业名称相同、地址信息相同、经纬度值不同"，认为是重复；③"企业名称相同、地址信息不同、经纬度值相同"，认为是重复；④"企业名称相同、地址信息不同、经纬度值不同"，辨识是否属于"一企多址"，"是"则都保留，"不是"则删除重复的。

4）其他数据整合。整合相关行业企业POI数据，补充名单中企业地址信息、经纬度位置信息等。

3.2.2 名单模糊匹配方法

在实际填报过程中，企业名称、企业地址等信息往往由于表述不规范等造成同一企业在各个名单中有不同的表述，难以用精准匹配的方式来找出重复的企业，给企业名单整理工作带来较大难度。模糊匹配方法能够实现批量比对企业名称因字符错写、字符省略而存在的差异，在各类名单的比对中多次用到。

模糊匹配是开展多源名单比对的重要技术手段。通过行政区划、行业等设定，建立需匹配名单；开展企业名称或企业地址等的文本模糊匹配计算，获得相似度；设定相似度阈值确定是否匹配成功，并通过人工复核不断调整优化阈值，形成最后匹配结果，流程见图3-2。

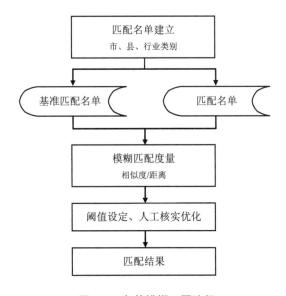

图 3-2 名单模糊匹配流程

3.2.2.1 匹配名单建立

因企业名单数量大，一般需要划分为小名单开展匹配，一是减少匹配的数量，二是减少混淆情况。在实际操作中，由于行政区划信息准确性较高，可以基于省、市、县来划分名单，即同一个市/县的企业名单进行匹配。另外，如果是基于某个行业的独有数据库，比如农药行业专有数据库，也可以通过行业来划分名单，开展匹配。

3.2.2.2 模糊匹配度量

比对不同名单中各企业条目的对应关系，主要是对企业名称或地址开展模糊匹配。在各类名单中，同一企业名称和地址等信息表述不规范的情况主要有以下几类：

1) 企业名称不规范，但属于同一企业。如某某责任公司、某某责任有限公司、某某股份有限公司等，某某生活垃圾填埋场、某某垃圾填埋场、某某城市垃圾填埋场、某某填埋场、某某填埋厂等。

2) 企业名称相似度很高，但不属于同一厂区（地块）。例如，"某某公司一厂"与"某某公司二厂"、"某某公司南厂"与"某某公司北厂"等。

3) 部分关键词存在错字/多字/少字，属于同一企业。例如，"某某和禾医疗废物处置有限公司"与"某某禾和医疗废物处置有限公司"、"某某表面精饰有限公司"与"某某金属表面精饰有限公司"、"某某化工公司"与"某某公司"、"某某金像电子有限公司"与"某某金像科技有限公司"等。

4) 企业名称中缺失厂区信息，指代不清。例如，"某某公司"与"某某公司尾矿库"、"某某公司"与"某某公司老厂/新厂"、"某某铝电有限公司（铝厂）"与"某某铝电有限公司"等。

要比较此类不规范的名称和地址信息的相似程度，一般可以从正反两个方面去判断相似性，计算相似度或者判断两者间差异的大小。本次工作采用的文本匹配方法是基于编辑距离开发的算法，以 Office 软件插件形式实现。编辑距离算法（levenshtein distance 算法，又叫 edit distance 算法），是指两个字符串之间，由一个转成另一个所需要的最小编辑操作次数。许可的编辑操作包括将一个字符替换成另一个字符，插入一个字符，删除一个字符。一般来说，编辑距离越小，两个串的相似度越大。

3.2.2.3 匹配结果

通过 Office 插件可计算出两个名单间的匹配结果。根据后续应用的实际情况，设定相似度阈值，相似度大于阈值的条目认定为重复企业。在精度要求较高的情况下，如开展全面性审核考核时，可以设置较高阈值，确保准确识别相同企业；在精度要求稍低，如在开展名单初步整合时，可以设置阈值稍低，确保企业名单可能有一定重复，但不遗漏。另外，可以人工进行校验抽检，不断优化阈值，平衡精确性要求和全面性要求。

表 3-1 为某两个来源的名单数据匹配结果示例，通过模糊匹配，计算出名单中各个条目之间的匹配度，通过人工查看，设定 0.85 以上为有效匹配，提取相似度大于此阈值的条目认定为重复企业。

表 3-1　某名单匹配结果示例

地块名称	区县	地块名称	区县	相似度
黑龙江昊化化工有限公司	昂昂溪区	黑龙江昊华化工有限公司	昂昂溪区	0.973 3
绥滨县生活垃圾处理场	绥滨县	绥滨县生活垃圾处理厂	绥滨县	0.969 3
中国蓝星哈尔滨石化有限公司	道外区	中国蓝星哈尔滨石化有限公司二分厂	道外区	0.924 9
大庆油田有限责任公司第三采油厂	郊区	大庆油田有限责任公司第三采油厂北二二联合站	郊区	0.918 2
桦南城北垃圾填埋场	桦南县	桦南县城北废弃垃圾填埋场	桦南县	0.888 9
富锦市城市生活垃圾处理厂	富锦市	富锦市生活垃圾处理场	富锦市	0.888 9

3.3　调查对象核实确定

调查对象核实确定是针对多源企业数据名单比对整合形成的初始名单，组织国家、省、市、县多级生态环境、自然资源、工信等部门，通过高分遥感影像分析、现场核查等方式，核减不符合筛选原则、重复、不存在等的企业，并结合本地实际动态增补调查对象，最终核实确定调查对象名单。

3.3.1　调查对象全面性的核实方法

3.3.1.1　工作模式

（1）国家层面

为确保名单全面和企业信息可靠，国家基于重点行业企业用地信息采集等平台，组织省、市、县三级生态环境、自然资源、工信等部门对调查对象初始名单及基本信息开展核实。

（2）地方层面

各级生态环境部门结合国家下发的调查对象初始名单，基于重点行业企业用地信息采集等平台，协调本行政区域内工业和信息化、自然资源、工商、税务等部门获取在产及关闭搬迁企业监管信息。逐一对调查对象初始名单内的各企业名称、所属行政区域、行业、在产或关闭搬迁状态等基本信息进行核实、补充和完善，必要时进行现场核实。核实不符合筛选原则的企业可从调查对象初始名单中删减。土壤污染重点监管单位、排污许可管理中对重金属排放提出许可排放量要求的排污单位，以及各地生态环境部门认为对土壤或地下水环境影响突出的企业地块，应予以增补。流程见图3-3。

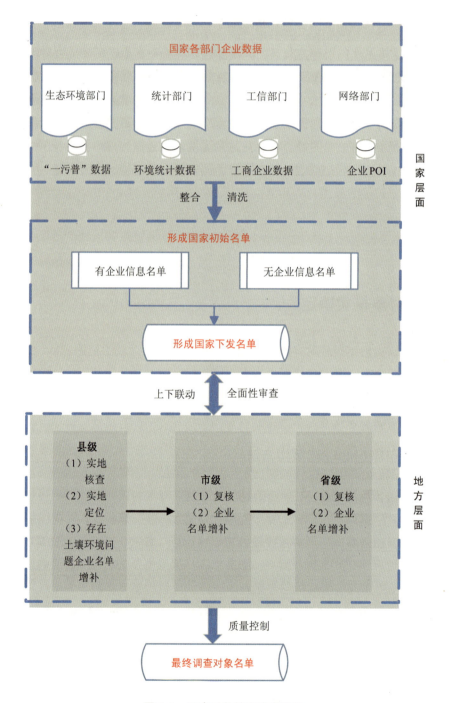

图 3-3 调查对象核实确定流程

3.3.1.2 调查名单删减合理性审查

删减合理性审查包括删减原因、删减数量等方面的审查。

1）删减原因合理性审查。对地方解释为不符合筛选原则的企业，复核企业的行业和其他相关信息；对核实不存在的企业，复核工商注册等相关信息；对没有填报删减原因的企业，要求重新填报相关原因。表 3-2 为部分删减原因合理性审查示例。

表 3-2 删减原因合理性审查示例

序号	审查指标	《土壤污染重点行业分类及企业筛选原则》中涵盖内容	上报的删减原因	审查原则
1	重点行业分类	1752 化纤织物染整精加工	该企业属于 1752 化纤织物染整精加工行业，不属于 73 小类	删减原因中行业类型是否属于土壤污染重点行业类型误判
		2651 初级形态塑料及合成树脂制造	企业行业类别为 2651 初级形态塑料及合成树脂制造，不属于重点行业企业范畴，因此不纳入调查范围	
		3841 锂离子电池制造	产品为锂电池，非重点行业企业	
		3360 金属表面处理及热处理加工	金属表面处理，不符合筛选原则	
2	重点企业筛选原则	2643 行业筛选原则"全部化学合成颜料生产企业"	1998 年投产，年产颜料 20 t	删减原因与相应行业重点企业筛选原则不符
		2652 行业筛选原则"原料或产品涉及《土壤环境质量 建设用地土壤污染风险管控标准（试行）》中污染因子的生产企业"以上污染因子中包含苯乙烯（CAS 编号：100-42-5）	原辅材料为苯乙烯，用量很少	
		2613 行业筛选原则"原料或产品涉及镉、汞、砷、铅、铬、铜、锌、镍、锶、钡、钴的生产企业"	主要产品为碳酸钡	
		2614 行业筛选原则"电石法制乙炔企业"	该企业仅涉及电石制乙炔简单工艺	

序号	审查指标	《土壤污染重点行业分类及企业筛选原则》中涵盖内容	上报的删减原因	审查原则
2	重点企业筛选原则	—	化纤行业，无化学合成；只选矿不采矿；无土壤污染风险	删减原因中未提及是否符合重点企业筛选原则
		2651 行业筛选原则"电石法制聚氯乙烯企业；原料或产品涉及《土壤环境质量建设用地土壤污染风险管控标准》中污染因子的生产企业"	行业类别为 2651 初级形态塑料及合成树脂制造，生产工艺为非电石法制聚乙烯，不符合筛选原则	上报删减原因未涵盖相应行业重点企业的全部筛选原则
		2661 行业筛选原则"原料或产品涉及《土壤环境质量 建设用地土壤污染风险管控标准（试行）》中污染因子的生产企业"	该企业未生产 15 年以上	删减原因中未提及是否涉及重点企业筛选原则对应的污染因子及重金属等元素
		3360 行业筛选原则"原辅料中含氟、氰、重金属（铜、锌、镍、铬、镉、铅、锡、汞）的企业"	仅提及企业生产时间及规模如 2019 年新建企业，生产年限短，不符合筛选原则；生产工艺已改造升级	
3	与现有调查对象的空间关系	—	企业属于楼上型企业，重点区域与地面均无直接基础，建议不纳入	一栋多企中第一层企业是否已纳入调查对象情况不明
		—	某某科技集团有限公司名下包括多家控股子公司，其中某某生化股份有限公司已在本次核实中增补进调查名单	企业与现有调查对象是否位于同一地块情况不明
4	关闭搬迁企业	—	已倒闭多年，"二污普"数据为全年停产；已拆除	删减原因中尚未开发利用的重点行业关闭、搬迁、拆除、荒废企业的历史生产及污染状况不明
5	其他	—	需进行现场核实，待核实后确定是否新增；不符合筛选原则	未核实；上报不增补原因填写不充分

专栏 3-1　调查对象全面性核实存在的问题

（1）企业筛选原则理解问题

地方对筛选原则的理解有时存在一定偏差。比如，目前调查对象筛选原则并未对农药生产规模进行限制，且地方省、市对卫生用药是否为农药的理解存在偏差，卫生用药原料涉及化学农药成分的，应将此类企业纳入调查对象；若部分企业虽然申请农药许可但未实际生产农药产品的（包括历史和现状），可以不纳入调查。

（2）调查对象核实存在的问题

企业状态的变化对于调查对象确定也有一定影响。比如，部分地方反馈"经多方查证，没有获得该企业信息"，很多是因为企业关闭或临时关闭，企业联系人难以联系等。

调查对象的特殊情况要加强处理。部分企业存在"一址多企""一企多址"的问题。对"一址多企"的地块要兼顾多个企业的生产及污染特征，确保基础信息采集的完整性；对"一企多址"的地块要按照不同地址拆分为多个调查对象分别进行调查。

（3）历史遗留地块核实难度大

我国工业化自 1949 年以来就逐渐展开且经历了多个发展阶段，部分建厂时间较长的企业可能资料遗失或无记录，这对调查对象全面性是个较大的挑战。比如，部分建厂时间较长的持久性有机污染物类和高毒农药厂家，由于其主要产品遭到全面禁止生产、销售和使用后，生产设备早已拆除、挪作他用，多数厂址已经搬迁或处于待搬迁状态，在调查过程中可能会出现遗漏统计。这些都需要尽量收集和挖掘相关资料。

2）删减数量合理性审查。同一省（区、市）不同区、县在删减企业数量上可能有明显差异。选取删减比例显著高于其他区域的区、县，对删除数量和删除原因进行审查。

专栏 3-2　基于天眼查大数据的核实

经地方核实，某企业不存在，拟从名单中删减该地块。经国家删减合理性抽查，发现该企业卫星遥感影像上位置明确（图 3-4），经天眼查 App 企业工商营业信息、注册地址等信息核实，发现该企业经营状态为"存续"。因此，判定地方关于该地块删减理由不充分，应重新纳入调查对象。

图 3-4　某公司卫星遥感影像

3.3.1.3　调查名单增补全面性审核

地方生态环境主管部门整合辖区内工业和信息化、自然资源、工商、税务等部门掌握的在产及关闭搬迁企业名单信息，动态增补调查名单，做到应查尽查。

国家层面持续协调多部门数据，获取了舆论及社交源企业名单、危险化学品搬迁改造企业名单、土壤污染重点监管企业名单、"二污普"重点行业企业名单、农药企业名单等多源企业名单，将新获取的名单数据与地方上报的调查对象名单比对，发现疑似遗漏企业，反馈地方进行核实增补。疑似遗漏企业地方核实结果审查流程如图 3-5 所示。

（1）舆论及社交源企业名单

通过在主要生态环境舆情网站（如环境污染投诉网、环保舆情网、人民网环保曝光等）搜索相关关键词（土壤污染、事故、投诉、暗访等），获取土壤污染相关企业基本信息，根据筛选原则确定需要增补的环保舆情企业名单。利用企业名称模糊匹配、人工校核等方式开展舆论及社交源企业名单增补比对。

（2）危险化学品搬迁改造企业名单

工信部门按照《国务院办公厅关于推进城镇人口密集区危险化学品生产企业搬迁改造的指导意见》（国办发〔2017〕77 号），开展危险化学品搬迁改造企业排查，形成企业名单。利用企业名称模糊匹配、人工校核等方式开展比对。

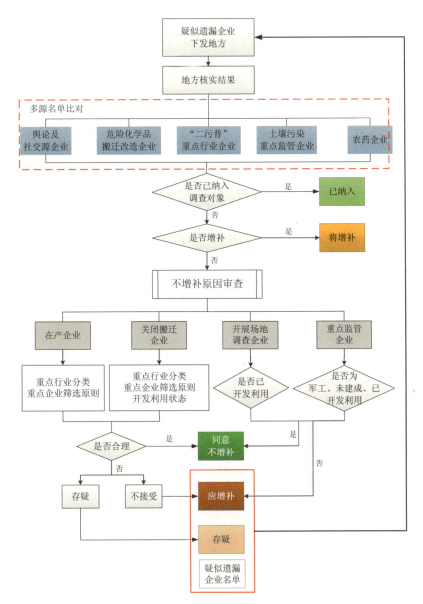

图 3-5　疑似遗漏企业地方核实结果审查流程

(3)"二污普"重点行业企业名单

"二污普"重点行业企业名单数据中,大、中规模企业和生产年限在 15 年及以上的小微规模企业。利用企业名称模糊匹配、行政区匹配、统一社会信用代码匹配、人工校核等方式开展比对。

(4)土壤污染重点监管企业名单

生态环境部门按照《重点排污单位名录管理规定(试行)》《工矿用地土壤环境管理办法(试行)》等要求,认定土壤污染重点监管企业。由于土壤污染重点监管企业名单中字段信息有限,大部分省份名单中仅包含行政区与企业名称,仅部分省份名单中包含统一社会信用代码（组织机构代码）。利用企业名称模糊匹配、行政区匹配、统一社会信用代码匹配、特征词匹配、人工校核开展比对。

（5）农药企业名单

农药作为企业用地土壤地下水影响大的行业类型，为确保农药企业全面性，在全面性审核过程中对其开展了专项审核。综合工信部和中国农药软件（农业农村部农药检定所发布）查询数据、各地方农业部门公布数据、农药企业生产许可证信息以及研究机构中从事农药行业动态研究掌握的有机氯（六六六、DDT）和高毒有机磷（甲胺磷、对硫磷、甲基对硫磷、久效磷和磷胺）等历史禁用农药生产企业地块分布信息，形成农药生产企业（包括原药和制剂厂家）数据名单。

将农药企业数据名单与调查对象名单进行比对分析，结合专家咨询进行合理性判断，核实疑似缺失农药生产企业是否归入调查对象清单。

专栏 3-3　农药企业数据名单构建

我国针对化学农药制造行业实行农药生产许可制度，根据农药生产资质核准管理权限变化、农药生产资质核准管理权限归属情况变化、关键时间点分两个阶段进行调研。2017 年 6 月 1 日之前，《农药管理条例》规定，"生产有国家标准或者行业标准的农药的，应当向国务院工业产品许可管理部门申请农药生产许可证；生产尚未制定国家标准、行业标准但已有企业标准的农药的，应当经省、自治区、直辖市工业产品许可管理部门审核同意后，报国务院工业产品许可管理部门批准，发给农药生产批准文件"。因此，工信部具有农药生产企业生产资质最终核准权限，在 2017 年 6 月 1 日之前的农药生产企业（包括原药和制剂厂家）数据主要来源于工信部网站。2017 年 6 月 1 日之后，新修订的《农药管理条例》规定，"农药生产企业应按照国务院农业主管部门的规定向省、自治区、直辖市人民政府农业主管部门申请农药生产许可证"。因此，在该时间节点之后，通过调研各省、自治区、直辖市农业主管部门定期公布的农药生产许可证信息，可掌握我国境内农药生产企业（包括原药和制剂厂家）情况。

以上两种途径可查询中国境内所有具有化学农药生产资质的所有企业（拥有过期或有效期内生产许可证），另外，由于农药登记主管单位规定农药登记证是农药这种特殊商品进入市场销售要取得的必需证件之一，只要在中国境内生产、销售和使用的所有农药都要申请登记证，因此中国农药信息网（http://www.chinapesticide.org.cn）可作为数据验证途径来核实比对差异数据，但该网站数据库包含了农药原药生产、制剂加工生产和销售企业等在内的所有企业，数据涉及面广且庞杂，可作为一个数据验证手段来精确查询部分企业信息和登记证信息。

因此，综合工信部和中国农药软件（农业农村部农药检定所发布）查询的数据，以及各省、自治区、直辖市农业主管部门公布的数据，获得完整的农药企业生产许可证信息，同时与生态环境部南京环境科学研究所从事农药行业动态研究掌握的有机氯（六六六、DDT）和高毒有机磷（甲胺磷、对硫磷、甲基对硫磷、久效磷和磷胺）等历史禁用农药生产企业地块分布信息交叉比对，建立全国农药生产企业（包括原药和制剂厂家）比对数据库。

专栏3-4　基于遥感影像分析的名单增补

部分重点行业企业（如金属冶炼、焦化、尾矿库等）解译识别特征明显，同类行业企业在空间上往往有一定聚集性。因此，基于高分遥感影像，通过对已有企业点位的识别，在周围一定范围查找是否有类似相关企业存在，如果发现周围有类似相关企业且未纳入调查对象名单，可进行实地核实，符合条件可以进行增补。在图3-6中，A、B企业在初始名单中，根据遥感影像发现C企业，后通过实地核实，进行了增补。

图3-6　黑色金属采选企业聚集分布

3.3.2 基于遥感影像分析的调查名单核实方法

基于遥感影像分析的调查名单核实方法是依据重点行业企业解译标志，根据调查对象名单，在高空间分辨率卫星影像底图上，进行调查对象空间位置的核实。

3.3.2.1 重点行业企业解译标志构建

解译标志是指在遥感图像上能反映和判别地物的影像特征。它是解译者在对目标地物各种解译要素综合分析的基础上，结合成像时间、分辨率等多种因素整理出来的目标地物在图像上的综合特征。不同行业企业有一定影像特征，特征包括位置、大小、纹理、颜色、特征标志物等。根据这些特征，调查对象核实人员可以基于遥感影像判定并标记企业的准确位置。以下为重点行业企业解译标志示例。

（1）有色金属冶炼行业

有色金属冶炼是将有色金属加热至熔化温度，进行某些工件的铸造作业。冶炼方法包括火法冶金、湿法冶金和电冶金。厂区中分布矩形厂房，排列整齐，少量圆形储料罐、烟囱及管道，整体呈灰褐色。图 3-7 和图 3-8 分别为某有色金属冶炼厂和某铸造厂示意。

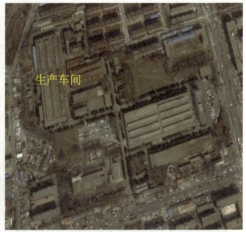

图 3-7　某有色金属冶炼厂　　　　图 3-8　某铸造厂

（2）石油开采行业

石油开采包括油气田开采及油气的集输与储运。油气田主要由钻井、采油、输送、储藏等设施组成，多位于盆地、平原、沙漠和近海水域。油气田占地面积大，且大部分设施裸露在外。开采区域内分布有少量厂房，线型运输管道多，有圆形油气集输站、方形零散分布的污水池等设施（图 3-9 和图 3-10）。

 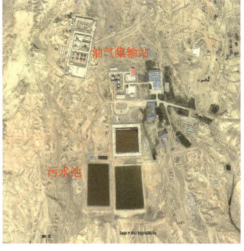

图 3-9　某油田 1　　　　　　　　　图 3-10　某油田 2

（3）焦化行业

焦化主要包括延迟焦化、釜式焦化、平炉焦化、流化焦化和灵活焦化等五种工艺过程。焦化厂一般由备煤车间、炼焦车间、焦油加工车间、苯加工车间、脱硫车间和废水处理车间组成。焦化行业生产装置多，长条状管道数量多，厂区地面多呈黑色，厂区内有一块黑色区域用于煤炭加工、存放及锅炉加热，通常分布有烟囱、圆形污水处理设备和冷却塔（图 3-11 和图 3-12）。

图 3-11　某焦化厂 1　　　　　　　　图 3-12　某焦化厂 2

3.3.2.2 基于遥感的调查对象核实

依据行业企业影像特征,根据调查对象名单,在遥感影像上确定企业准确位置。

企业位置指企业现在或曾经的生产地块,在产企业应为当前所在位置,关闭搬迁企业应为企业曾经位置。企业生产地块与办公地址不在同一地址时,以企业生产地块为准;企业尾矿库或大型固体废物存储位置与企业生产地块不在同一位置时,应分别单独标志;当企业有多处生产地块时,也应分别单独标志。核实时,需要注意的事项如下:

1)同一家企业重复出现且其厂址只有一个的情况,需备注"名单中重复出现,不属于'一厂多址'的情况"。

2)同一个厂址存在其他上报企业时(一址多厂),需备注"该企业为'一址多厂'的情况"。

3)同一家企业存在多个厂址的情况,需要在影像上找出所有厂址,需备注"该企业有多个厂址,该厂址为:×××"。

4)在同一个厂址上原企业名称已更名的企业,需备注"该企业已更名(该地块对应名单中多家企业),企业已更名为:×××"。

5)在影像上不具有典型生产厂址特征的企业,需备注"该企业位置在影像上无明显典型地物特征的原因"。

第 4 章 风险筛查与分级

风险筛查与分级是支撑调查对象分级分类管理的关键技术方法。在企业用地调查中,首先基于风险筛查模型初步划分地块的高度、中度、低度关注水平,其次根据风险等级优化规则进行优化,最终形成调查地块潜在高、中、低风险分级结果。

4.1 风险筛查模型的构建方法

构建风险筛查模型是实现地块相对风险等级判定的基础,模型的输入一般包括"污染源—迁移途径—受体"风险三要素,在确定用于表征风险三要素的基本指标后,通过各指标赋分和加权计算的方法,得到地块的风险筛查得分。

4.1.1 风险筛查指标确定

指标体系的设置一般考虑污染物的产生、扩散、迁移机理及其影响等因素。同时,为了保证模型预测的精准性和可操作性,在具体指标确定时,根据国内外通用做法,依据"污染源—迁移途径—受体"指标类型和土壤、地下水的环境介质属性,确定模型预测必需的关键指标。其中,指标筛选原则如下:①以"污染源—迁移途径—受体"风险三要素为核心设计指标项;②在国外危害评估系统中已成功应用的指标项;③当有多项指标能反映地块同一个特征时,优先选择简单指标项;④间接获取或主观判断指标尽可能用直接指标替代;⑤在满足风险筛查需求的前提下,尽可能减少指标项设置。

在构建风险筛查模型时,因在产企业和关闭搬迁企业地块的输入指标存在差异,故分别设置关闭搬迁企业和在产企业风险筛查指标体系。其中,关闭搬迁企业污染源由地块内土壤和水体中可能遗留的污染物组成;在产企业地块污染源,一方面要考虑历史生产活动可能已造成的土壤和地下水污染,另一方面要考虑企业在生产过程中对土壤和周边环境造成的潜在威胁。

根据土壤/地下水环境介质属性、污染物特征等,一般将关闭搬迁企业和在产企业风险筛查指标设置成三级指标体系。

（1）关闭搬迁企业地块风险筛查的三级指标

一级指标：土壤和地下水 2 项；

二级指标：污染特性、污染物迁移途径和污染受体 3 项；

三级指标：土壤可能受污染程度、重点区域面积等土壤三级指标 15 项，地下水可能受污染程度、地下水埋深等地下水三级指标 14 项（表 4-1）。

表 4-1　关闭搬迁企业地块风险筛查指标

要素	土壤		地下水	
	二级指标	三级指标（15 项）	二级指标	三级指标（14 项）
污染源	土壤污染特性	1. 土壤可能受污染程度	地下水污染特性	1. 地下水可能受污染程度
		2. 重点区域面积		2. 生产经营活动时间
		3. 生产经营活动时间		3. 污染物对人体健康的危害效应
		4. 污染物对人体健康的危害效应		4. 污染物中是否含有持久性有机污染物
		5. 污染物中是否含有持久性有机污染物		—
迁移途径	土壤污染物迁移途径	6. 重点区域地表覆盖情况	地下水污染物迁移途径	5. 地下防渗措施
		7. 地下防渗措施		6. 地下水埋深
		8. 包气带土壤渗透性		7. 包气带土壤渗透性
		9. 污染物挥发性		8. 饱和带土壤渗透性
		10. 污染物迁移性		9. 污染物挥发性
		11. 年降水量		10. 污染物迁移性
		—		11. 年降水量
受体	土壤污染受体	12. 地块土地利用方式	地下水污染受体	12. 地下水及邻近区域地表水用途
		13. 地块及周边 500 m 内人口数量		13. 地块及周边 500 m 内人口数量
		14. 人群进入和接触地块的可能性		14. 重点区域离最近饮用水井或地表水体的距离
		15. 重点区域离最近敏感目标的距离		—

（2）在产企业地块风险筛查的三级指标

一级指标：土壤和地下水 2 项；

二级指标：企业环境管理水平、污染现状、污染物迁移途径和污染受体 4 项；

三级指标：泄漏物环境风险、废水环境风险等土壤三级指标 19 项，地下水可能受污染程度、地下水埋深等地下水三级指标18项（表4-2）。

表4-2 在产企业地块风险筛查指标

要素	二级指标	三级指标（19项）	二级指标	三级指标（18项）
	土壤		地下水	
污染源	企业环境管理水平	1. 泄漏物环境风险 2. 废水环境风险 3. 废气环境风险 4. 固体废物环境风险 5. 企业环境违法行为次数	企业环境管理水平	1. 泄漏物环境风险 2. 废水环境风险 3. 固体废物环境风险 4. 企业环境违法行为次数 —
	土壤污染现状	6. 土壤可能受污染程度 7. 重点区域面积 8. 生产经营活动时间 9. 污染物对人体健康的危害效应 10. 污染物中是否含有持久性有机污染物	地下水污染现状	5. 地下水可能受污染程度 6. 生产经营活动时间 7. 污染物对人体健康的危害效应 8. 污染物中是否含有持久性有机污染物 —
迁移途径	土壤污染物迁移途径	11. 重点区域地表覆盖情况 12. 地下防渗措施 13. 包气带土壤渗透性 14. 污染物挥发性 15. 污染物迁移性 16. 年降水量 —	地下水污染物迁移途径	9. 地下防渗措施 10. 地下水埋深 11. 包气带土壤渗透性 12. 饱和带土壤渗透性 13. 污染物挥发性 14. 污染物迁移性 15. 年降水量
受体	土壤污染受体	17. 地块中职工的人数 18. 地块周边500 m内的人口数量 19. 重点区域离最近敏感目标的距离	地下水污染受体	16. 地下水及邻近区域地表水用途 17. 地块周边500 m内人口数量 18. 重点区域离最近饮用水井或地表水体的距离

因为在产企业要综合考虑企业环境管理水平和受体类型等因素，与关闭搬迁企业相比，在产企业的二级指标和三级指标设置不同（表4-3、表4-4）。

表 4-3 在产和关闭搬迁企业地块土壤风险筛查指标设置比较

要素	关闭搬迁企业		在产企业		三级指标是否相同
	二级指标	三级指标（15项）	二级指标	三级指标（19项）	
污染源	—	—	企业环境管理水平	1. 泄漏物环境风险	※
				2. 废水环境风险	※
				3. 废气环境风险	※
				4. 固体废物环境风险	※
				5. 企业环境违法行为次数	※
	土壤污染特性	1. 土壤可能受污染程度	土壤污染现状	6. 土壤可能受污染程度	
		2. 重点区域面积		7. 重点区域面积	
		3. 生产经营活动时间		8. 生产经营活动时间	
		4. 污染物对人体健康的危害效应		9. 污染物对人体健康的危害效应	
		5. 污染物中是否含有持久性有机污染物		10. 污染物中是否含有持久性有机污染物	
迁移途径	土壤污染物迁移途径	6. 重点区域地表覆盖情况	土壤污染物迁移途径	11. 重点区域地表覆盖情况	
		7. 地下防渗措施		12. 地下防渗措施	
		8. 包气带土壤渗透性		13. 包气带土壤渗透性	
		9. 污染物挥发性		14. 污染物挥发性	
		10. 污染物迁移性		15. 污染物迁移性	
		11. 年降水量		16. 年降水量	
受体	土壤污染受体	12. 地块土地利用方式	土壤污染受体	17. 地块中职工的人数	※
		13. 地块及周边 500 m 内人口数量		18. 地块周边 500 m 内的人口数量	
		14. 人群进入和接触地块的可能性		—	※
		15. 重点区域离最近敏感目标的距离		19. 重点区域离最近敏感目标的距离	

注："※"表示在产企业和关闭搬迁企业设置的三级指标不同。

表 4-4 在产和关闭搬迁企业地块地下水风险筛查指标设置比较

要素	关闭搬迁企业		在产企业		三级指标是否相同
	二级指标	三级指标（14项）	二级指标	三级指标（18项）	
污染源	—	—	企业环境管理水平	1. 泄漏物环境风险	※
				2. 废水环境风险	※
				3. 固体废物环境风险	※
				4. 企业环境违法行为次数	※
	地下水污染特性	1. 地下水可能受污染程度	地下水污染现状	5. 地下水可能受污染程度	
		2. 生产经营活动时间		6. 生产经营活动时间	
		3. 污染物对人体健康的危害效应		7. 污染物对人体健康的危害效应	
		4. 污染物中是否含有持久性有机污染物		8. 污染物中是否含有持久性有机污染物	
迁移途径	地下水污染物迁移途径	5. 地下防渗措施	地下水污染物迁移途径	9. 地下防渗措施	
		6. 地下水埋深		10. 地下水埋深	
		7. 包气带土壤渗透性		11. 包气带土壤渗透性	
		8. 饱和带土壤渗透性		12. 饱和带土壤渗透性	
		9. 污染物挥发性		13. 污染物挥发性	
		10. 污染物迁移性		14. 污染物迁移性	
		11. 年降水量		15. 年降水量	
受体	地下水污染受体	12. 地下水及邻近区域地表水用途	地下水污染受体	16. 地下水及邻近区域地表水用途	
		13. 地块及周边 500 m 内人口数量		17. 地块周边 500 m 内人口数量	
		14. 重点区域离最近饮用水井或地表水体的距离		18. 重点区域离最近饮用水井或地表水体的距离	

注："※"表示在产企业和关闭搬迁企业设置的三级指标不同。

4.1.2 风险筛查指标赋分

在风险筛查指标体系中，每个指标的分值和分档会直接影响风险筛查结果，合理赋分和分档能最大可能降低在风险筛查过程中产生的不确定性。参照美国和加拿大在分级分类体系中的指标权重确定方法，对指标进行重要性排序，并确定指标的分值和分档。

(1) 指标分值

一级指标：土壤 100 分、地下水 100 分；

二级指标：污染特性（47 分）、受体（30 分）、迁移途径（23 分）；

三级指标：对在产和关闭搬迁企业三级指标重要性进行排序并赋予相应分值，关键指标项及其分值见表 4-5～表 4-8。

表 4-5　关闭搬迁企业土壤关键指标项及分值

序号	关键指标项	分值
1	生产经营活动时间（t_p）	15
2	污染物对人体健康的危害效应（T）	13
3	重点区域离最近敏感目标的距离（D_s）	12
4	土壤可能受污染程度	10
5	地块土地利用方式	7.5
6	重点区域面积（A）	6
7	污染物迁移性（M）	6
8	地块及周边 500 m 内人口数量（R）	6
9	污染物挥发性（H^*）	5
	关键指标总分值	80.5

注：*H 为亨利常数。

表 4-6　关闭搬迁企业地下水关键指标项及分值

序号	关键指标项	分值
1	生产经营活动时间（t_p）	18
2	地下水及邻近区域地表水用途	16
3	重点区域离最近饮用水井或地表水体的距离（D_{gw}）	12
4	污染物对人体健康的危害效应（T）	12
5	地下水可能受污染程度	10
6	污染物迁移性（M）	6
7	地块及周边 500 m 内人口数量（R）	6
	关键指标总分值	80

表 4-7　在产企业土壤关键指标项及分值

序号	关键指标项	分值
1	生产经营活动时间（t_p）	15
2	地块中职工的人数（W）	12
3	地块周边 500 m 内的人口数量（R）	9
4	重点区域离最近敏感目标的距离（D_s）	9
5	污染物对人体健康的危害效应（T）	7.5
6	污染物迁移性（M）	7
7	污染物挥发性（H）	6
8	泄漏物环境风险（T_m）	5
	关键指标总分值	70.5

表 4-8　在产企业地下水关键指标项及分值

序号	关键指标项	分值
1	生产经营活动时间（t_p）	15
2	地下水及邻近区域地表水用途	12
3	重点区域离最近饮用水井或地表水体的距离（D_{gw}）	12
4	污染物对人体健康的危害效应（T）	10.5
5	地下水可能受污染程度	6
6	污染物迁移性（M）	6
7	地块周边 500 m 内人口数量（R）	6
8	泄漏物环境风险（T_m）	5.5
9	地下防渗措施	5
	关键指标总分值	78

（2）指标分档

对风险筛查指标分档能够有效区分各指标对风险筛查评估的贡献率。参考美国和加拿大污染地块分类系统的指标分档设置情况，综合考虑我国企业实际情况，并结合专家专业判断，对三级指标进行分档，每个指标细分为 2~5 档，当指标信息不可获得时，以未知档标注，因这种类型地块风险筛查结果难以确定，为避免可能存在潜在风险的地块筛查结果偏低，游离在监管范围之外，未知档分值设置为最高档分值的 60%。

根据确定的风险筛查指标、指标分值和分档，初步构建风险筛查模型（表 4-9~表 4-12）。

表 4-9 关闭搬迁企业风险筛查阶段土壤指标及等级划分

指标		指标赋值	
二级指标	三级指标	指标等级	指标分值
土壤污染特性	1. 土壤可能受污染程度	①土壤可能受到重度污染	10.0
		②土壤可能受到中度污染	6.0
		③不确定	2.0
	2. 重点区域面积（A）	①$A \geqslant 10 \text{ hm}^2$	6.0
		②$2 \text{ hm}^2 \leqslant A < 10 \text{ hm}^2$	3.6
		③$A < 2 \text{ hm}^2$	1.2
		④未知	3.6
	3. 生产经营活动时间（t_p）	①$t_p \geqslant 30$ 年	15.0
		②$15$ 年 $\leqslant t_p < 30$ 年	10.5
		③$5$ 年 $\leqslant t_p < 15$ 年	6.0
		④$t_p < 5$ 年	1.5
		⑤未知	9.0
	4. 污染物对人体健康的危害效应（T）*	①高毒性：$T \geqslant 10\ 000$	13.0
		②较高毒性：$1\ 000 \leqslant T < 10\ 000$	11.2
		③中等毒性：$100 \leqslant T < 1\ 000$	8.4
		④较低毒性：$10 \leqslant T < 100$	5.6
		⑤低毒性：$T < 10$	2.8
		⑥未知	7.8
	5. 污染物中是否含有持久性有机污染物	①是	3.0
		②否	0
		③未知	1.8
土壤污染物迁移途径	6. 重点区域地表覆盖情况	①存在未硬化地面	3.0
		②硬化地面有裂缝、破损	1.8
		③硬化地面完好	0.6
	7. 地下防渗措施	①无防渗措施	3.0
		②有一定的防渗措施	1.8
		③有全面、完好的防渗措施	0.6
		④无地下工程	0

指标		指标赋值	
二级指标	三级指标	指标等级	指标分值
土壤污染物迁移途径	8. 包气带土壤渗透性	①砂土及碎石土	3.0
		②粉土	1.8
		③黏性土	0.6
		④未知	1.8
	9. 污染物挥发性（H）	①$H \geqslant 0.1$	5.0
		②$0.001 \leqslant H < 0.1$	3.0
		③$H < 0.001$	1.0
		④未知	3.0
	10. 污染物迁移性（M）*	①高：$M \geqslant 0.01$	6.0
		②中：$2 \times 10^{-5} \leqslant M < 0.01$	3.6
		③低：$M < 2 \times 10^{-5}$	1.2
		④未知	3.6
	11. 年降水量（P）	①$P \geqslant 1\,000$ mm	3.0
		②$400$ mm $\leqslant P < 1\,000$ mm	1.8
		③$P < 400$ mm	0.6
土壤污染受体	12. 地块土地利用方式	①农业、住宅用地	7.5
		②商业、公共场所用地	4.5
		③工业等非敏感用地	1.5
	13. 地块及周边500 m内人口数量（R）	①$R \geqslant 5\,000$	6.0
		②$1\,000 \leqslant R < 5\,000$	4.2
		③$100 \leqslant R < 1\,000$	2.4
		④$R < 100$	0.6
	14. 人群进入和接触地块的可能性	①地块无隔离或管制措施，人群进入可能性高	4.5
		②地块有隔离或管制措施，或位于偏远地区，人群进入可能性较低	0.9
	15. 重点区域离最近敏感目标的距离（D_s）	①$D_s < 100$ m	12.0
		②$100$ m $\leqslant D_s < 300$ m	8.4
		③$300$ m $\leqslant D_s < 1\,000$ m	4.8
		④$D_s \geqslant 1\,000$ m	1.2

注：三级指标中带*的指标，其指标等级中的数值为该指标的等级得分，需参照附录B经计算后得到。

表 4-10 关闭搬迁企业风险筛查阶段地下水指标及等级划分

指标		指标赋值	
二级指标	三级指标	指标等级	指标分值
地下水污染特性	1. 地下水可能受污染程度	①地下水可能受到重度污染	10.0
		②地下水可能受到中度污染	6.0
		③不确定	2.0
	2. 生产经营活动时间（t_p）	①$t_p \geq 30$ 年	18.0
		②15 年$\leq t_p <$30 年	12.6
		③5 年$\leq t_p <$15 年	7.2
		④$t_p <$5 年	1.8
		⑤未知	10.8
	3. 污染物对人体健康的危害效应（T）*	①高毒性：$T \geq 10\,000$	16.0
		②较高毒性：$1\,000 \leq T < 10\,000$	12.8
		③中等毒性：$100 \leq T < 1\,000$	9.6
		④较低毒性：$10 \leq T < 100$	6.4
		⑤低毒性：$T < 10$	3.2
		⑥未知	9.6
	4. 污染物中是否含有持久性有机污染物	①是	3.0
		②否	0
		③未知	1.8
地下水污染物迁移途径	5. 地下防渗措施	①无防渗措施	3.0
		②有一定的防渗措施	1.8
		③有全面、完好的防渗措施	0.6
		④无地下工程	0
	6. 地下水埋深（GD）	①GD<3 m	2.0
		②3 m$\leq$GD<10 m	1.2
		③GD$\geq$10 m	0.4
		④未知	1.2
	7. 包气带土壤渗透性	①砂土及碎石土	2.0
		②粉土	1.2
		③黏性土	0.4
		④未知	1.2

指标		指标赋值	
二级指标	三级指标	指标等级	指标分值
地下水污染物迁移途径	8. 饱和带土壤渗透性	①砾砂及以上土质	3.0
		②粗砂、中砂及细砂	1.8
		③粉砂及以下土质	0.6
		④未知	1.8
	9. 污染物挥发性（H）	①$H \geq 0.1$	4.0
		②$0.001 \leq H < 0.1$	2.4
		③$H < 0.001$	0.8
		④未知	2.4
	10. 污染物迁移性（M）*	①高：$M \geq 0.01$	6.0
		②中：$2 \times 10^{-5} \leq M < 0.01$	3.6
		③低：$M < 2 \times 10^{-5}$	1.2
		④未知	3.6
	11. 年降水量（P）	①$P \geq 1\,000$ mm	3.0
		②$400$ mm $\leq P < 1\,000$ mm	1.8
		③$P < 400$ mm	0.6
地下水污染受体	12. 地下水及邻近区域地表水用途	①水源保护区、食品加工、饮用水	12.0
		②农业灌溉用水	7.2
		③工业用途或不利用	2.4
		④未知	7.2
	13. 地块及周边 500 m 内人口数量（R）	①$R \geq 5\,000$	6.0
		②$1\,000 \leq R < 5\,000$	4.2
		③$100 \leq R < 1\,000$	2.4
		④$R < 100$	0.6
	14. 重点区域离最近饮用水井或地表水体的距离（D_{gw}）	①$D_{gw} < 100$ m	12.0
		②$100$ m $\leq D_{gw} < 300$ m	8.4
		③$300$ m $\leq D_{gw} < 1\,000$ m	4.8
		④$D_{gw} \geq 1\,000$ m	1.2

注：三级指标中带*的指标，其指标等级中的数值为该指标的等级得分，需参照附录 B 经计算后得到。

表 4-11　在产企业风险筛查阶段土壤指标及等级划分

指标		指标赋值	
二级指标	三级指标	指标等级	指标分值
企业环境风险管理水平	1. 泄漏物环境风险（T_m）*	①高风险：$T_m \geq 20000$	5.0
		②中风险：$200 \leq T_m < 20000$	3.0
		③低风险：$T_m < 200$	1.0
		④未知	3.0
	2. 废水环境风险（T_w）*	①高风险：$T_w \geq 150$	2.0
		②中风险：$10 \leq T_w < 150$	1.2
		③低风险：$T_w < 10$	0.4
		④未知	1.2
	3. 废气环境风险（T_g）*	①高风险：$T_g \geq 150$	1.0
		②中风险：$10 \leq T_g < 150$	0.6
		③低风险：$T_g < 10$	0.2
		④未知	0.6
	4. 固体废物环境风险（T_{sw}）*	①高风险：$T_{sw} \geq 30$	4.0
		②中风险：$1 \leq T_{sw} < 30$	2.4
		③低风险：$T_{sw} < 1$	0.8
		④未知	2.4
	5. 企业环境违法行为次数	①3 次以上	2.0
		②1～3 次	1.2
		③无	0.4
土壤污染现状	6. 土壤可能受污染程度	①土壤可能受到重度污染	4.5
		②土壤可能受到中度污染	2.5
		③不确定	0.5

指标			指标赋值	
二级指标	三级指标		指标等级	指标分值
土壤污染现状	7. 重点区域面积（A）		①$A \geqslant 10 \text{ hm}^2$	4.5
			②$2 \text{ hm}^2 \leqslant A < 10 \text{ hm}^2$	2.7
			③$A < 2 \text{ hm}^2$	0.9
			④未知	2.7
	8. 生产经营活动时间（t_p）		①$t_p \geqslant 30$ 年	15.0
			②$15$ 年$\leqslant t_p < 30$ 年	10.5
			③$5$ 年$\leqslant t_p < 15$ 年	6.0
			④$t_p < 5$ 年	1.5
			⑤未知	9.0
	9. 污染物对人体健康的危害效应（T）*		①高毒性：$T \geqslant 10\ 000$	7.5
			②较高毒性：$1\ 000 \leqslant T < 10\ 000$	6.0
			③中等毒性：$100 \leqslant T < 1\ 000$	4.5
			④较低毒性：$10 \leqslant T < 100$	3.0
			⑤低毒性：$T < 10$	1.5
			⑥未知	4.5
	10. 污染物中是否含有持久性有机污染物		①是	1.5
			②否	0
			③未知	0.9
土壤污染物迁移途径	11. 重点区域地表覆盖情况		①存在未硬化地面	2.0
			②硬化地面有裂缝、破损	1.2
			③硬化地面完好	0.4
	12. 地下防渗措施		①无防渗措施	3.0
			②有一定的防渗措施	1.8
			③有全面、完好的防渗措施	0.6
			④无地下工程	0

指标		指标赋值	
二级指标	三级指标	指标等级	指标分值
土壤污染物迁移途径	13. 包气带土壤渗透性	①砂土及砾石	2.0
		②粉土	1.2
		③黏土	0.4
		④未知	1.2
	14. 污染物挥发性（H）	①$H \geqslant 0.1$	6.0
		②$0.001 \leqslant H < 0.1$	3.6
		③$H < 0.001$	1.2
		④未知	3.6
	15. 污染物迁移性（M）*	①高：$M \geqslant 0.01$	7.0
		②中：$2 \times 10^{-5} \leqslant M < 0.01$	4.2
		③低：$M < 2 \times 10^{-5}$	1.4
		④未知	4.2
	16. 年降水量（P）	①$P \geqslant 1\,000$ mm	3.0
		②$400$ mm $\leqslant P < 1\,000$ mm	1.8
		③$P < 400$ mm	0.6
土壤污染受体	17. 地块中职工的人数（W）	①$W \geqslant 5\,000$	12.0
		②$1\,000 \leqslant W < 5\,000$	9.0
		③$100 \leqslant W < 1\,000$	6.0
		④$W < 100$	3.0
	18. 地块周边 500 m 内的人口数量（R）	①$R \geqslant 5\,000$	9.0
		②$1\,000 \leqslant R < 5\,000$	6.6
		③$100 \leqslant R < 1\,000$	4.2
		④$R < 100$	1.8
	19. 重点区域离最近敏感目标的距离（D_s）	①$D_s < 100$ m	9.0
		②$100$ m $\leqslant D_s < 300$ m	6.6
		③$300$ m $\leqslant D_s < 1\,000$ m	4.2
		④$D_s \geqslant 1\,000$ m	1.8

注：三级指标中带*的指标，其指标等级中的数值为该指标的等级得分，需参照附录 C 经计算后得到。

表 4-12　在产企业风险筛查阶段地下水指标及等级划分

指标		指标赋值	
二级指标	三级指标	指标等级	指标分值
企业环境风险管理水平	1. 泄漏物环境风险（T_m）*	①高风险：$T_m \geq 35$	5.5
		②中风险：$1.5 \leq T_m < 35$	3.3
		③低风险：$T_m < 1.5$	1.1
		④未知	3.3
	2. 废水环境风险（T_w）*	①高风险：$T_w \geq 150$	4.0
		②中风险：$10 \leq T_w < 150$	2.4
		③低风险：$T_w < 10$	0.8
		④未知	2.4
	3. 固体废物环境风险（T_{sw}）*	①高风险：$T_{sw} \geq 30$	2.5
		②中风险：$1 \leq T_{sw} < 30$	1.5
		③低风险：$T_{sw} < 1$	0.5
		④未知	1.5
	4. 企业环境违法行为次数	①3 次以上	2.0
		②1～3 次	1.2
		③无	0.4
地下水污染现状	5. 地下水可能受污染程度	①地下水可能受到重度污染	6.0
		②地下水可能受到中度污染	3.5
		③不确定	1.0
	6. 生产经营活动时间（t_p）	①$t_p \geq 30$ 年	15.0
		②15 年$\leq t_p < 30$ 年	10.5
		③5 年$\leq t_p < 15$ 年	6.0
		④$t_p < 5$ 年	1.5
		⑤未知	9.0
	7. 污染物对人体健康的危害效应（T）*	①高毒性：$T \geq 10\,000$	10.5
		②较高毒性：$1\,000 \leq T < 10\,000$	8.4
		③中等毒性：$100 \leq T < 1\,000$	6.3
		④较低毒性：$10 \leq T < 100$	4.2
		⑤低毒性：$T < 10$	2.1
		⑥未知	6.3

指标		指标赋值	
二级指标	三级指标	指标等级	指标分值
地下水污染现状	8. 污染物中是否含有持久性有机污染物	①是	1.5
		②否	0
		③未知	0.9
地下水污染物迁移途径	9. 地下防渗措施	①无防渗措施	5.0
		②有一定的防渗措施	3.0
		③有全面、完好的防渗措施	1.0
		④无地下工程	0
	10. 地下水埋深（GD）	①GD＜3 m	1.5
		②3 m≤GD＜10 m	0.9
		③GD≥10 m	0.3
		④未知	0.9
	11. 包气带土壤渗透性	①砂土及砾石	1.5
		②粉土	0.9
		③黏土	0.3
		④未知	0.9
	12. 饱和带土壤渗透性	①砾砂及以上土质	3.0
		②粗砂、中砂及细砂	1.8
		③粉砂及以下土质	0.6
		④未知	1.8
	13. 污染物挥发性（H）	①$H≥0.1$	3.0
		②$0.001≤H＜0.1$	1.8
		③$H＜0.001$	0.6
		④未知	1.8
	14. 污染物迁移性（M）*	①高：$M≥0.01$	6.0
		②中：$2×10^{-5}≤M＜0.01$	3.6
		③低：$M＜2×10^{-5}$	1.2
		④未知	3.6

指标		指标赋值	
二级指标	三级指标	指标等级	指标分值
地下水污染物迁移途径	15. 年降水量（P）	①$P \geq 1\,000$ mm	3.0
		②$400$ mm$\leq P<1\,000$ mm	1.8
		③$P<400$ mm	0.6
地下水污染受体	16. 地下水及邻近区域地表水用途	①水源保护区、食品加工、饮用水	12.0
		②农业灌溉用水	7.2
		③工业用途或不利用	2.4
		④未知	7.2
	17. 地块周边 500 m 内人口数量（R）	①$R \geq 5\,000$	6.0
		②$1\,000 \leq R<5\,000$	4.2
		③$100 \leq R<1\,000$	2.4
		④$R<100$	0.6
	18. 重点区域离最近饮用水井或地表水体的距离（D_{gw}）	①$D_{gw}<100$ m	12.0
		②$100$ m$\leq D_{gw}<300$ m	8.4
		③$300$ m$\leq D_{gw}<1\,000$ m	4.8
		④$D_{gw} \geq 1\,000$ m	1.2

注：三级指标中带*的指标，其指标等级中的数值为该指标的等级得分，需参照附录 C 经计算后得到。

4.1.3 风险筛查计分方法

风险筛查模型中通常将指标得分相加或相乘得到某一层级指标的总分值。由于通过乘法可能会放大每个指标的偏差，我国重点行业企业用地调查采用了相加的方式计算二级指标和一级指标的得分。风险筛查分值计算方法如下：

三级指标：基于收集的企业地块基础信息资料，对照风险筛查模型，获得企业地块土壤和地下水各项三级指标的分值。

二级指标：将相应三级指标的分值进行加和，即获得二级指标（在产企业：企业环境风险管理水平、地块污染现状、污染物迁移途径和受体；关闭搬迁企业：污染特性、污染物迁移途径和受体）的得分。

一级指标：将相应二级指标的分值进行加和，即获得一级指标（土壤和地下水）的得分。

地块的风险筛查得分可由土壤和地下水的一级指标得分计算得到，公式如下：

$$S = \sqrt{\frac{S_s^2 + S_{gw}^2}{2}} \tag{4-1}$$

式中：S 为地块风险筛查得分；S_s 为一级指标土壤的得分；S_{gw} 为一级指标地下水的得分。

专栏 4-1　风险筛查得分计算案例

某电镀行业企业，基于其信息采集资料，利用风险筛查模型对各三级指标赋分，土壤得分为 54.9 分，地下水得分为 53.8 分，该地块风险筛查得分为 54.35 分（表 4-13 和表 4-14）。

表 4-13　某电镀行业企业地块风险筛查阶段地下水二级和三级指标得分

指标		指标分值	
二级指标	三级指标	三级指标分值	二级指标分值
土壤污染特性	1. 土壤可能受污染程度	6.0	30.3
	2. 重点区域面积	3.6	
	3. 生产经营活动时间	10.5	
	4. 污染物对人体健康的危害效应	8.4	
	5. 污染物中是否含有持久性有机污染物	1.8	
土壤污染物迁移途径	6. 重点区域地表覆盖情况	1.8	15
	7. 地下防渗措施	1.8	
	8. 包气带土壤渗透性	3	
	9. 污染物挥发性	3	
	10. 污染物迁移性	3.6	
	11. 年降水量	1.8	
土壤污染受体	12. 地块土地利用方式	1.5	9.6
	13. 地块周边 500 m 内人口数量	2.4	
	14. 人群进入和接触地块的可能性	0.9	
	15. 重点区域离最近敏感目标的距离	4.8	
土壤得分			54.9

表 4-14　某企业地块风险筛查阶段地下水二级和三级指标得分

指标		指标分值	
二级指标	三级指标	三级指标分值	二级指标分值
地下水污染特性	1. 地下水可能受污染程度	6.0	22.6
	2. 生产经营活动时间	7.2	
	3. 污染物对人体健康的危害效应	6.4	
	4. 污染物中是否含有持久性有机污染物	3.0	
地下水污染物迁移途径	5. 地下防渗措施	1.8	11.4
	6. 地下水埋深	1.2	
	7. 包气带土壤渗透性	1.2	
	8. 饱和带土壤渗透性	1.8	
	9. 污染物挥发性	2.4	
	10. 污染物迁移性	1.2	
	11. 年降水量	1.8	
地下水污染受体	12. 地下水及邻近区域地表水用途	7.2	19.8
	13. 地块周边 500 m 内人口数量	4.2	
	14. 重点区域离最近饮用水井或地表水体的距离	8.4	
地下水得分			53.8

4.2　风险筛查模型评估及优化方法

为了提高风险筛查模型在实际应用中的准确率，针对上万个（在产企业和关闭搬迁企业）地块采集风险筛查指标所需信息，并作为训练样本对模型进行测试，找出样本的潜在规律，对模型进行优化以提高其预测准确率。参考美国环境保护危害评估系统（HRS）的三条评估准则，利用训练样本数据对初步构建的风险筛查模型进行均衡性、指示性和区分度的评估及优化。

4.2.1　风险筛查指标均衡性评估及优化

4.2.1.1　风险筛查指标均衡性评估方法

指标的均衡性是指任一指标的数据集在各档位间具有均衡的数据分布形态，可以有效地发挥各项指标在风险筛查中的作用，即任一指标的分档中，中等得分地块数量占比最高,低分和高分地块数量占比次之。

根据中心极限定理,模型的构建往往是基于数据服从正态分布的假设,因此有必要利用样本数据对风险筛查模型各项指标的数据统计分布形态进行评估。数据分布形态一般用均衡性来表征,风险筛查指标的均衡性是指数据统计分布形态要符合正态分布。如风险筛查指标"地下水埋深(GD)",所有调查地块在"0.5 m≤GD<3 m"区间呈现相对集中,在"GD<0.5 m"和"GD≥3 m"的地块数量占比次之,该指标数据统计分布形态均衡[图4-1(a)];如指标"污染物迁移性",分档区间的不合理导致得分高度集中(超过80%)在高分值区间,未能识别出实际高风险地块,不符合均衡性原则[图4-1(b)]。

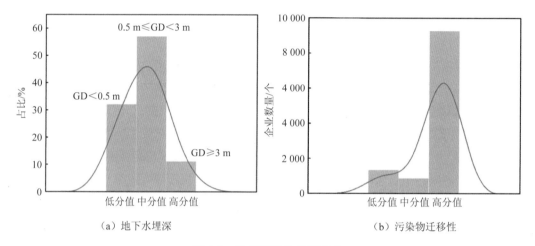

(a)地下水埋深　　(b)污染物迁移性

图 4-1　指标均衡性分布形态

在权重(各指标分值)一定的情况下,指标的数据统计分布形态是否均衡主要受其档位划分的影响。因此,针对风险筛查模型的各项三级指标,在样本量满足统计需求的前提下,利用样本地块来估计其统计分布特征,判断其在当前分档标准中是否符合正态分布,若符合则表示该指标分档均衡,若不符合,则需通过调整档位划分使其通过正态性检验(图4-2)。其中,是否符合正态分布需根据《数据的统计处理和解释　正态性检验》(GB/T 4882—2001)来判断,即利用偏度(SK)和峰度(γ)检验数据集是否符合正态分布,具体计算公式如下:

$$\text{SK} = \frac{\frac{1}{n}\sum_{i=1}^{n}(x_i - \bar{x})^3}{\left[\frac{1}{n}\sum_{i=1}^{n}(x_i - \bar{x})^2\right]^{\frac{3}{2}}}, \quad \gamma = \frac{\frac{1}{n}\sum_{i=1}^{n}(x_i - \bar{x})^4}{\left[\frac{1}{n}\sum_{i=1}^{n}(x_i - \bar{x})^2\right]^2} - 3 \quad (4\text{-}2)$$

$$Z_{\text{SK}} = \frac{\text{SK}}{\sigma_{\text{SK}}}, \quad Z_{\gamma} = \frac{\gamma}{\sigma_{\gamma}}$$

式中，σ_{SK} 和 σ_γ 分别表示偏度值和峰度值的标准差。

在 α 的检验水平下，若 Z_{SK} 和 Z_γ 均在 [−1.96，1.96] 区间内，则证明在该分档标准下的数据分布满足正态分布要求。均衡性优化的目标即为通过调整档位划分临界值使得统计量 Z_{SK} 和 Z_γ 满足检验要求。

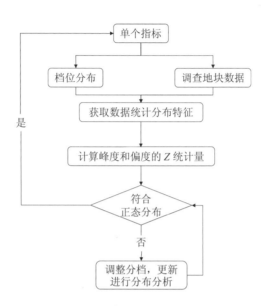

图 4-2　均衡性评估工作流程

4.2.1.2　风险筛查指标均衡性评估及优化

（1）基于样本数据的风险筛查指标均衡性评估

对照初步构建的风险筛查模型，获得样本地块土壤和地下水各项三级指标的分值，利用 SPSS 分析数据统计分布形态，通过计算偏度（SK）和峰度（γ）判断各指标的取值分布是否符合正态分布。考虑指标本身特性，指标均衡性评估结果分为以下三种情况（表4-15）：

①指标分值的数据统计特征总体分布相对不合理。

②属于固有信息，分档无法调整，不需要继续分析。

③指标取值分布相对合理，不用继续分析调整。

表 4-15　指标均衡性评估结果示例

三级指标	取值	占比/%	分析
例1. 污染物对人体健康的危害效应（T）	1.5	13.0	该变量取值集中（超过50%）分布于第五档，前三档仅为20%左右，总体分布相对不合理，建议进一步分析和优化
	3	6.2	
	4.5	5.0	
	6	24.9	
	7.5	50.9	
例2. 企业环境违法行为次数	0.4	78.5	该变量是固有信息，分档无法调整，不需要继续分析
	1.2	18.6	
	2	2.9	
例3. 固体废物环境风险（T_{sw}）	0.8	29.0	该变量3个取值分布相对合理，不用继续分析调整
	2.4	58.8	
	4	12.2	

（2）风险筛查指标均衡性优化方法及案例

选择数据统计特征分布相对不合理的指标进行档位优化。以风险筛查三级指标"污染物对人体健康的危害效应（T）"为例进行说明：

优化前，该指标取值集中（超过75%）分布于第四和第五档，前三档之和仅为20%左右，分布相对不合理，建议调整分档取值区间，以达到中等得分占比最高、低分占比次之、高分占比最低的优化分布。结合累积分布函数图，调整分档取值区间，建议将之前的分档"$T<10$、$10≤T<100$、$100≤T<1\,000$、$1\,000≤T<10\,000$、$T≥10\,000$"调整为"$T<10$、$10≤T<1\,000$、$1\,000≤T<22\,000$、$22\,000≤T<40\,000$、$T≥40\,000$"，使得优化后的指标分档达到最优分布，符合均衡性要求（表4-16、图4-3和图4-4）。

表 4-16　"污染物对人体健康的危害效应（T）"指标均衡性优化结果

序号	优化前分档		优化后分档	
	分档	占比/%	分档	占比/%
0～1	<10	13.0	<10	12.1
1～2	$10≤T<100$	6.2	$10≤T<1\,000$	13.8
2～3	$100≤T<1\,000$	5.0	$1\,000≤T<22\,000$	52.1
3～4	$1\,000≤T<10\,000$	24.9	$22\,000≤T<40\,000$	15.9
4～5	$T≥10\,000$	50.9	$T≥40\,000$	6.1

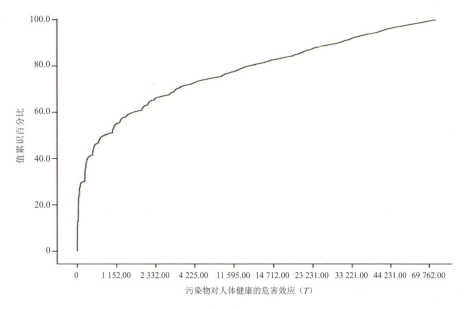

图 4-3 "污染物对人体健康的危害效应（T）"累积分布情况

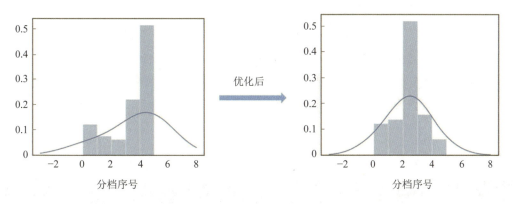

图 4-4 "污染物对人体健康的危害效应（T）"指标均衡性优化示意

（3）风险筛查指标均衡性优化结果

基于样本数据对关闭搬迁企业和在产企业的土壤、地下水所有三级指标进行均衡性评估，共有 16 个指标需进行均衡性优化，优化结果见表 4-17～表 4-20。

表 4-17 关闭搬迁企业风险筛查土壤三级指标均衡性优化结果

三级指标	优化前指标等级	优化后指标等级
2. 重点区域面积（A）	①$A \geqslant 10 \ hm^2$	①$A \geqslant 1.5 \ hm^2$
	②$2 \leqslant A < 10 \ hm^2$	②$0.12 \leqslant A < 1.5 \ hm^2$
	③$A < 2 \ hm^2$	③$A < 0.12 \ hm^2$
	④未知	④未知

三级指标	优化前指标等级	优化后指标等级
4. 污染物对人体健康的危害效应（T）*	①高毒性：$T \geq 10\,000$	①高毒性：$T \geq 40\,000$
	②较高毒性：$1\,000 \leq T < 10\,000$	②较高毒性：$22\,000 \leq T < 40\,000$
	③中等毒性：$100 \leq T < 1\,000$	③中等毒性：$1\,000 \leq T < 22\,000$
	④较低毒性：$10 \leq T < 100$	④较低毒性：$10 \leq T < 1\,000$
	⑤低毒性：$T < 10$	⑤低毒性：$T < 10$
	⑥未知	⑥未知
9. 污染物挥发性（H）	①$H \geq 0.1$	①$H \geq 0.6$
	②$0.001 \leq H < 0.1$	②$0.1 \leq H < 0.6$
	③$H < 0.001$	③$H < 0.1$
	④未知	④未知
10. 污染物迁移性（M）*	①高：$M \geq 0.01$	①高：$M \geq 1$
	②中：$2 \times 10^{-5} \leq M < 0.01$	②中：$0.2 \leq M < 1$
	③低：$M < 2 \times 10^{-5}$	③低：$M < 0.2$
	④未知	④未知
11. 年降水量（P）	①$P \geq 1\,000$ mm	①$P \geq 1\,700$ mm
	②$400$ mm $\leq P < 1\,000$ mm	②$1\,000$ mm $\leq P < 1\,700$ mm
	③$P < 400$ mm	③$P < 1\,000$ mm

注：三级指标中带*的指标，其指标等级中的数值为该指标的等级得分，需参照附录 B 经计算后得到。

表 4-18　关闭搬迁企业风险筛查地下水三级指标均衡性优化结果

三级指标	优化前指标等级	优化后指标等级
3. 污染物对人体健康的危害效应（T）*	①高毒性：$T \geq 10\,000$	①高毒性：$T \geq 40\,000$
	②较高毒性：$1\,000 \leq T < 10\,000$	②较高毒性：$22\,000 \leq T < 40\,000$
	③中等毒性：$100 \leq T < 1\,000$	③中等毒性：$1\,000 \leq T < 22\,000$
	④较低毒性：$10 \leq T < 100$	④较低毒性：$10 \leq T < 1\,000$
	⑤低毒性：$T < 10$	⑤低毒性：$T < 10$
	⑥未知	⑥未知
6. 地下水埋深（GD）	①GD < 3 m	①GD < 0.5 m
	②$3$ m $\leq$ GD < 10 m	②$0.5$ m $\leq$ GD < 3 m
	③GD ≥ 10 m	③GD ≥ 3 m
	④未知	④未知

三级指标	优化前指标等级	优化后指标等级
9. 污染物挥发性（H）	①$H \geqslant 0.1$ ②$0.001 \leqslant H < 0.1$ ③$H < 0.001$ ④未知	①$H \geqslant 0.6$ ②$0.1 \leqslant H < 0.6$ ③$H < 0.1$ ④未知
10. 污染物迁移性（M）*	①高：$M \geqslant 0.01$ ②中：$2 \times 10^{-5} \leqslant M < 0.01$ ③低：$M < 2 \times 10^{-5}$ ④未知	①高：$M \geqslant 1$ ②中：$0.2 \leqslant M < 1$ ③低：$M < 0.2$ ④未知
11. 年降水量（P）	①$P \geqslant 1\,000$ mm ②$400$ mm $\leqslant P < 1\,000$ mm ③$P < 400$ mm	①$P \geqslant 1\,700$ mm ②$1\,000$ mm $\leqslant P < 1\,700$ mm ③$P < 1\,000$ mm

注：三级指标中带*的指标，其指标等级中的数值为该指标的等级得分，需参照附录 B 经计算后得到。

表4-19 在产企业风险筛查土壤三级指标均衡性优化结果

三级指标	优化前指标等级	优化后指标等级
9. 污染物对人体健康的危害效应（T）*	①高毒性：$T \geqslant 10\,000$ ②较高毒性：$1\,000 \leqslant T < 10\,000$ ③中等毒性：$100 \leqslant T < 1\,000$ ④较低毒性：$10 \leqslant T < 100$ ⑤低毒性：$T < 10$ ⑥未知	①高毒性：$T \geqslant 40\,000$ ②较高毒性：$22\,000 \leqslant T < 40\,000$ ③中等毒性：$1\,000 \leqslant T < 22\,000$ ④较低毒性：$10 \leqslant T < 1\,000$ ⑤低毒性：$T < 10$ ⑥未知
14. 污染物挥发性（H）	①$H \geqslant 0.1$ ②$0.001 \leqslant H < 0.1$ ③$H < 0.001$ ④未知	①$H \geqslant 0.6$ ②$0.1 \leqslant H < 0.6$ ③$H < 0.1$ ④未知
15. 污染物迁移性（M）*	①高：$M \geqslant 0.01$ ②中：$2 \times 10^{-5} \leqslant M < 0.01$ ③低：$M < 2 \times 10^{-5}$ ④未知	①高：$M \geqslant 1$ ②中：$0.2 \leqslant M < 1$ ③低：$M < 0.2$ ④未知

三级指标	优化前指标等级	优化后指标等级
16. 年降水量（P）	①$P \geqslant 1\ 000$ mm	①$P \geqslant 1\ 700$ mm
	②$400$ mm$\leqslant P<1\ 000$ mm	②$1\ 000$ mm$\leqslant P<1\ 700$ mm
	③$P<400$ mm	③$P<1\ 000$ mm
17. 地块中职工的人数（W）	①$W \geqslant 5\ 000$	①$W \geqslant 500$
	②$1\ 000 \leqslant W<5\ 000$	②$200 \leqslant W<500$
	③$100 \leqslant W<1\ 000$	③$30 \leqslant W<200$
	④$W<100$	④$W<30$

注：三级指标中带*的指标，其指标等级中的数值为该指标的等级得分，需参照附录 C 经计算后得到。

表 4-20　在产企业风险筛查地下水三级指标均衡性优化结果

三级指标	优化前指标等级	优化后指标等级
7. 污染物对人体健康的危害效应（T）*	①高毒性：$T \geqslant 10\ 000$	①高毒性：$T \geqslant 40\ 000$
	②较高毒性：$1\ 000 \leqslant T<10\ 000$	②较高毒性：$22\ 000 \leqslant T<40\ 000$
	③中等毒性：$100 \leqslant T<1\ 000$	③中等毒性：$1\ 000 \leqslant T<22\ 000$
	④较低毒性：$10 \leqslant T<100$	④较低毒性：$10 \leqslant T<1\ 000$
	⑤低毒性：$T<10$	⑤低毒性：$T<10$
	⑥未知	⑥未知

注：三级指标中带*的指标，其指标等级中的数值为该指标的等级得分，需参照附录 C 经计算后得到。

4.2.2　风险筛查指标指示性评估及优化

4.2.2.1　风险筛查指标指示性评估方法

指标的指示性是指档位分数应当与其对应风险水平相匹配。在一个合理的指标体系中，指标各档位赋分应当与污染程度及风险水平成正比例关系，即预测的地块污染程度越高，对应档位分值越高。利用污染物迁移转化机理模型，对当前风险筛查模型各指标的指示性进行评估，并以模型输出为依据对指标分档赋值进行优化。

（1）机理模型的介绍

污染物迁移转化机理模型能够计算各指标在不同档位下，受体暴露的污染物浓度，用于研究指标对地块风险的影响。针对目前常用的 32 个土壤和地下水污染物迁移模型，从指标各档位赋分是否匹配其风险水平的评估目的出发，对各模型的适用性和可靠性进行分析和评价，从中选取 USEPA 发布的污染物迁移转化机理模型——EPACMTP 模型。

EPACMTP 模型主要由污染物质、污染源、非饱和带、饱和带 4 个模块组成，图 4-5 中污染区域泄漏包含了污染物质和污染源。模型主要假设：污染物排放区域是矩形，污染物在排放区域内均匀排放，泄漏后污染物垂直经过下方非饱和带，到达饱和带后污染物将沿地下水流向迁移。

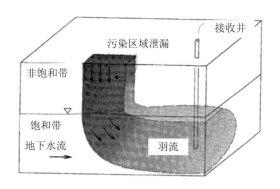

图 4-5 EPACMTP 模型示意

将模型的输出设置为受体暴露的浓度，通过机理模型预测指标在不同分档下，地块下游污染物浓度平均值的比值，评估指标档位赋值分配的合理性。以指标"重点区域面积"为例，指标的分档为 $0\sim2\ hm^2$、$2\sim10\ hm^2$、$>10\ hm^2$，将地块重点区域面积等间隔取值，得到模型输出浓度的变化（图 4-6）。

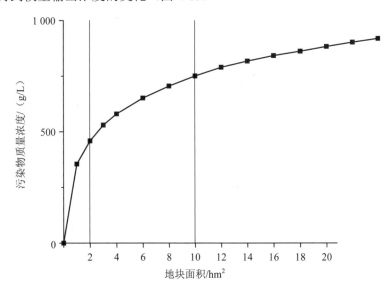

图 4-6 模型输出浓度随地块面积增加的变化

随着地块面积的增加，模型输出的污染物浓度增大，但是增加的趋势逐渐减缓。对于 $0\sim2\ hm^2$、$2\sim10\ hm^2$、$>10\ hm^2$，可以分别得到该范围内的污染物平均浓度 C_1、C_2 和 C_3。保持最高档位（$>10\ hm^2$）的分数和最低档位（$0\sim2\ hm^2$）的分数不变，根据浓度比插值得到中间档位（2～10 hm²）的分数，即建议档位分数，若建议的档位分数和原档位分数差距在 1 分以内，表明差距较小，原档位分数已经较为合理，能够匹配该档位风险水平，不需要进行调整。

4.2.2.2 基于样本数据的风险筛查指标指示性评估及优化

（1）基于样本数据的风险筛查指标指示性评估及优化案例

以在产企业风险筛查土壤指标中的三级指标"生产经营活动时间（t_p）"为例，如图 4-7（a）所示，柱状图代表了当前各个档位的赋分，折线代表了模型输出的浓度比例（最高输出为 1.0），不同档位对应的污染物浓度之比和现有的分档赋分比例有所差距，尤其是未知档的分数，因此该指标分档赋分不够合理。根据模型输出结果，提出优化建议[图 4-7（b）]。

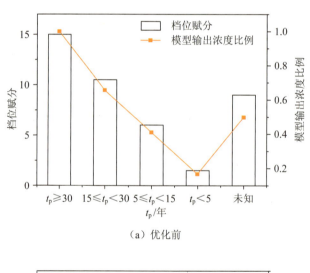

（a）优化前

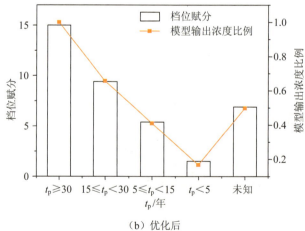

（b）优化后

图 4-7　指标"生产经营活动时间（t_p）"分档赋分的优化

（2）风险筛查指标指示性优化结果

基于样本数据对关闭搬迁企业和在产企业的土壤、地下水所有三级指标进行指示性评估，共有 18 个三级指标需进行指示性优化，优化结果见表 4-21～表 4-24。

表 4-21 关闭搬迁企业风险筛查土壤三级指标指示性优化结果

三级指标	指标等级	优化前指标分值	优化后指标分值
3. 生产经营活动时间（t_p）	①$t_p \geqslant 30$ 年	15.0	15.0
	②15 年$\leqslant t_p <30$ 年	10.5	9.4
	③5 年$\leqslant t_p <15$ 年	6	5.4
	④$t_p<5$ 年	1.5	1.5
	⑤未知	9	6.9
4. 污染物对人体健康的危害效应（T）*	①高毒性：$T \geqslant 40\ 000$	13.0	13.0
	②较高毒性：$22\ 000 \leqslant T < 40\ 000$	11.2	8.5
	③中等毒性：$1\ 000 \leqslant T < 22\ 000$	8.4	4.2
	④较低毒性：$10 \leqslant T < 1\ 000$	5.6	2.6
	⑤低毒性：$T<10$	2.8	2.6
	⑥未知	8.4	2.6
13. 地块及周边 500 m 内人口数量（R）	①$R \geqslant 5\ 000$	6.0	6.0
	②$1\ 000 \leqslant R < 5\ 000$	4.2	3.8
	③$100 \leqslant R < 1\ 000$	2.4	1.1
	④$R<100$	0.6	0.6
15. 重点区域离最近敏感目标的距离（D_s）	①$D_s<100$ m	12.0	12.0
	②$100$ m$\leqslant D_s<300$ m	8.4	10.9
	③$300$ m$\leqslant D_s<1\ 000$ m	4.8	7.2
	④$D_s \geqslant 1\ 000$ m	1.2	1.2

注：三级指标中带*的指标，其指标等级中的数值为该指标的等级得分，需参照附录 B 经计算后得到。

表 4-22 关闭搬迁企业风险筛查地下水三级指标指示性优化结果

三级指标	指标等级	优化前指标分值	优化后指标分值
2. 生产经营活动时间（t_p）	①$t_p \geqslant 30$ 年	18.0	18.0
	②15 年$\leqslant t_p <30$ 年	12.6	11.3
	③5 年$\leqslant t_p <15$ 年	7.2	6.5
	④$t_p<5$ 年	1.8	1.8
	⑤未知	10.8	8.3

三级指标	指标等级	优化前指标分值	优化后指标分值
3. 污染物对人体健康的危害效应（T）*	①高毒性：$T \geq 40\,000$	16.0	16.0
	②较高毒性：$22\,000 \leq T < 40\,000$	12.8	10.4
	③中等毒性：$1\,000 \leq T < 22\,000$	9.6	5.2
	④较低毒性：$10 \leq T < 1\,000$	6.4	3.2
	⑤低毒性：$T < 10$	3.2	3.2
	⑥未知	9.6	3.2
13. 地块及周边500 m内人口数量（R）	①$R \geq 5\,000$	6.0	6.0
	②$1\,000 \leq R < 5\,000$	4.2	3.8
	③$100 \leq R < 1\,000$	2.4	1.1
	④$R < 100$	0.6	0.6
14. 重点区域离最近饮用水井或地表水体的距离（D_{gw}）	①$D_{gw} < 100\ m$	12.0	12.0
	②$100\ m \leq D_{gw} < 300\ m$	8.4	10.9
	③$300\ m \leq D_{gw} < 1\,000\ m$	4.8	7.2
	④$D_{gw} \geq 1\,000\ m$	1.2	1.2

注：三级指标中带*的指标，其指标等级中的数值为该指标的等级得分，需参照附录B经计算后得到。

表 4-23　在产企业风险筛查土壤三级指标指示性优化结果

三级指标	指标等级	优化前指标分值	优化后指标分值
8. 生产经营活动时间（t_p）	①$t_p \geq 30$ 年	15.0	15.0
	②$15$ 年 $\leq t_p < 30$ 年	10.5	9.4
	③$5$ 年 $\leq t_p < 15$ 年	6.0	5.4
	④$t_p < 5$ 年	1.5	1.5
	⑤未知	9.0	9.0
9. 污染物对人体健康的危害效应（T）*	①高毒性：$T \geq 40\,000$	7.5	7.5
	②较高毒性：$22\,000 \leq T < 40\,000$	6.0	4.9
	③中等毒性：$1\,000 \leq T < 22\,000$	4.5	2.4
	④较低毒性：$10 \leq T < 1\,000$	3.0	1.5
	⑤低毒性：$T < 10$	1.5	1.5
	⑥未知	4.5	1.5
17. 地块中职工的人数（W）	①$W \geq 500$	12.0	12.0
	②$200 \leq W < 500$	9.0	5.0
	③$30 \leq W < 200$	6.5	3.5
	④$W < 30$	3.0	3.0

三级指标	指标等级	优化前指标分值	优化后指标分值
18. 地块周边 500 m 内的人口数量（R）	①$R \geqslant 5\ 000$	9.0	9.0
	②$1\ 000 \leqslant R < 5\ 000$	6.6	6.1
	③$100 \leqslant R < 1\ 000$	4.2	2.5
	④$R < 100$	1.8	1.8
19. 重点区域离最近敏感目标的距离（D_s）	①$D_s < 100$ m	9.0	9.0
	②$100$ m $\leqslant D_s < 300$ m	6.6	8.3
	③$300$ m $\leqslant D_s < 1\ 000$ m	4.2	5.8
	④$D_s \geqslant 1\ 000$ m	1.8	1.8

注：三级指标中带*的指标，其指标等级中的数值为该指标的等级得分，需参照附录 C 经计算后得到。

表 4-24　在产企业风险筛查地下水三级指标指示性优化结果

三级指标	指标等级	优化前指标分值	优化后指标分值
5. 地下水可能受污染程度	①地下水可能受到重度污染	6.0	6.0
	②地下水可能受到中度污染	3.5	3.6
	③不确定	1.0	1.0
6. 生产经营活动时间（t_p）	①$t_p \geqslant 30$ 年	15.0	15.0
	②$15$ 年 $\leqslant t_p < 30$ 年	10.5	9.4
	③$5$ 年 $\leqslant t_p < 15$ 年	6.0	5.4
	④$t_p < 5$ 年	1.5	1.5
	⑤未知	9.0	6.9
7. 污染物对人体健康的危害效应（T）*	①高毒性：$T \geqslant 40\ 000$	10.5	10.5
	②较高毒性：$22\ 000 \leqslant T < 40\ 000$	8.4	6.8
	③中等毒性：$1\ 000 \leqslant T < 22\ 000$	6.3	3.4
	④较低毒性：$10 \leqslant T < 1\ 000$	4.2	2.1
	⑤低毒性：$T < 10$	2.1	2.1
	⑥未知	6.3	2.1
17. 地块周边 500 m 内人口数量（R）	①$R \geqslant 5\ 000$	6.0	6.0
	②$1\ 000 \leqslant R < 5\ 000$	4.2	3.8
	③$100 \leqslant R < 1\ 000$	2.4	1.1
	④$R < 100$	0.6	0.6

三级指标	指标等级	优化前指标分值	优化后指标分值
18. 重点区域离最近饮用水井或地表水体的距离（D_{gw}）	① D_{gw}＜100 m	12.0	12.0
	② 100 m≤D_{gw}＜300 m	8.4	10.9
	③ 300 m≤D_{gw}＜1 000 m	4.8	7.2
	④ D_{gw}≥1 000 m	1.2	1.2

注：三级指标中带*的指标，其指标等级中的数值为该指标的等级得分，需参照附录 C 经计算后得到。

4.2.3 风险筛查得分区分度评估及优化

4.2.3.1 风险筛查得分区分度评估方法

风险筛查得分区分度是指对调查对象风险筛查得分水平有较好的区分作用，即中等得分地块数量占比最高，低分地块数量占比次之，高分地块数量占比最低的最优分布。类似指标均衡性的评估方法，通过样本地块估计其风险筛查得分的统计分布特征（Z_{SK}，Z_γ），若符合正态分布，则表示基于样本数据的风险筛查得分具有区分度，若不符合，则需通过调整档位划分（均衡性）及赋值（指示性）使其通过正态性检验。区分度评估算法工作流程如图 4-8 所示。

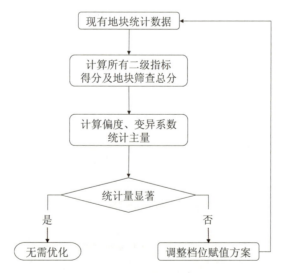

图 4-8　区分度算法工作流程

4.2.3.2 基于样本数据的风险筛查得分区分度评估及优化

对照初步构建的风险筛查模型，获得样本地块的风险筛查得分，利用 SPSS 分析数据统计分布形态，通过计算偏度（SK）和峰度（γ）可知，样本地块风险筛查得分的数据统计分布形态不符合正态分布，需通过调整风险筛查模型的档位划分及赋值进行优化[图 4-9（a）]。

基于"4.2.1.2"小节指标均衡性（分档）优化结果和"4.2.2.2"小节指示性（分档赋值）优化结果，重新计算样本地块风险筛查得分并进行区分度评估，结果表明，指标均衡性和指示性优化后，模型对于风险筛查得分的区分度明显提高（图 4-9），且符合正态分布特征（表 4-25）。

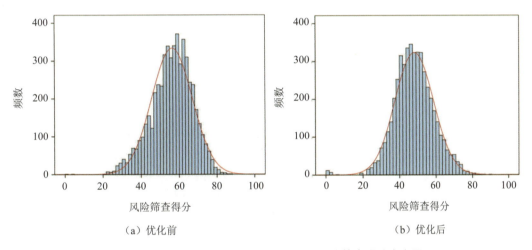

（a）优化前　　　　　　　　　　（b）优化后

图 4-9　指标均衡性和指示性优化前后的风险筛查得分直方图

表 4-25　区分度相关统计量

统计量	优化前	优化后	标准值
偏度（Z-score）	−15.29	3.28	>−5
变异系数	0.19	0.21	（0.22，0.34）

通过基于样本数据的均衡性和指示性评估及优化，风险筛查指标体系已满足区分度要求，并形成优化后的风险筛查模型（表 4-26～表 4-29），用于后续整体调查对象的风险筛查。

表 4-26 优化后的关闭搬迁企业风险筛查阶段土壤指标及等级划分

指标		指标赋值	
二级指标	三级指标	指标等级	指标分值
土壤污染特性	1. 土壤可能受污染程度	①土壤可能受到重度污染	10.0
		②土壤可能受到中度污染	6.0
		③不确定	2.0
	2. 重点区域面积（A）	①$A \geq 1.5 \text{ hm}^2$	6.0
		②$0.12 \leq A < 1.5 \text{ hm}^2$	3.6
		③$A < 0.12 \text{ hm}^2$	1.2
		④未知	3.6
	3. 生产经营活动时间（t_p）	①$t_p \geq 30$ 年	15.0
		②$15$ 年 $\leq t_p < 30$ 年	9.4
		③$5$ 年 $\leq t_p < 15$ 年	5.4
		④$t_p < 5$ 年	1.5
		⑤未知	6.9
	4. 污染物对人体健康的危害效应（T）*	①高毒性：$T \geq 40\,000$	13.0
		②较高毒性：$22\,000 \leq T < 40\,000$	8.5
		③中等毒性：$1\,000 \leq T < 22\,000$	4.2
		④较低毒性：$10 \leq T < 1\,000$	2.6
		⑤低毒性：$T < 10$	2.6
		⑥未知	2.6
	5. 污染物中是否含有持久性有机污染物	①是	3.0
		②否	0
		③未知	1.8
土壤污染物迁移途径	6. 重点区域地表覆盖情况	①存在未硬化地面	3.0
		②硬化地面有裂缝、破损	1.8
		③硬化地面完好	0.6
	7. 地下防渗措施	①无防渗措施	3.0
		②有一定的防渗措施	1.8
		③有全面、完好的防渗措施	0.6
		④无地下工程	0
	8. 包气带土壤渗透性	①砂土及碎石土	3.0
		②粉土	1.8
		③黏性土	0.6
		④未知	1.8

指标		指标赋值	
二级指标	三级指标	指标等级	指标分值
土壤污染物迁移途径	9. 污染物挥发性（H）	①$H \geqslant 0.6$	5.0
		②$0.1 \leqslant H < 0.6$	3.0
		③$H < 0.1$	1.0
		④未知	3.0
	10. 污染物迁移性（M）*	①高：$M \geqslant 1$	6.0
		②中：$0.2 \leqslant M < 1$	3.6
		③低：$M < 0.2$	1.2
		④未知	3.6
	11. 年降水量（P）	①$P \geqslant 1\,700$ mm	3.0
		②$1\,000$ mm $\leqslant P < 1\,700$ mm	1.8
		③$P < 1\,000$ mm	0.6
土壤污染受体	12. 地块土地利用方式	①农业、住宅用地	7.5
		②商业、公共场所用地	4.5
		③工业等非敏感用地	1.5
	13. 地块及周边 500 m 内人口数量（R）	①$R \geqslant 5\,000$	6.0
		②$1\,000 \leqslant R < 5\,000$	3.8
		③$100 \leqslant R < 1\,000$	1.1
		④$R < 100$	0.6
	14. 人群进入和接触地块的可能性	①地块无隔离或管制措施，人群进入可能性高	4.5
		②地块有隔离或管制措施，或位于偏远地区，人群进入可能性较低	0.9
	15. 重点区域离最近敏感目标的距离（D_s）	①$D_s < 100$ m	12.0
		②$100$ m $\leqslant D_s < 300$ m	10.9
		③$300$ m $\leqslant D_s < 1\,000$ m	7.2
		④$D_s \geqslant 1\,000$ m	1.2

注：三级指标中带*的指标，其指标等级中的数值为该指标的等级得分，需参照附录 B 经计算后得到。

表 4-27　优化后的关闭搬迁企业风险筛查阶段地下水指标及等级划分

指标		指标赋值	
二级指标	三级指标	指标等级	指标分值
地下水污染特性	1. 地下水可能受污染程度	①地下水可能受到重度污染	10.0
		②地下水可能受到中度污染	6.0
		③不确定	2.0
	2. 生产经营活动时间（t_p）	①$t_p \geq 30$ 年	18.0
		②15 年$\leq t_p <30$ 年	11.3
		③5 年$\leq t_p <15$ 年	6.5
		④$t_p <5$ 年	1.8
		⑤未知	8.3
	3. 污染物对人体健康的危害效应（T）*	①高毒性：$T \geq 40\ 000$	16.0
		②较高毒性：$22\ 000 \leq T < 40\ 000$	10.4
		③中等毒性：$1\ 000 \leq T < 22\ 000$	5.2
		④较低毒性：$10 \leq T < 1\ 000$	3.2
		⑤低毒性：$T < 10$	3.2
		⑥未知	3.2
	4. 污染物中是否含有持久性有机污染物	①是	3.0
		②否	0
		③未知	1.8
地下水污染物迁移途径	5. 地下防渗措施	①无防渗措施	3.0
		②有一定的防渗措施	1.8
		③有全面、完好的防渗措施	0.6
		④无地下工程	0
	6. 地下水埋深（GD）	①GD<0.5 m	2.0
		②0.5 m$\leq$GD<3 m	1.2
		③GD$\geq$3 m	0.4
		④未知	1.2
	7. 包气带土壤渗透性	①砂土及碎石土	2.0
		②粉土	1.2
		③黏性土	0.4
		④未知	1.2

指标		指标赋值	
二级指标	三级指标	指标等级	指标分值
地下水污染物迁移途径	8. 饱和带土壤渗透性	①砾砂及以上土质	3.0
		②粗砂、中砂及细砂	1.8
		③粉砂及以下土质	0.6
		④未知	1.8
	9. 污染物挥发性（H）	①$H \geq 0.6$	4.0
		②$0.1 \leq H < 0.6$	2.4
		③$H < 0.1$	0.8
		④未知	2.4
	10. 污染物迁移性（M）*	①高：$M \geq 1$	6.0
		②中：$0.2 \leq M < 1$	3.6
		③低：$M < 0.2$	1.2
		④未知	3.6
	11. 年降水量（P）	①$P \geq 1\ 700$ mm	3.0
		②$1\ 000$ mm$\leq P < 1\ 700$ mm	1.8
		③$P < 1\ 000$ mm	0.6
地下水污染受体	12. 地下水及邻近区域地表水用途	①水源保护区、食品加工、饮用水	12.0
		②农业灌溉用水	7.2
		③工业用途或不利用	2.4
		④未知	7.2
	13. 地块及周边 500 m 内人口数量（R）	①$R \geq 5\ 000$	6.0
		②$1\ 000 \leq R < 5\ 000$	3.8
		③$100 \leq R < 1\ 000$	1.1
		④$R < 100$	0.6
	14. 重点区域离最近饮用水井或地表水体的距离（D_{gw}）	①$D_{gw} < 100$ m	12.0
		②$100$ m$\leq D_{gw} < 300$ m	10.9
		③$300$ m$\leq D_{gw} < 1\ 000$ m	7.2
		④$D_{gw} \geq 1\ 000$ m	1.2

注：三级指标中带*的指标，其指标等级中的数值为该指标的等级得分，需参照附录 B 经计算后得到。

表 4-28　优化后的在产企业风险筛查阶段土壤指标及等级划分

指标		指标赋值	
二级指标	三级指标	指标等级	指标分值
企业环境风险管理水平	1. 泄漏物环境风险（T_m）*	①高风险：$T_m \geq 20\,000$	5.0
		②中风险：$200 \leq T_m < 20\,000$	3.0
		③低风险：$T_m < 200$	1.0
		④未知	3.0
	2. 废水环境风险（T_w）*	①高风险：$T_w \geq 150$	2.0
		②中风险：$10 \leq T_w < 150$	1.2
		③低风险：$T_w < 10$	0.4
		④未知	1.2
	3. 废气环境风险（T_g）*	①高风险：$T_g \geq 150$	1.0
		②中风险：$10 \leq T_g < 150$	0.6
		③低风险：$T_g < 10$	0.2
		④未知	0.6
	4. 固体废物环境风险（T_{sw}）*	①高风险：$T_{sw} \geq 30$	4.0
		②中风险：$1 \leq T_{sw} < 30$	2.4
		③低风险：$T_{sw} < 1$	0.8
		④未知	2.4
	5. 企业环境违法行为次数	①3 次以上	2.0
		②1～3 次	1.2
		③无	0.4
土壤污染现状	6. 土壤可能受污染程度	①土壤可能受到重度污染	4.5
		②土壤可能受到中度污染	2.5
		③不确定	0.5
	7. 重点区域面积（A）	①$A \geq 10\ hm^2$	4.5
		②$2\ hm^2 \leq A < 10\ hm^2$	2.7
		③$A < 2\ hm^2$	0.9
		④未知	2.7

指标		指标赋值	
二级指标	三级指标	指标等级	指标分值
土壤污染现状	8. 生产经营活动时间（t_p）	① $t_p \geq 30$ 年	15.0
		② 15 年 $\leq t_p < 30$ 年	9.4
		③ 5 年 $\leq t_p < 15$ 年	5.4
		④ $t_p < 5$ 年	1.5
		⑤未知	9.0
	9. 污染物对人体健康的危害效应（T）*	①高毒性：$T \geq 40\,000$	7.5
		②较高毒性：$22\,000 \leq T < 40\,000$	4.9
		③中等毒性：$1\,000 \leq T < 22\,000$	2.4
		④较低毒性：$10 \leq T < 1\,000$	1.5
		⑤低毒性：$T < 10$	1.5
		⑥未知	1.5
	10. 污染物中是否含有持久性有机污染物	①是	1.5
		②否	0
		③未知	0.9
土壤污染物迁移途径	11. 重点区域地表覆盖情况	①存在未硬化地面	2.0
		②硬化地面有裂缝、破损	1.2
		③硬化地面完好	0.4
	12. 地下防渗措施	①无防渗措施	3.0
		②有一定的防渗措施	1.8
		③有全面、完好的防渗措施	0.6
		④无地下工程	0
	13. 包气带土壤渗透性	①砂土及砾石	2.0
		②粉土	1.2
		③黏土	0.4
		④未知	1.2
	14. 污染物挥发性（H）	① $H \geq 0.6$	6.0
		② $0.1 \leq H < 0.6$	3.6
		③ $H < 0.1$	1.2
		④未知	3.6

指标		指标赋值	
二级指标	三级指标	指标等级	指标分值
土壤污染物迁移途径	15. 污染物迁移性（M）*	①高：$M \geqslant 1$	7.0
		②中：$0.2 \leqslant M < 1$	4.2
		③低：$M < 0.2$	1.4
		④未知	4.2
	16. 年降水量（P）	①$P \geqslant 1\,700$ mm	3.0
		②$1\,000$ mm$\leqslant P < 1\,700$ mm	1.8
		③$P < 1\,000$ mm	0.6
土壤污染受体	17. 地块中职工的人数（W）	①$W \geqslant 500$	12.0
		②$200 \leqslant W < 500$	5.0
		③$30 \leqslant W < 200$	3.5
		④$W < 30$	3.0
	18. 地块周边 500 m 内的人口数量（R）	①$R \geqslant 5\,000$	9.0
		②$1\,000 \leqslant R < 5\,000$	6.1
		③$100 \leqslant R < 1\,000$	2.5
		④$R < 100$	1.8
	19. 重点区域离最近敏感目标的距离（D_s）	①$D_s < 100$ m	9.0
		②$100$ m$\leqslant D_s < 300$ m	8.3
		③$300$ m$\leqslant D_s < 1\,000$ m	5.8
		④$D_s \geqslant 1\,000$ m	1.8

注：三级指标中带*的指标，其指标等级中的数值为该指标的等级得分，需参照附录 C 经计算后得到。

表 4-29 优化后的在产企业风险筛查阶段地下水指标及等级划分

指标		指标赋值	
二级指标	三级指标	指标等级	指标分值
企业环境风险管理水平	1. 泄漏物环境风险（T_m）*	①高风险：$T_m \geqslant 35$	5.5
		②中风险：$1.5 \leqslant T_m < 35$	3.3
		③低风险：$T_m < 1.5$	1.1
		④未知	3.3

指标		指标赋值	
二级指标	三级指标	指标等级	指标分值
企业环境风险管理水平	2. 废水环境风险（T_w）*	①高风险：$T_w \geq 150$	4.0
		②中风险：$10 \leq T_w < 150$	2.4
		③低风险：$T_w < 10$	0.8
		④未知	2.4
	3. 固体废物环境风险（T_{sw}）*	①高风险：$T_{sw} \geq 30$	2.5
		②中风险：$1 \leq T_{sw} < 30$	1.5
		③低风险：$T_{sw} < 1$	0.5
		④未知	1.5
	4. 企业环境违法行为次数	①3 次以上	2.0
		②1~3 次	1.2
		③无	0.4
地下水污染现状	5. 地下水可能受污染程度	①地下水可能受到重度污染	6.0
		②地下水可能受到中度污染	3.6
		③不确定	1.0
	6. 生产经营活动时间（t_p）	①$t_p \geq 30$ 年	15.0
		②15 年 $\leq t_p < 30$ 年	9.4
		③5 年 $\leq t_p < 15$ 年	5.4
		④$t_p < 5$ 年	1.5
		⑤未知	6.9
	7. 污染物对人体健康的危害效应（T）*	①高毒性：$T \geq 40\,000$	10.5
		②较高毒性：$22\,000 \leq T < 40\,000$	6.8
		③中等毒性：$1\,000 \leq T < 22\,000$	3.4
		④较低毒性：$10 \leq T < 1\,000$	2.1
		⑤低毒性：$T < 10$	2.1
		⑥未知	2.1
	8. 污染物中是否含有持久性有机污染物	①是	1.5
		②否	0
		③未知	0.9

指标		指标赋值	
二级指标	三级指标	指标等级	指标分值
地下水污染物迁移途径	9. 地下防渗措施	①无防渗措施	5.0
		②有一定的防渗措施	3.0
		③有全面、完好的防渗措施	1.0
		④无地下工程	0
	10. 地下水埋深（GD）	①GD<3 m	1.5
		②3 m≤GD<10 m	0.9
		③GD≥10 m	0.3
		④未知	0.9
	11. 包气带土壤渗透性	①砂土及砾石	1.5
		②粉土	0.9
		③黏土	0.3
		④未知	0.9
	12. 饱和带土壤渗透性	①砾砂及以上土质	3.0
		②粗砂、中砂及细砂	1.8
		③粉砂及以下土质	0.6
		④未知	1.8
	13. 污染物挥发性（H）	①$H \geq 0.1$	3.0
		②$0.001 \leq H < 0.1$	1.8
		③$H < 0.001$	0.6
		④未知	1.8
	14. 污染物迁移性（M）*	①高：$M \geq 0.01$	6.0
		②中：$2 \times 10^{-5} \leq M < 0.01$	3.6
		③低：$M < 2 \times 10^{-5}$	1.2
		④未知	3.6
	15. 年降水量（P）	①$P \geq 1\ 000$ mm	3.0
		②$400\ \text{mm} \leq P < 1\ 000\ \text{mm}$	1.8
		③$P < 400$ mm	0.6

指标		指标赋值	
二级指标	三级指标	指标等级	指标分值
地下水污染受体	16. 地下水及邻近区域地表水用途	①水源保护区、食品加工、饮用水	12.0
		②农业灌溉用水	7.2
		③工业用途或不利用	2.4
		④未知	7.2
	17. 地块周边 500 m 内人口数量（R）	①$R \geqslant 5\,000$	6.0
		②$1\,000 \leqslant R < 5\,000$	3.8
		③$100 \leqslant R < 1\,000$	1.1
		④$R < 100$	0.6
	18. 重点区域离最近饮用水井或地表水体的距离（D_{gw}）	①$D_{gw} < 100$ m	12.0
		②$100$ m $\leqslant D_{gw} < 300$ m	10.9
		③$300$ m $\leqslant D_{gw} < 1\,000$ m	7.2
		④$D_{gw} \geqslant 1\,000$ m	1.2

注：三级指标中带*的指标，其指标等级中的数值为该指标的等级得分，需参照附录 C 经计算后得到。

4.3 基于综合研判的风险等级优化规则

依据风险筛查模型得到企业地块得分，根据得分分段标准，初步划分地块的高度、中度、低度关注水平。在调查对象中，抽取具有行业代表性的地块开展土壤和地下水采样调查，基于地块采样数据，综合运用基础统计分析、多元统计分析、机器学习建模等手段分析地块污染规律，判断影响地块超标的最具指示性指标（关键特征变量）及其阈值，建立风险等级优化规则，对调查对象的初步风险等级进行优化，形成风险分级结果，最终划定为潜在高、中、低风险地块。

4.3.1 基于风险筛查结果初步确定风险等级

4.3.1.1 基于风险筛查得分的地块关注度划分

通过计算获得的地块风险筛查得分是连续性变量，通常需要对其进行分级分段，并对分级分段结果赋予不同关注度水平，才能转化成符合管理需求的应用依据。

在参考加拿大污染地块优先行动级别划分标准的前提下，结合我国企业风险筛查得分情况以及土壤环境管理需求，制定地块关注度分级标准（表 4-30）。基于风险筛查模型,计算得到关闭搬迁企业和在产企业地块的风险筛查得分值,根据关注度分级标准,初步划定地块的高度、中度、低度关注水平。

表 4-30　在产和关闭搬迁企业地块关注度的通用分级标准

地块风险筛查得分	地块关注度分级
$S \geqslant 70$	高度关注地块
$40 \leqslant S < 70$	中度关注地块
$S < 40$	低度关注地块

因各地企业用地地块数量和土壤环境管理需求不同,风险筛查模型在各地应用时会呈现区域性差异,基于地块关注度通用分级标准,地方可根据本区域企业地块风险筛查得分情况,综合考虑重点行业企业分布特点、企业环境管理水平、经济水平、土壤环境管理需求、土壤污染防治技术能力等调整本地区关注度划分标准,最终确定高度、中度和低度关注地块。

4.3.1.2　基于关注度结果初步确定风险等级

为确保风险筛查结果的合理性,选取约 600 个样本地块的采样数据,对基于风险筛查模型判定的初步风险等级结果(高度、中度、低度关注地块)进行分析(表 4-31)。

表 4-31　不同关注度地块的采样检测结果分析

风险筛查结果	采样检测数据评价结果
高度关注地块	①采样结果超标:土壤污染物含量超筛选值,或地下水污染物含量超Ⅲ类标准限值
	②采样结果不超标:土壤污染物含量接近筛选值,或地下水污染物含量接近Ⅲ类标准限值
	③采样结果不超标:污染物检出率较高(××%~100%),这可能是由于采样点位数量较少(原则上不少于 4 个土壤点位、2 个地下水点位),土壤污染空间异质性较强,采样结果存在一定的不确定性导致的
中度关注地块	仅发现少量地块存在污染物超标现象
低度关注地块	

整体来看,地块关注度水平越高,污染物超标可能性越大,且污染物累积程度越重。可见,基于风险筛查结果判定的地块初步风险等级能相对准确反映地块风险情况,风险

筛查的结果总体是合理的。因此，将高度、中度、低度关注地块对应转为潜在高风险、潜在中风险、潜在低风险地块（图4-10）。

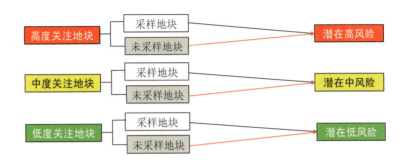

图4-10　基于关注度结果的风险等级初步判定示意

4.3.2　基于综合研判建立风险等级优化规则

4.3.2.1　风险等级优化规则建立思路

（1）与现行建设用地土壤污染风险管控标准衔接

参照加拿大对于污染地块进行分类采取行动的划分标准，与我国现行的建设用地土壤污染风险管控标准衔接，把有足够证据表明存在污染的地块划为潜在高风险地块，即当土壤检出污染物含量超过筛选值时，直接划为潜在高风险地块，兼顾地下水特征污染物超标情况，当特征污染物含量超Ⅳ类水标准时，划为潜在高风险地块；将上述2种情况纳入风险等级优化规则。

（2）污染可能性综合分析

综合利用大数据统计分析和机器学习方法，对大量地块采样检测数据与基础信息分析（以关键基础信息指标为自变量，地块是否超标为因变量）发现，土壤污染检出数量多且明显累积、工业利用时间较长（大于30年）、已有基础信息表明土壤或地下水曾受到过污染、企业生产过程中发生过化学品泄漏或环境污染事件等4项指标与地块超标的相关性较强，满足任一规则的地块采样超标率都在50%以上，因此，将上述4种情况纳入风险等级优化规则。

> **专栏4-2　基于采样检测数据的地块污染规律研究**
>
> 对约570个采样地块（4个试点城市）的基础信息与采样检测数据进行相关性分析，确定对土壤污染最具指示性指标（关键特征变量）及其阈值。

1. 数据准备

利用 4 个先行试点城市，约 570 个采样地块的基础信息与采样检测数据进行分析建模。

（1）数据提取

在地块基础信息表中，提取占地面积、成立时间、最新改扩建时间等对地块污染具有潜在影响的指标作为自变量；在地块采样检测数据表中，提取土壤和地下水各指标的检测浓度值，用于后续分析。

（2）变量编码处理

地块基础信息表中的自变量包括文本型和数值型，对于文本型变量（例如：是/否）需转换为哑变量（例如："是"转换为"1"，"否"转换为"0"）后可进行后续数据分析，数值型变量则保持原来数值。

（3）数据预处理

在处理数据时，常会出现个别数据值明显偏离它们所属样本的其余观测值情况，这些值被称为异常值（outlier），若将异常值放在数据集中一起进行统计分析，会影响计算结果的准确性。由于地块采样数据均为检测真实数据，地块间存在差异属于合理现象。因此，主要通过绘制散点图等方式识别高度异常值，识别后分析是否是数据人工录入或系统输出错误导致的异常（图 4-11）；若不是，则综合分析地块其他信息（例如：生产经营活动时间、是否属于重点行业、规模及年产量等），判断数值是否合理，是否需要剔除。通过排查异常值，完成数据预处理，用于后续统计分析。

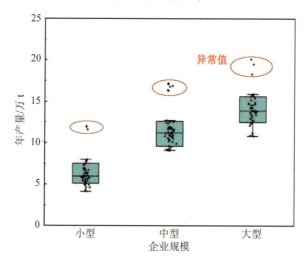

图 4-11　高度异常值示意

（4）基础统计分析

基于地块采样数据，按照《土壤环境质量　建设用地土壤污染风险管控标准（试行）》（GB 36600—2018）中相应污染物的筛选值（在产企业执行第二类用地标准，关闭搬迁企业执行第一类用地标准），评价地块超标结果（"是/否"，转换为哑变量"1/0"）。

2. 构建机器学习模型

（1）研判模型自变量（X_1）和因变量（Y）选择

选择约 200 个样本地块数据作为训练集。将采样地块基础信息作为自变量集合（X），地块超标结果作为因变量（Y）。使用斯皮尔曼相关性分析，探索自变量与因变量之间的相关性，通过各个自变量的显著性和相关系数，获得与地块超标结果相关性最佳的 9 个自变量形成最佳研判模型自变量集合（X_1），X_1 集合见表 4-32。

表 4-32　最佳研判模型自变量集合（X_1）

序号	最佳研判自变量
1	工业利用时间
2	违法次数（环境违法行为）
3	最新改扩建时间
4	地块是否位于工业园区或集聚区
5	有毒性分值的废水污染物种类数量
6	生产区面积
7	重点区域总面积
8	是否有废气治理设施
9	一般工业固体废物年贮存量

（2）研判模型构建

将训练集的最佳研判变量集合作为自变量（X_1），地块超标结果作为因变量（Y），采用逻辑回归、决策树、随机森林、支持向量机及神经网络等模型在自变量与因变量之间构建研判模型。

（3）研判模型评价与最佳研判模型选择

选择约 200 个样本地块数据作为验证集，通过总准确率及研判结果的混淆矩阵综合判断研判模型效果，最终确定随机森林预测效果较好，较为准确分辨超标地块，分辨准确率约为 88%等指标评价模型效果，选出最优研判模型。

（4）关键特征变量筛选

选择约 170 个样本地块数据作为测试集，将数据输入到最优研判模型中，筛选出与地块超标结果显著相关的关键特征变量（工业利用时间）。

4.3.2.2　风险等级优化规则确定

综合考虑地块污染物超标情况、累积情况、生产经营活动时间、发生化学品泄漏或污染事故等因素，结合专家经验，确定风险等级优化规则（图 4-12）。具体规则如下：

①土壤污染物含量超筛选值，或地下水特征污染物含量超Ⅳ类水标准；②土壤前3项无机污染物综合污染指数大于（含）2、土壤前3项有机污染物综合污染指数大于（含）1；③工业利用时间大于（含）30年，或已有基础信息表明土壤或地下水曾受到过污染，或该企业生产过程中发生过化学品泄漏或环境污染事件。

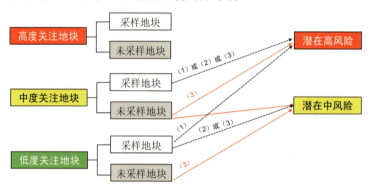

图 4-12 风险等级调整规则

注：高关注度地块直接划为潜在高风险。

规则释义：

（1）土壤污染物含量超筛选值

该规则指地块内任一土壤污染物含量大于《土壤环境质量 建设用地土壤污染风险管控标准（试行）》（GB 36600—2018）中相应污染物的筛选值。在产企业执行第二类用地标准，关闭搬迁企业执行第一类用地标准。

（2）地下水特征污染物含量超Ⅳ类标准限值（含 pH）

该规则指地块内任一地下水特征污染物含量（或地下水 pH）大于《地下水质量标准》（GB/T 14848—2017）中相应污染物的Ⅳ类标准限值（或超出地下水Ⅳ类 pH 范围）。

（3）土壤前 3 项有机污染物综合污染指数大于 1

该规则指地块内土壤检出有机污染物单项污染指数最大的前 3 项之和。

土壤有机污染物的污染综合指数用以下公式计算得到：

$$CPI = \sum_{i=1}^{3} \frac{C_i}{K_i} \tag{4-3}$$

式中：CPI 为土壤前 3 项有机污染物综合污染指数；C_i 为土壤中第 i 项有机污染物含量；K_i 为第 i 项土壤有机污染物的筛选值。

（4）土壤前 3 项无机污染物综合污染指数大于 2

该规则指地块内土壤检出无机污染物单项污染指数最大的前 3 项之和。因无机物存在本底问题，因此无机物综合污染指数标准限值大于有机物综合污染指数。

土壤无机污染物的污染综合指数用以下公式计算得到：

$$\mathrm{CPI} = \sum_{i=1}^{3} \frac{C_i}{K_i} \tag{4-4}$$

式中：CPI 为土壤前 3 项无机污染物综合污染指数；C_i 为土壤中第 i 项无机污染物含量；K_i 为第 i 项土壤无机污染物的筛选值。

（5）工业利用时间超过 30 年

该指标是指调查地块在历史上的生产经营活动涉及表中所列行业的总时间（表 4-33）。

表 4-33　17 个行业大类

行业门类	行业大类
B 采矿业	07 石油和天然气开采业
	08 黑色金属矿采选业
	09 有色金属矿采选业
C 制造业	17 纺织业
	19 皮革、毛皮、羽毛及其制品和制鞋业
	22 造纸和纸制品业
	25 石油加工、炼焦和核燃料加工业
	26 化学原料和化学制品制造业
	27 医药制造业
	28 化学纤维制造业
	31 黑色金属冶炼和压延加工业
	32 有色金属冶炼和压延加工业
	33 金属制品业
	38 电气机械和器材制造业
G 交通运输、仓储和邮政业	59 仓储业
N 水利、环境和公共设施管理业	77 生态保护和环境治理业
	78 公共设施管理业

（6）已有基础信息表明土壤或地下水曾受到过污染

该规则指按照《重点行业企业用地调查信息采集技术规定（试行）》填报的企业地块基础信息调查表中，"通过访谈或已有记录表明该地块内土壤或地下水曾受到过污染""是否检出土壤或地下水污染物超标""调查结果显示是否有土壤或地下水污染"任一信息项勾选为"是"的，即符合该规则。

（7）该企业生产过程中发生过化学品泄漏或环境污染事件

该规则指按照信息采集技术规定填报的企业地块基础信息调查表中，"该企业是否发生过化学品泄漏或环境污染事故"信息项勾选为"是"的，即符合该规则。

综上所述，先基于风险筛查模型初步划分调查地块的高度、中度、低度关注水平，将高度、中度、低度关注地块直接确定为潜在高、中、低风险地块，再按照风险等级优化规则进行优化调整，最终确定地块的潜在高、中、低风险分级结果。

4.4　风险筛查与分级方法的应用

在典型地市选择 3 个代表性的案例地块，介绍其风险筛查与分级方法的应用过程和结果。

4.4.1　案例 1　采样地块从高度关注转化为潜在高风险

4.4.1.1　地块基本情况

某化工有限公司属于在产企业，地块占地面积 140 万 m^2，于 2014 年在项目地块内建成投产，主要生产甲醇、醋酐、醋酸、一氧化碳、净化气以及硫酸铵、粗二氧化碳、氢气和硫酸等多种化工产品，企业所属行业类别为有机化学原料制造（行业小类代码2614）。

4.4.1.2　基于风险筛查结果初步确定风险等级

基于该企业地块的基础信息采集资料，利用风险筛查模型（优化后）计算该地块风险筛查得分为 71.8，其中土壤指标得分 73.7，地下水指标得分 69.8（表 4-34 和表 4-35）。按照地方的关注度划分标准，将该企业初步划分为高度关注地块。

表 4-34　某化工有限公司地块土壤指标得分

指标		指标分值	
二级指标	三级指标	三级指标分值	二级指标分值
环境风险管理水平	1. 泄漏物环境风险（T_m）	1	9.2
	2. 废水环境风险（T_w）	1.2	
	3. 废气环境风险（T_g）	1	
	4. 固体废物环境风险（T_{sw}）	4	
	5. 企业环境违法行为次数	2	

指标		指标分值	
二级指标	三级指标	三级指标分值	二级指标分值
土壤污染现状	6. 土壤可能受污染程度	0.5	22.4
	7. 重点区域面积（A）	4.5	
	8. 生产经营活动时间（t_p）	15	
	9. 污染物对人体健康的危害效应（T）	2.4	
	10. 污染物中是否含有持久性有机污染物	0	
土壤污染物迁移途径	11. 重点区域地表覆盖情况	1.2	18.6
	12. 地下防渗措施	0.6	
	13. 包气带土壤渗透性	2	
	14. 污染物挥发性（H）	6	
	15. 污染物迁移性（M）	7	
	16. 年降水量（P）	1.8	
土壤污染受体	17. 地块中职工的人数（W）	12	23.5
	18. 地块周边 500 m 内的人口数量（R）	2.5	
	19. 重点区域离最近敏感目标的距离（D_s）	9	
土壤指标得分			73.7

表 4-35　某化工有限公司地块地下水指标得分

指标		指标分值	
二级指标	三级指标	三级指标分值	二级指标分值
环境风险管理水平	1. 泄漏物环境风险（T_m）	1.1	8
	2. 废水环境风险（T_w）	2.4	
	3. 固体废物环境风险（T_{sw}）	2.5	
	4. 企业环境违法行为次数	2	
地下水污染现状	5. 地下水可能受污染程度	3.5	21.9
	6. 生产经营活动时间（t_p）	15	
	7. 污染物对人体健康的危害效应（T）	3.4	
	8. 污染物中是否含有持久性有机污染物	0	
地下水污染物迁移途径	9. 地下防渗措施	1	14.8
	10. 地下水埋深（GD）	0.9	
	11. 包气带土壤渗透性	1.5	
	12. 饱和带土壤渗透性	0.6	
	13. 污染物挥发性（H）	3	
	14. 污染物迁移性（M）	6	
	15. 年降水量（P）	1.8	

指标		指标分值	
二级指标	三级指标	三级指标分值	二级指标分值
地下水污染受体	16. 地下水及邻近区域地表水用途	12	25.1
	17. 地块周边500 m内人口数量（R）	1.1	
	18. 重点区域离最近饮用水井或地表水体的距离（D_{gw}）	12	
地下水指标得分			69.8

4.4.1.3 采样检测结果

基于基础信息采集资料及现场踏勘结果，本地块选择了9个布点区域，共布设了22个土壤采样点位和14个地下水采样点位。

采样检测结果表明：土壤超标点位有8个，点位超标率为36.36%，超标污染物为铅、砷、总石油烃（$C_{10} \sim C_{40}$）、苯并[a]蒽、苯并[b]荧蒽、苯并[a]芘、二苯并[a,h]蒽，其中苯并[a]芘存在超管制值现象；地下水超标点位有3个，点位超标率为21.43%，超标污染物为氰化物、锰、砷、苯。

4.4.1.4 风险等级结果优化及确定

该地块风险筛查结果为高度关注地块，经现场采样发现该地块土壤污染物超管制值，地下水污染物超Ⅳ类，根据调整规则"Ⅰ.土壤超筛选值，或地下水超Ⅳ类水标准"，经综合研判确定为潜在高风险地块。

4.4.2 案例2 采样地块从中度关注调整为潜在高风险

4.4.2.1 地块基本情况

某材料有限公司属在产企业，地块占地面积约3.3万 m^2，于2013年在项目地块内建成投产，主要从事丙烯酸乳液生产，产品主要为建筑乳液和纺织乳液，所属行业为化学原料和化学制品制造业—涂料制造（行业小类代码2641）。

4.4.2.2 基于风险筛查结果初步确定风险等级

基于该企业地块的基础信息采集资料，利用风险筛查模型（优化后）计算该地块风险筛查得分为42.7，其中土壤指标得分42.3，地下水指标得分43.1（表4-36和表4-37）。按照地方的关注度划分标准，将该企业初步划分为中度关注地块。

表 4-36　某材料有限公司地块土壤指标得分

指标		指标分值	
二级指标	三级指标	三级指标分值	二级指标分值
环境风险管理水平	1. 泄漏物环境风险（T_m）	5	9.2
	2. 废水环境风险（T_w）	2	
	3. 废气环境风险（T_g）	0.2	
	4. 固体废物环境风险（T_{sw}）	0.8	
	5. 企业环境违法行为次数	1.2	
地块污染现状	6. 土壤可能受污染程度	0.5	9.8
	7. 重点区域面积（A）	0.9	
	8. 生产经营活动时间（t_p）	6	
	9. 污染物对人体健康的危害效应（T）	2.4	
	10. 污染物中是否含有持久性有机污染物	0	
土壤污染物迁移途径	11. 重点区域地表覆盖情况	0.4	11.4
	12. 地下防渗措施	0.6	
	13. 包气带土壤渗透性	0.4	
	14. 污染物挥发性（H）	1.2	
	15. 污染物迁移性（M）	7	
	16. 年降水量（P）	1.8	
土壤污染受体	17. 地块中职工的人数（W）	3.5	11.9
	18. 地块周边 500 m 内的人口数量（R）	6.6	
	19. 重点区域离最近敏感目标的距离（D_s）	1.8	
土壤指标得分			42.3

表 4-37　某材料有限公司地块地下水指标得分

指标		指标分值	
二级指标	三级指标	三级指标分值	二级指标分值
环境风险管理水平	1. 泄漏物环境风险（T_m）	5.5	11.2
	2. 废水环境风险（T_w）	4	
	3. 固体废物环境风险（T_{sw}）	0.5	
	4. 企业环境违法行为次数	1.2	
地下水污染现状	5. 地下水可能受污染程度	3.5	12.9
	6. 生产经营活动时间（t_p）	6	
	7. 污染物对人体健康的危害效应（T）	3.4	
	8. 污染物中是否含有持久性有机污染物	0	

指标		指标分值	
二级指标	三级指标	三级指标分值	二级指标分值
地下水污染物迁移途径	9. 地下防渗措施	1	11.2
	10. 地下水埋深（GD）	0.9	
	11. 包气带土壤渗透性	0.3	
	12. 饱和带土壤渗透性	0.6	
	13. 污染物挥发性（H）	0.6	
	14. 污染物迁移性（M）	6	
	15. 年降水量（P）	1.8	
地下水污染受体	16. 地下水及邻近区域地表水用途	2.4	7.8
	17. 地块周边 500 m 内人口数量（R）	4.2	
	18. 重点区域离最近饮用水井或地表水体的距离（D_{gw}）	1.2	
地下水指标得分			43.1

4.4.2.3 采样检测结果

基于基础信息采集资料及现场踏勘结果，本地块选择了 4 个布点区域，共布设了 8 个土壤采样点位和 4 个地下水采样点位。

采样检测结果表明：土壤超标点位有 2 个，点位超标率为 25%，超标污染物为总石油烃（C_{10}～C_{40}）、苯并[a]芘；地下水无超标点位。

4.4.2.4 风险等级结果优化及确定

该地块的初步风险等级结果为中度关注地块：首先，由于关注度结果总体合理，默认转化为潜在中风险地块；其次，经现场采样发现该地块土壤污染物超标，根据调整规则"Ⅰ.土壤超筛选值，或地下水超Ⅳ类水标准"，经综合研判调整确定为潜在高风险地块。

4.4.3 案例3 未采样地块从中度关注调整为潜在高风险

4.4.3.1 地块基本情况

某电镀企业属于在产企业，地块占地面积 2.5 万 m^2，于 1985 年在项目地块内建成投产，主营金属及塑料表面处理业务，有镀锌线 3 条、镀铜镍铬线 4 条，企业所属行业类别为金属表面处理及热处理加工（行业小类代码 3360）。

4.4.3.2 基于风险筛查结果初步确定风险等级

基于该企业地块的基础信息采集资料，利用风险筛查模型（优化后）计算该地块风险筛查得分为 61.7，其中土壤得分 62.7，地下水得分 60.6（表 4-38 和表 4-39）。按照地方的关注度划分标准，根据该企业的风险筛查分值，将其初步划分为中度关注地块。

表 4-38 某电镀企业地块土壤指标得分

指标		指标分值	
二级指标	三级指标	三级指标分值	二级指标分值
环境风险管理水平	1. 泄漏物环境风险（T_m）	1	8.4
	2. 废水环境风险（T_w）	1.2	
	3. 废气环境风险（T_g）	1	
	4. 固体废物环境风险（T_{sw}）	4	
	5. 企业环境违法行为次数	1.2	
土壤污染现状	6. 土壤可能受污染程度	0.5	20.6
	7. 重点区域面积（A）	2.7	
	8. 生产经营活动时间（t_p）	15	
	9. 污染物对人体健康的危害效应（T）	2.4	
	10. 污染物中是否含有持久性有机污染物	0	
土壤污染物迁移途径	11. 重点区域地表覆盖情况	1.2	13.4
	12. 地下防渗措施	0.6	
	13. 包气带土壤渗透性	2	
	14. 污染物挥发性（H）	3.6	
	15. 污染物迁移性（M）	4.2	
	16. 年降水量（P）	1.8	
土壤污染受体	17. 地块中职工的人数（W）	12	20.3
	18. 地块周边 500 m 内的人口数量（R）	2.5	
	19. 重点区域离最近敏感目标的距离（D_s）	5.8	
土壤指标得分			62.7

表 4-39　某电镀企业地块地下水指标得分

指标		指标分值	
二级指标	三级指标	三级指标分值	二级指标分值
环境风险管理水平	1. 泄漏物环境风险（T_m）	1.1	7.2
	2. 废水环境风险（T_w）	2.4	
	3. 固体废物环境风险（T_{sw}）	2.5	
	4. 企业环境违法行为次数	1.2	
地下水污染现状	5. 地下水可能受污染程度	3.5	21.9
	6. 生产经营活动时间（t_p）	15	
	7. 污染物对人体健康的危害效应（T）	3.4	
	8. 污染物中是否含有持久性有机污染物	0	
地下水污染物迁移途径	9. 地下防渗措施	1	11.2
	10. 地下水埋深（GD）	0.9	
	11. 包气带土壤渗透性	1.5	
	12. 饱和带土壤渗透性	0.6	
	13. 污染物挥发性（H）	1.8	
	14. 污染物迁移性（M）	3.6	
	15. 年降水量（P）	1.8	
地下水污染受体	16. 地下水及邻近区域地表水用途	12	20.3
	17. 地块周边 500 m 内人口数量（R）	1.1	
	18. 重点区域离最近饮用水井或地表水体的距离（D_{gw}）	7.2	
地下水指标得分			60.6

4.4.3.3　风险等级结果优化及确定

该地块的初步风险等级结果为中度关注地块：首先，由于关注度结果总体合理，默认转化为潜在中风险地块；其次，该地块无采样数据，结合其基础信息数据判定该地块符合规则"工业利用时间大于 30 年"，根据调整规则"Ⅲ. 工业利用时间大于（含）30 年，或已有基础信息表明土壤或地下水曾受到过污染，或该企业生产过程中发生过化学品泄漏或环境污染事件"，经综合研判后该地块风险分级结果调整为潜在高风险地块。

第5章 基础信息调查

基础信息调查是企业用地调查重要的工作环节。将"污染源—迁移途径—受体"三因素的风险筛查指标项转化为调查对象的调查信息，制定信息调查表格，采集企业地块基础信息和空间信息，并进行整合分析，建立地块信息档案，为初步采样调查污染识别和布点提供必要信息，为明确企业空间位置、形成空间信息"一张图"提供基础支撑，也为地块风险筛查和风险分级提供关键信息。

5.1 基础信息调查内容

信息调查内容包括调查企业所在地块的生产经营活动、污染物产排、污染防控措施、迁移扩散、周边环境等基础信息，以及地块位置、范围等空间信息。基础信息是为满足风险筛查模型计算的需要，兼顾采样调查及日常管理，并结合在产和关闭搬迁企业地块特征来设定；空间信息依据确定调查企业地块位置、形成空间"一张图"的需要而设定。

5.1.1 基础信息采集内容

基于风险筛查中"污染源—迁移途径—受体"风险三要素的设计思路，逐一分析风险筛查模型的指标需求，设置基础信息采集的内容。主要包括以下内容：

1）污染源信息。包括企业生产活动涉及的原辅材料、产品、特征污染物、"三废"排放、重点区域面积、分布和防护措施、污染泄漏等信息。

2）迁移途径信息。主要考虑污染物在土壤和地下水中迁移的可能性，包括企业生产活动相关污染物的迁移性、地块污染阻隔、土层性质、地下水水文条件及所在区域气候特征等信息。

3）敏感受体信息。包括企业地块内及周边人群、地表水、农田分布等信息。

在产企业和关闭搬迁企业生产活动状态不同，风险筛查指标也不同，需采集的信息内容也有区别。在产企业既要调查历史生产活动相关污染信息，还需要调查当前企业环境管控措施与污染防控水平。关闭搬迁企业主要调查历史生产活动相关污染信息,以及未来规划用途等信息。在上述三方面信息基础上,在产企业地块还涉及与当前生产活动相关的污染源信息,包括废水、废气、固体废物产生及污染防控等信息;关闭搬迁企业地块还涉及地块现使用权属、使用权单位名称、地块规划用途等基本信息,以及人群进入和接触地块可能性等敏感受体信息。

基础信息调查还需兼顾采样调查阶段的需求,采集的信息主要包括生产工艺、污染重点区域、污染物种类与特性、污染物迁移可能性等,与第 4 章风险筛查所需信息基本一致。

结合企业日常管理可用信息和调查工作特点,将风险筛查指标转化为可调查的基础信息,两者对照见表 5-1。

表 5-1 风险筛查指标与基础信息对照表

序号	信息分类	风险筛查指标	风险筛查指标分解	需采集的基础信息
1	企业环境风险管理水平(在产企业适用)	泄漏物环境风险	原辅材料和产品中有毒有害物质	危险化学品名称
2			原辅材料和产品中有毒有害物质总量(年使用量和年产量)	产量或使用量
3			泄漏物毒性(有毒有害物质的人体健康危害效应)	危险化学品名称、特征污染物名称
4			泄漏物防控水平——原辅材料和产品的管控水平(有无开展清洁生产审核)	企业是否开展过清洁生产审核
5			泄漏物防控水平——有无原辅材料或产品地下管线或地下储罐	厂区内是否有产品、原辅材料、油品的地下储罐或输送管线
6			泄漏物防控水平——环境污染事故与化学品泄漏次数	该企业是否发生过化学品泄漏或环境污染事故、次数
7		废水环境风险	工业废水毒性(工业废水中可能存在的污染物的人体健康危害效应)	废水污染物名称
8			工业废水排放管控水平——工业废水在线监测装置	是否有废水在线监测装置
9			工业废水排放管控水平——厂区内工业废水治理设施	厂区内是否有废水治理设施
10		废气环境风险	废气毒性(废气中可能存在的污染物的人体健康危害效应)	废气污染物名称
11			废气排放管控水平——废气在线监测装置	是否有废气在线监测装置
12			废气排放管控水平——废气治理设施	是否有废气治理设施

序号	信息分类	风险筛查指标	风险筛查指标分解	需采集的基础信息
13	企业环境风险管理水平（在产企业适用）	固体废物环境风险	一般性固体废物的年贮存量	一般工业固体废物年贮存量
14			一般性固体废物的管控水平（贮存区有无防护设施）	一般工业固体废物贮存区地面硬化、顶棚覆盖、围堰围墙、雨水收集及导排等设施是否具备
15			危险废物的年产生量	危险废物年产生量
16			危险废物管控水平——危险废物贮存场所"三防"（防渗漏、防雨淋、防流失）措施的齐全性	危险废物贮存场所"三防"措施是否齐全
17			危险废物管控水平——危险废物自行利用处置情况	该企业产生的危险废物是否存在自行利用处置情况
18		企业环境违法行为次数	企业环境违法行为次数	该企业近3年内是否有废气、废水、固体废物相关的环境违法行为
19	地块污染现状	土壤可能受污染程度	裸露土壤有明显颜色异常、油渍等污染痕迹	地块内裸露土壤有明显颜色异常、油渍等污染痕迹
20			裸露土壤有异常气味	地块内裸露土壤有异常气味
21			现场快速监测结果表明，土壤污染物含量明显高于清洁点	现场快速检测设备［X射线荧光光谱仪（XRF）、光离子化检测仪（PID）等］显示污染物含量明显高于清洁土壤
22			该地块及周边邻近地块曾发生过化学品泄漏或环境污染事故	周边邻近地块曾发生过化学品泄漏或环境污染事故
23				该企业是否发生过化学品泄漏或环境污染事故
24			访谈或已有记录表明该地块土壤曾受到过污染	访谈或已有记录表明该地块内土壤曾受到过污染
25			存在危险废物自行利用处置	该企业产生的危险废物是否存在自行利用处置情况
26			近3年曾因废气、废水、固体废物造成的环境问题被举报或投诉	该企业近3年内是否曾因废气、废水、固体废物造成的环境问题被举报或投诉
27		地下水可能受污染程度	地下水的颜色、气味有明显异常	地下水有颜色或气味等异常现象
28			地下水中能见到油状物质	地下水中能见到油状物质
29			现场快速监测结果表明，地下水水质存在明显异常	现场快速检测设备显示地下水水质异常

序号	信息分类	风险筛查指标	风险筛查指标分解	需采集的基础信息
30	地块污染现状	地下水可能受污染程度	地块内及周边邻近地块曾发生过地下储罐泄漏或其他可能导致地下水污染的环境污染事故	地块内及周边邻近地块曾发生过地下储罐泄漏或其他可能导致地下水污染的环境污染事故
31			地块存在六价铬、氯代烃、石油烃、苯系物等易迁移的污染物	特征污染物名称
32			访谈或已有记录表明该地块地下水曾受到过污染	访谈或已有记录表明该地块地下水曾受到过污染
33			近3年曾因废气、废水、固体废物造成的环境问题被举报或投诉	该企业近3年内是否曾因废气、废水、固体废物造成的环境问题被举报或投诉
34		重点区域面积	重点区域面积	重点区域总面积
35		生产经营活动时间	地块上的生产企业涉及可能造成土壤污染生产经营行业的总时间	地块利用历史
36				成立时间（在产企业适用）
37				运营时间（关闭搬迁企业适用）
38		污染物对人体健康的危害效应	地块特征污染物的人体健康危害效应	特征污染物名称
39		污染物中是否含有持久性有机污染物	污染物中是否含有持久性有机污染物	特征污染物名称
40	污染物迁移途径	重点区域地表覆盖情况	重点区域中的生产区、储存区、废水治理区、固体废物贮存或处置区等区域地表的覆盖情况，包括硬化地面完好，无破损或裂缝等条件	重点区域地表（除绿化带外）是否存在未硬化地面
41				重点区域硬化地面是否存在破损或裂缝
42		地下防渗措施	地块中地下储罐、管线、储水池等容易发生污染物泄漏的重点区域或设施的工程防渗措施情况	厂区内是否存在无硬化或防渗的工业废水排放沟渠、渗坑、水塘
43				厂区内地下储罐、管线、储水池等设施是否有防渗措施
44		地下水埋深	地下水埋深	地下水埋深
45		包气带土壤渗透性	包气带自然土壤的渗透性	土层性质
46		饱和带土壤渗透性	饱和带土壤的渗透性	饱和带渗透性
47		污染物挥发性	地块中特征污染物的挥发性	特征污染物名称
48		污染物迁移性	地块中特征污染物的迁移能力	特征污染物名称
49		年降水量	地块所在区域的年降水量	年降水量

序号	信息分类	风险筛查指标	风险筛查指标分解	需采集的基础信息
50	污染受体	地块中职工的人数	地块中职工的人数	地块内职工人数
51		地块周边500 m内的人口数量	地块及周边500 m以内的人口总数	地块周边500 m范围内人口数量
52		重点区域离最近敏感目标的距离	重点区域边界离最近敏感目标的距离	地块周边1 km范围内存在以下敏感目标及敏感目标到最近的重点区域的距离
53		重点区域离最近饮用水井或地表水体的距离	重点区域边界至周边最近饮用水井或地表水水体的距离	地块周边1 km范围内存在以下敏感目标及敏感目标到最近的重点区域的距离
54		地下水及邻近区域地表水用途	地块所在区域地下水及周边100 m内地表水体的利用方式	地块所在区域地下水用途
55				地块邻近区域（100 m范围内）地表水用途
56		地块土地利用方式（关闭搬迁企业适用）	地块当前或规划土地利用方式	地块规划用途
57		人群进入和接触地块的可能性（关闭搬迁企业适用）	人群进入和接触地块可能受污染区域的可能性大小	人群进入和接触地块的可能性

5.1.2 空间信息采集内容

企业地块空间信息采集（以下简称"空间信息采集"）是结合现场踏勘与高分遥感影像，利用地理信息系统软件，采集相应地物的空间信息，将地图、外业观测成果、航空相片、遥感图像、文本资料等转成计算机可以处理与接收的数字形式。空间信息采集分为属性数据采集和图形数据采集两部分。属性数据采集是通过键盘直接输入，图形数据采集是图形数字化的过程。

空间信息采集的内容包括企业位置、重要区域和敏感受体位置等，具体是在高分遥感影像图上勾画出地块边界，标记生产车间、储罐、产品及原辅材料储存区、废水治理区、固体废物贮存或处置场等地块内部可能存在污染的重要区域和周边1 km范围内学校、医院、居民区、幼儿园、集中式饮用水水源地、饮用水井、食用农产品产地、自然保护区、地表水体等敏感受体的位置。

5.2 基础信息采集方法

5.2.1 基础信息结构化处理

为方便风险筛查评分和数据分析，将采集的基础信息设置成结构化表格。表格信息项设定三种结构化方式：判断型、选择型和输入型。

1）判断型。将企业地块是否存在某种现象设为"是或否"的判断选项，如厂区内是否存在废水治理设施等。一般首选设定判断型方式，信息填报最便捷。

2）选择型。将具有明确分类的信息设为选择型，如土层性质，分为碎石土、砂土、粉土、黏性土、不确定5个选项；行业类别，按《国民经济行业分类》的大、中、小类行业提供选项。选择型方式可有效降低信息填报错误概率。

3）输入型。其他无明确分类的信息设为输入型，如重点区域面积等数值型信息，同时明确信息输入格式。特征污染物等文本型信息，较难统一信息输入格式且填报易出错，通过开发规范化的数据字典，将输入型转化为选择型，有效保证信息规范性。

专栏 5-1　三种结构化方式的信息举例

1. 判断型：地块是否位于工业园区或集聚区　□是　□否
   　　　　企业是否开展过清洁生产审核　　□是　□否
2. 选择型：饱和带渗透性
   □砾砂土及以上　□粗砂土、中砂土及细砂土　□粉砂土及以下　□不确定
3. 输入型：地下水埋深_____（m）　　降水量_____（mm）

利用信息技术手段将书面的调查表格信息化，开发了企业用地调查信息管理系统和手持终端软件，通过信息管理系统填报结构化数据（图5-1），支持风险筛查结果自动计算，提高工作效率。

图 5-1　信息采集数据填报页面

5.2.2 基础信息调查表及分类

根据基础信息内容分析和结构化处理方式，将基础信息划分为 5 类：地块基本信息、污染源信息、迁移途径信息、敏感受体信息、已有的环境监测和调查评估信息，主要内容见表 5-2。企业地块基本信息主要反映企业名称、地址、行业类别等基本属性及土地利用现状和历史等地块利用状态；污染源信息是可能直接或间接产生污染的生产和排污行为，以及影响污染程度和范围的相关信息，反映地块可能的污染状况；迁移途径信息是影响污染物在土壤和地下水中迁移扩散的水文地质或自然环境条件，反映污染扩散的难易程度；敏感受体信息是企业内部或周边人群、生态环境等受体分布情况；已有的环境监测和调查评估信息是为了解企业地块污染历史而收集已开展过的各类调查和监测数据。

表 5-2 企业地块基础信息分类

分类	信息项目	在产企业地块信息项数	关闭搬迁企业地块信息项数
企业地块基本信息	①企业属性：企业名称、法定代表人、地址、地理位置、企业规模、营业期限、行业类别、行业代码、所属工业园区或集聚区 ②企业状态：地块面积、现使用权属、地块利用历史、地块规划用途	16	18
污染源信息	①地块平面布置：生产区、储存区、废水治理区、固体废物贮存或处置区等重点功能区的平面布置、面积 ②生产情况：主要产品和原辅材料 ③"三废"排放：废气、废水、固体废物排放及处理 ④地块污染综合情况：管道或地下设施泄漏、环境污染事故、污染痕迹、地块特征污染物	44	16
迁移途径信息	①土壤途径：土壤质地、地面覆盖、土壤分层性质 ②地下水途径：地下水埋深、饱和带渗透性、降水量	7	7
敏感受体信息	敏感受体：人口数量、敏感目标分布、地下水用途等	5	5
已有的环境监测和调查评估信息	①土壤数据：土壤环境监测、调查评估数据 ②地下水数据：地下水环境监测、调查评估数据	14	26

将各类信息项按一定的关联性和逻辑性呈现，并规范填报要求，形成在产企业和关闭搬迁企业两类地块信息调查表，每类调查表分为 5 个子表格，表格目录见表 5-3。信息调查表见附录 D 和附录 E。

表 5-3 重点行业企业地块信息调查表目录

在产企业地块信息调查表		关闭搬迁企业地块信息调查表	
表格编号	表格名称	表格编号	表格名称
表 1-1	在产企业地块基本情况表	表 2-1	关闭搬迁企业地块基本情况表
表 1-2	在产企业污染源信息调查表	表 2-2	关闭搬迁企业污染源信息调查表
表 1-3	迁移途径信息调查表	表 2-3	迁移途径信息调查表
表 1-4	敏感受体信息调查表	表 2-4	敏感受体信息调查表
表 1-5	土壤或地下水环境监测调查表	表 2-5	环境监测和调查评估信息调查表

5.2.3 基础信息调查手段

信息采集常用的方法包括资料收集、现场踏勘和人员访谈等。资料收集是信息采集的最主要方式，通过多渠道收集企业地块相关资料并开展初步整理分析，获取企业各类信息；现场踏勘和人员访谈是对资料收集的补充，核实验证资料信息的准确性，并补充资料中无法获知的信息。

5.2.3.1 资料收集

为获得全面的企业地块信息，充分收集企业生产活动及污染物排放、地块利用或变迁、周边环境以及地块所在区域自然和社会信息等相关资料，具体见表 5-4～表 5-6。若地块上曾发生过企业变更、生产工艺或产品变更，需收集相关历史资料，如历史上各时期平面布置图、产品及原辅材料清单等。

通过信息检索、部门走访、电话咨询、现场及周边区域走访等方式，收集地块内及周边区域环境与污染信息。优先收集生态环境部门掌握的企业环境影响评价报告书（表）、排污申报登记表、责令改正违法行为决定书等相关资料，然后通过现场走访、多部门调研等方式进一步收集地块资料。

表 5-4 企业生产及污染物排放资料

序号	基础信息	资料名称	来源
1	企业平面布置、生产区、储存区、废水治理区、固体废物贮存或处置场等各区域分布	平面布置图、工艺流程图、地下管线图	企业
2	产品、原辅材料、中间体、原辅料使用量	环境影响评价报告书（表）、环境影响评价登记表、竣工环境保护验收监测报告、工业企业清洁生产审核报告	企业、生态环境、清洁生产审核等主管部门

序号	基础信息	资料名称	来源
3	危险化学品贮存及使用情况	安全评价报告、危险化学品清单、化学品储存及使用清单、地上及地下储罐清单	企业、安监、生态环境等主管部门
4	废水及废气污染物、特征污染物、在线监测装置、治理设施	环境影响评价报告书（表）、环境影响评价登记表、竣工环境保护验收监测报告、排放污染物申报登记表	企业、生态环境、清洁生产审核等主管部门
5	危险废物产生量、贮存量、堆放记录及管理记录	危险废物转移联单、环境统计报表	企业、安监、生态环境等主管部门
6	化学品泄漏情况、环境污染事故发生情况、企业环境违法行为	泄漏记录、环境污染事故记录、责令改正违法行为决定书	企业、生态环境主管部门、网络查询
7	地块历史生产情况，建筑、设施、工艺流程和生产污染等的变化情况	环境影响评价报告书（表）、环境影响评价登记表、工业企业清洁生产审核报告	企业、生态环境、清洁生产审核等主管部门
8	清洁生产审核信息	工业企业清洁生产审核报告	企业、清洁生产审核主管部门

表 5-5　地块利用或变迁资料

序号	基础信息	资料名称	来源
1	地块利用变化	地块卫星影像图片、航片	地理信息系统软件（如 ArcGIS、Google Earth、奥维等）
2	使用权属	土地使用证或不动产权证书	企业、土地行政主管部门
3	地块利用历史	土地登记信息、土地使用权变更记录	土地行政主管部门
4	土地规划用途	区域土地利用规划	自然资源、发展改革、规划等部门
5	企业名称、法定代表人、地址、位置、营业时间、登记注册类型、占地面积等基本信息	营业执照、全国企业信用信息公示系统	企业、网络查询、土地行政主管部门
6	企业内建筑、设施、工艺流程和生产污染等的变化情况	环境影响评价报告书（表）、环境影响评价登记表	企业、生态环境主管部门

表 5-6 地块及周边环境、敏感受体、自然社会信息资料

序号	基础信息	资料名称	来源
1	地块水文地质条件信息	工程地质勘察报告、调查评估报告	企业
2	土壤和地下水监测记录	土壤及地下水监测记录、调查评估报告或相关记录	企业
3	地理位置图、地形、地貌、土壤、水文、地质、气象资料等环境信息，与敏感受体相关信息	区域环境保护规划等	自然资源、气象、生态环境等主管部门
4	企业及周边人口密度和分布，敏感目标分布，与自然保护区和水源地保护区等的位置关系	环境影响评价报告书（表）、环境影响评价登记表、工业企业清洁生产审核报告、政府有关生态和水源保护区规划文件	企业、生态环境、自然资源、清洁生产审核等主管部门

5.2.3.2 现场踏勘

在收集资料并初步分析研判的基础上开展现场踏勘，核实已收集资料的准确性，补充完善地块建构筑物及设施、污染痕迹、企业环境风险管控水平等信息。

（1）现场踏勘内容

主要踏勘地块内及周边区域环境、敏感受体、建构筑物及设施、现状及使用历史等，重点关注地下设施、防护措施及泄漏情况等。现场踏勘以地块内为主，兼顾地块周边区域和污染物可能迁移影响的范围。

重点踏勘区域包括地块内可疑污染源、污染痕迹、涉及有毒有害物质使用、处理、处置的场所或储存容器、建构筑物、污雨水管道管线、排水沟渠、回填土区域、河道、暗浜以及地块周边相邻区域；相邻地块的使用状况、潜在污染源、排污沟、罐体、管槽、废物堆放等污染痕迹；周围区域敏感目标、构筑物和设施、目前和历史土地利用的类型、污水处理和排放系统、废弃或正在使用的各类井、化学品和废弃物的储存和处置设施、地面上存在的地表水等。地块内重要区域需全部踏勘，包括生产车间、储罐区、产品及原辅材料储存区、废水处理区、固体废物贮存或处置场等，见图 5-2。

（2）现场踏勘方法

现场踏勘方法主要有现场观察、异常气味辨识，使用 XRF、PID 等现场快速检测设备现场获取半定量检测数据，辨别现场环境状况及疑似污染痕迹。现场踏勘过程中发现的污染痕迹、地面裂缝、发生过泄漏的区域及其他怀疑存在污染的区域拍照留存，见图 5-3。

(a) 生产车间

(b) 储罐区

(c) 原辅材料储存区

(d) 废水处理区

(e) 污泥产出区

(f) 危险废物储存区

图 5-2　潜在污染区域照片

(a)生产车间(地面裂缝)

(b)危险废物暂存区(未硬化)　　　　(c)锅炉房(地面裂缝及疑似污染积水)

(d)现场快检工作照

图 5-3　现场踏勘照片及工作照片

5.2.3.3 人员访谈

通过人员访谈,核对资料和现场信息的一致性及存在的疑问,进一步完善地块信息。访谈重点内容包括地块使用历史和规划、地块可疑污染源、污染物泄漏或坏境污染事故、地块周边环境及敏感受体,具体见表 5-7。

表 5-7 人员访谈记录表格

地块编码	
地块名称	
访谈日期	
访谈人员	姓名: 单位: 联系电话:
受访人员	受访对象类型:□土地使用者 □企业管理人员 □企业员工 □政府管理人员 　　　　　　　□环保部门管理人员 □地块周边区域工作人员或居民 姓名: 单位: 职务或职称: 联系电话:
访谈问题	1. 本地块历史上是否有其他工业企业存在?□是　　□否　　□不确定 若选是,企业名称是什么? 起止时间是　　年至　　年。
	2. 本地块内目前职工人数是多少?(仅针对在产企业提问)
	3. 本地块内是否有任何正规或非正规的工业固体废物堆放场? 　□正规　□非正规　□无　□不确定 若选是,堆放场在哪? 堆放什么废弃物?
	4. 本地块内是否有工业废水排放沟渠或渗坑?　□是　□否　□不确定 若选是,排放沟渠的材料是什么? 是否有无硬化或防渗的情况?
	5. 本地块内是否有产品、原辅材料、油品的地下储罐或地下输送管道? 　□是　　□否　　□不确定 若选是,是否发生过泄漏?□是(发生过　　次)　□否　□不确定
	6. 本地块内是否有工业废水的地下输送管道或储存池?　□是　□否　□不确定 若选是,是否发生过泄漏?□是(发生过　　次)　□否　□不确定
	7. 本地块内是否曾发生过化学品泄漏事故?或是否曾发生过其他环境污染事故? □是(发生过　　次)　　□否　□不确定 本地块周边邻近地块是否曾发生过化学品泄漏事故?或是否曾发生过其他环境污染事故?□是(发生过　　次)　　□否　□不确定

访谈问题	8. 是否有废气排放？　　　　　　　□是　□否　□不确定 是否有废气在线监测装置？　　　　□是　□否　□不确定 是否有废气治理设施？　　　　　　□是　□否　□不确定
	9. 是否有工业废水产生？　　　　　　□是　□否　□不确定 是否有废水在线监测装置？　　　　□是　□否　□不确定 是否有废水治理设施？　　　　　　□是　□否　□不确定
	10. 本地块内是否曾闻到过由土壤散发的异常气味？□是　□否　□不确定
	11. 本地块内危险废物是否曾自行利用处置？　　□是　□否　□不确定
	12. 本地块内是否有遗留的危险废物堆存？（仅针对关闭搬迁企业提问） □是　□否　□不确定
	13. 本地块内土壤是否曾受到过污染？　　　　□是　□否　□不确定
	14. 本地块内地下水是否曾受到过污染？　　　□是　□否　□不确定
	15. 本地块周边 1 km 范围内是否有幼儿园、学校、居民区、医院、自然保护区、农田、集中式饮用水水源地、饮用水井、地表水体等敏感用地？□是　□否　□不确定 若选是，敏感用地类型是什么？距离有多远？ 若有农田，种植的农作物种类是什么？
	16. 本地块周边 1 km 范围内是否有水井？　　□是　□否　□不确定 若选是，请描述水井的位置 　　距离有多远？ 　　水井的用途？ 是否发生过水体混浊、颜色或气味异常等现象？□是　□否　□不确定 是否观察到水体中有油状物质？□是　□否　□不确定
	17. 本区域地下水用途是什么？周边地表水用途是什么？
	18. 本企业地块内是否曾开展过土壤环境调查监测工作？ 　□是　□否　□不确定 是否曾开展过地下水环境调查监测工作？ 　□是　□否　□不确定 是否开展过地块环境调查评估工作？ 　□是（□正在开展　□已经完成）　□否　□不确定
	19. 其他土壤或地下水污染相关疑问。

访谈方式包括当面、电话咨询、书面调查等。

访谈的对象应包括熟悉地块历史及现在生产和环境状况的人员、地方政府管理机构工作人员、生态环境主管部门工作人员、熟悉地块的第三方等，如地块相邻区域的工作人员和居民等。

> **专栏 5-2　关闭搬迁企业地块信息收集困难问题**
>
> 　　企业关停时间较长,找不到原业主,历史资料难以收集且原建筑物已拆除,现场踏勘无法识别各功能区,如何获取填报调查表所需信息?
> 　　答:(1)走访环保、国土、经信、档案馆等相关部门收集地块相关信息和历史资料。
> 　　(2)走访街道、社区、企业老员工、周边民众等基层人员了解地块变迁情况。
> 　　(3)查询本地同行业类似企业的情况,分析生产特点,类比判断被调查企业地块污染信息、特征污染物等,查询地块附近建筑的工程地质勘察资料,了解水文地质情况。
> 　　(4)通过 Google Earth 等获取地块历史影像确定地块位置、边界、布局和变迁情况。
> 　　(5)通过现场快速检测监测判断识别地块污染情况。
> 　　资料来源:《重点行业企业用地土壤污染状况调查常见问题解答》2018 年第 1 期(总第 1 期)。

5.2.3.4　某企业地块基础信息采集案例

某在产企业成立于 1994 年,行业类别为电池制造业,占地面积约 10 000 m^2,通过资料收集、现场踏勘和人员访谈等获取了较为完整的基础信息资料。

1)资料收集阶段,调查人员通过信息检索、电话咨询及周边区域走访等多种途径获取企业地块相关资料。其中,采用信息检索技术,通过互联网查询国家企业信用信息系统、公众环境研究中心官网等获取该企业基本信息、环境监管记录和自动监测数据,获悉企业违法情况、废水及废气排放监测情况等,通过文件下载、截图等形式保存;采用电话咨询方式,向该企业和地方生态环境局生态科、执法科和土壤科等管理人员咨询已收集信息是否发生变更;采用周边区域、企业、部门走访的方式,从企业收集环评、清洁生产、排污申报、竣工验收等存档资料,从地方生态环境局档案室、生态科、固体废物科收集近 3 年的危险废物转移记录和清单、违法行为记录、环境污染事故记录等环境管理文件,向企业厂长及周边居民进一步了解地块历史沿革、生产情况等,资料通过扫描或复印方式保存,见表 5-8。

表 5-8　收集到的资料清单

序号	资料文件夹名称	资料名称	资料来源
1	环评报告书(表)及批复	1. ××公司年产××建设项目环境影响报告表 2. 关于××公司年产××建设项目环境影响报告表的审批意见	企业,市/区环生态环境档案室、生态科等
2	清洁生产报告	1. ××公司持续清洁生产审核报告 2. ××公司清洁生产企业证书	企业

序号	资料文件夹名称	资料名称	资料来源
3	安全评价报告	1. ××公司安全生产标准化证书	企业
4	排放污染物申报登记表	1. ××公司排放污染物申报登记表（2012） 2. ××公司排放污染物申报登记表（2013） 3. ××公司排放污染物申报登记表（2014） 4. ××公司排放污染物申报登记表（2015） 5. ××公司污染物排污许可证	企业
5	工程地质勘探报告	1. ××公司××期厂房岩土工程勘察报告	企业
6	平面布置图	1. ××公司概览图 2. ××公司各区平面图	企业
7	营业执照	1. ××公司营业执照	企业
8	全国企业信用信息公示材料	1. ××公司基础信息查询截图	全国企业信用信息公示系统
9	土地使用证、不动产权证书或租赁合同	1. 土地使用证	企业
10	土地使用权变更记录	无	企业
11	危险化学品清单	1. 2015—2017年原辅材料清单 2. 2015—2017年产品清单	企业
12	一般固体废物和危险废物转移清单	1. 2014—2017年危险废物转移联单 2. 危险废物平台信息截图 3. 工业废物处理服务合同 4. ××公司危险废物管理计划	企业，区生态环境局固体废物科
13	环境统计报表	1. 2015—2017年环境统计工业企业固体废物基表查询 2. 2015—2017工业危险废物处置利用情况统计表	市/区环保局固体废物科
14	竣工验收监测报告	1. 关于××公司噪声限期治理项目竣工的环境保护验收意见	企业
15	环境事故、处罚或投诉记录	1. ××公司环境监管记录查询截图 2. ××环境保护局行政处罚决定书	企业，区生态环境局执法科，公众环境研究中心官网
16	废水、噪声监测报告	1. ××公司工厂废水监测报告（2015年3月） 2. ××公司工业企业厂界噪声监测报告（2016年12月）	企业
17	土壤和地下水监测记录	无	企业，市/区生态环境局生态科、执法科和土壤科等

序号	资料文件夹名称	资料名称	资料来源
18	地块场调报告或记录	无	企业、市/区生态环境局生态科、执法科和土壤科等
19	土地使用权人承诺书	1. ××公司承诺书（企业保证提交资料真实签订的承诺书）	企业
20	人员访谈表	1. 人员访谈记录表（企业环保主任） 2. 人员访谈记录表（老员工）	企业环保主任、老员工
21	现场踏勘照片	企业各重点区域照片以及疑似污染痕迹、泄漏等照片	现场踏勘
22	地块调查表	××企业地块信息调查表	企业厂长、环保主任、市/区生态环境局生态科、土壤科

2）人员访谈阶段，当面访谈熟悉企业地块情况的企业环保主任和老员工，针对资料收集阶段存疑的信息进行甄别和补充。主要包括：①核实与甄别由企业和区生态环境局固体废物科提供的危险废物"表面处理废物"数量信息项不一致的情况，确认为企业提供的危险废物转移联单存在遗漏，以区生态环境局固体废物科提供的危险废物平台数据为准；②获取和核实企业地下输送管道及管线、地下储罐和污泥池等地下隐藏设施信息，明确污泥池为半地下池体，埋深 3 m；③补充了解其他相关信息，填写人员访谈记录表。

3）现场踏勘阶段，根据已收集资料初步分析，针对生产车间、原辅材料储存区、污水处理设施、废水处理剂储存区、危险废物储存区、污水排放口、污泥压滤机、污泥池、废水处理剂管道和废气排放口等重点区域进行现场踏勘，发现该企业废水处理设施区域污泥压滤机旁存在地面破损和裂缝情况、半地下污泥池和储罐旁的地面硬化存在裂缝，危险废物存储场所只存在地面硬化和顶棚覆盖、表面无防渗层等潜在污染隐患，见图 5-4～图 5-6。

图 5-4 污泥压滤机边（破损及裂缝）

图 5-5　储罐及污泥池（裂缝）　　　　图 5-6　危险废物贮存场所表面无防渗层

5.3　企业地块空间信息采集方法

为保证调查地块空间信息能够整合成"一张图"，要统一空间信息采集技术参数，明确坐标系、底图等基本要求，空间矢量数据采集技术要求，以及成果存储要求。

5.3.1　空间信息采集基本要求

采用 2000 年国家大地坐标系统（China Geodetic Coordinate System 2000，CGCS2000），坐标单位为度，保留小数点后 6 位。高程基准采用 1985 年国家高程基准。以图像质量较好、图像特征色彩纹理清晰、空间几何定位精度优于 2 m 的高分遥感影像作为工作底图，利用具有高分遥感影像展示、空间信息编辑、空间信息输出等功能的地理信息系统软件（如 ArcGIS、SuperMap、Google Earth 等）进行空间信息的生产与输出。

5.3.2　空间信息采集技术要求

5.3.2.1　地块边界采集要求

利用专业 GPS 设备，在企业地块边界上至少测量 1 个点位经纬度。对空间连续且边界较规则的地块，一般在门口或厂区内测量 1 个点位经纬度即可；对边界形状复杂或边界不清的地块，需测量多个点位经纬度以描述地块大致范围。

根据实地踏勘获得的企业正门等具有标识性的位置以及明确的边界范围，使用矢量多边形编辑工具勾画企业地块边界范围（图 5-7），并按照统一的文件命名方式保存矢量文件。

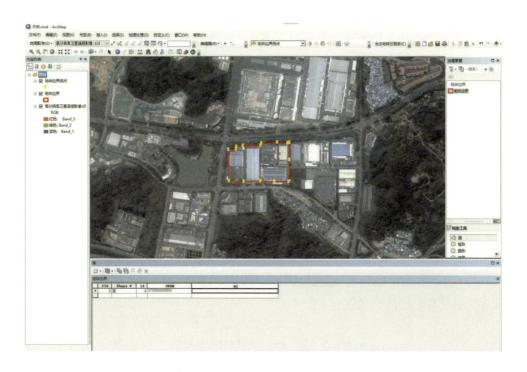

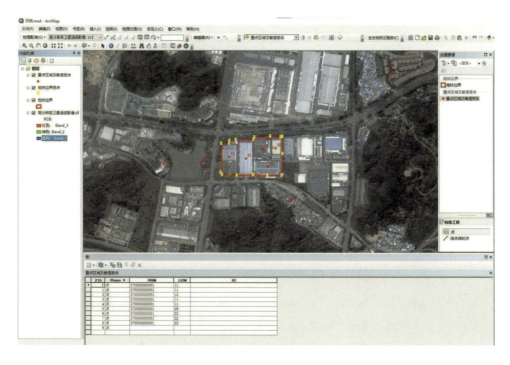

图 5-7　地块边界勾画和重要区域及敏感受体标记操作示例

5.3.2.2 重要区域和敏感受体位置采集要求

在生产车间、储罐区、产品及原辅材料储存区、废水治理区、固体废物贮存或处置场等重要区域分别测量 1 个点位经纬度。对于关闭搬迁企业，内部厂房设施等可能已全部拆除，尽可能找了解情况的相关人员指明各重要区域原位置。

对企业地块周边 1 km 范围内存在的学校、医院、居民区、幼儿园、集中式饮用水水源地、饮用水井、食用农产品产地、自然保护区、地表水体等敏感受体，在其靠近企业的位置测量 1 个点位经纬度。由于食用农产品产地、自然保护区、地表水体等连片且面积较大，一般在最靠近企业边界处定点。

利用点编辑工具对企业地块内存在的重要区域、企业地块周边 1 km 范围内存在的敏感受体标记空间位置（图 5-7）。各类重要区域和敏感受体按统一编码表示点位类型（表 5-9），在点位属性表中填写类型代码及企业相关属性信息，按照统一的文件命名方式保存矢量文件。空间信息案例见图 5-8。

表 5-9　企业地块空间信息类型编码

类别	类型	编码	说明	标记要求
重要区域	生产车间	11	企业生产区域	中心点
	储罐区、产品及原辅材料储存区	12	企业储存区	中心点
	废水治理区	13	企业废水治理区	中心点
	固体废物贮存或处置场	14	企业固体废物堆场	中心点
	其他污染区域	10	其他可能存在污染的区域	中心点
敏感受体	学校	21	周边 1 km 范围内的学校	距离企业地块最近的点
	医院	22	周边 1 km 范围内的医院	距离企业地块最近的点
	居民区	23	周边 1 km 范围内的居民区	距离企业地块最近的点
	幼儿园	24	周边 1 km 范围内的幼儿园	距离企业地块最近的点
	集中式饮用水水源地	25	周边 1 km 范围内的水源地	距离企业地块最近的点
	饮用水井	26	周边 1 km 范围内的饮用水井	距离企业地块最近的点
	食用农产品产地	27	周边 1 km 范围内的食用农产品产地	距离企业地块最近的点
	自然保护区	28	周边 1 km 范围内的自然保护区	距离企业地块最近的点
	地表水体	29	周边 1 km 范围内的地表水体	距离企业地块最近的点
	其他敏感区域	20	周边 1 km 范围内的其他敏感区域	距离企业地块最近的点

图 5-8 企业地块空间信息案例

5.3.2.3 空间数据整理及存储

对单个地块空间信息进行整理，并按统一的属性字段存储要求和文件命名方式进行存储，确保属性字段名称、字段长度、字段类型一致（表 5-10）。完成地块边界勾画，以及重要区域和敏感受体位置标记后，输出叠加上述空间信息的高分遥感影像截图。其他需要说明的事项，均记录在备注文件中。上述所有文件打包压缩，统一上报。

表 5-10　企业地块空间信息文件存储规范

空间信息类型	文件类型	属性字段名称	属性字段类型	属性字段长度	命名方式	文件格式	文件命名举例
地块边界	多边形矢量	地块编码（DKBM）	文本型	50	地块编码+polygon	Shape	1101151780018polygon.shp
		备注（BZ）	文本型	255			
重要区域和敏感受体	点位矢量	地块编码（DKBM）	文本型	50	地块编码+point	Shape	1101151780018point.shp
		类型代码（LXDM）	文本型	5			
		备注（BZ）	文本型	255			
高分遥感影像截图	图片	—	—	—	地块编码+截图	JPG	1101151780018 截图.jpg
备注	文本	—	—	—	地块编码+备注	TXT	1101151780018 备注.txt
文件压缩包	压缩包	—	—	—	地块编码	RAR	1101151780018.rar

5.4 调查信息整合分析与档案建立

针对调查获得的基础信息和空间信息，进行准确的信息整合与分析。通过建立全面、严谨、统一的信息分析与填报准则，在信息来源多样或信息缺失等复杂情况下统一分析填报尺度，对于保障填报数据的详实、风险筛查与分级结果可靠至关重要。

5.4.1 基础信息分析

信息分析与填报的总体要求如下：

（1）填报对象要求

以地块为单位录入信息，对于存在多个厂区的企业，每个厂区作为一个单独地块填报信息调查表；处于工业园区或集聚区的企业，每个企业地块分别填报信息调查表。

（2）信息分析要求

通过资料收集、现场踏勘和人员访谈等方式收集地块信息与文件资料后，采用统一规则和尺度进行整理、汇总、分析。信息分析主要考虑3个方面：多源信息比对甄别，当多个信息来源的数据不一致时，需核实选取最可靠信息源；充分考虑信息的时效性，避免信息老旧与现实情况不符；兼顾地块历史信息，如特征污染物等，不仅要考虑地块现存企业，还要考虑地块上历史企业污染。

（3）信息填报要求

信息填报需完整、规范、准确，尽可能真实反映地块现状。完整是指调查表信息项填报完整，无漏填；规范是指按照标准规范的填报格式要求填报信息；准确是指选取的信息源真实，数据填报无误，能真实反映地块状况。

专栏 5-3　基础信息填报规范性举例

危险化学品名称应按照《危险化学品目录》品名规范填写，如"烧碱"应填写"氢氧化钠"，"铬酐"应填写"三氧化铬"，"双氧水"应填写"过氧化氢"。

专栏 5-4　利用规范的数据字典提高信息填报准确性

全国参与信息采集工作的调查单位多达400余家，参与人员上万人。在信息填报过程中，手动输入信息容易出现不按规范要求填报、填报格式错误等各类问题，上万人参与工作的出错率会极大影响调查结果准确性。例如，污染物种类繁多，同一种污染物还存在多种名称，手动输入文本五花八门，难以准确识别。为规范污染物填报，开发了涵盖 3 000 余种污染物的数据字典嵌入到信息系统中,调查人员可直接选择污染物种类,从输入污染物名称改为选择污染物种类,减少手动输入错误,且能通过信息系统自动识别计算风险筛查指标得分,提高了信息填报效率和准确性。

5.4.2 基础信息分析难点及案例

信息分析与填报的难点主要在于多源信息的可靠性甄别和资料缺失情况下的信息填报。为判断信息填报是否准确可靠,每个地块编制调查表填报说明,详细说明每个信息来源与分析依据,方便专家质量控制审核。

5.4.2.1 多源信息的可靠性甄别

对于在产企业,通常能够收集到多种类型的资料,往往存在同一信息项在多个资料中出现但信息不一致的情况,合理甄别选取可靠信息是信息采集工作的难点之一。一般优先参考生态环境主管部门提供的资料或企业核实确认的盖章资料,同时考虑数据时效性,结合实地勘察、企业台账和人员访谈等多方核实结果,综合分析选取最可靠的信息源。

(1)危险化学品名称及使用量

"危险化学品名称"一般来源有企业台账、安全评价报告、企业向安监部门报送的清单、企业产品和原辅材料清单等,基于准确性和保守原则考虑,将各清单全面整合填报、不遗漏。

"产量或使用量"要求填写近 3 年平均量,但收集的资料无法满足要求时,可使用已有的两年或一年的平均数进行填报。

专栏 5-5 危险化学品名称及使用量填报案例

某企业原辅材料清单、清洁生产审核报告、环境影响评价报告、排污许可证等资料中均涉及危险化学品信息(表 5-11)。根据可靠性和时效性原则,优先选择表明实际使用危险化学品信息的资料,如原辅材料清单、清洁生产审核报告等;再补充设计资料,如环境影响评价报告、排污许可证等。优先填报该企业核实盖章的原辅材料清单中危险化学品及其使用量 3 年平均值,补充填报 2016 年清洁生产审核报告中原辅材料清单未涉及的危险化学品及其 2 年用量平均值。基于准确性和保守原则,依次补充填报 2014 年环境影响评价报告、2018 年排污许可证中涉及的其他危险化学品及其年耗量/年设计量。具体填报情况见表 5-12。

表 5-11 某地块各类资料涉及的危险化学品情况（示例）　　　　　　　　单位：t

序号	名称	2014年用量	2015年用量	2016年用量	年耗量/年设计量
原辅材料清单					
1	盐酸	1.400	1.300	1.420	
2	烧碱	58.000	60.000	65.000	
3	氰化钠	3.700	3.800	4.000	
4	工业硝酸	0.650	0.700	0.800	
5	工业硫酸	13.250	13.675	13.850	
2016年清洁生产审核报告					
6	硼酸	2.150	2.800		
7	硫酸镍	8.713	10.093		
8	氯化镍	2.493	2.858		
9	铬酐	7.300	6.216		
2014年环境影响评价报告					
10	铬酸				8.250
11	硫化钠				2.725
12	天然气				69.6万m³
2018年排污许可证					
13	双氧水				1.000

表 5-12 某地块危险化学品信息项填报情况（示例）

1. 序号	2. 危险化学品名称	3. 产量或使用量/t
1	铬酸	8.250
2	过氧化氢	1.000
3	天然气（富含甲烷的）	499.241
4	硫化钠	2.725
5	盐酸	1.373
6	氢氧化钠	61.00
7	氰化钠	3.833
8	硝酸	0.717
9	硫酸	13.592
10	三氧化铬（铬酸酐）	6.758
11	硼酸	2.475
12	硫酸镍	9.403
13	氯化镍	2.676
4. 来源	原辅料清单、2016年清洁生产审核报告、2014年环境影响报告、2018年排污许可证	

（2）废气/废水污染物

废气/废水污染物信息项填报时重点关注废气、废水中与企业生产工艺相关的有毒有害物质。清洁生产审核报告、环境影响评价报告、排污申报表、排污许可证、监测报告等资料均涉及废气、废水污染物，但一般为一氧化碳、烟尘、粉尘、总悬浮颗粒物（TSP）、氮氧化物等环境空气质量指标以及COD、生化需氧量、悬浮物、总磷、氨氮等水环境质量指标，较少明确有毒有害物质名称。填报时需结合企业生产工艺及原辅材料、产品清单等综合分析有毒有害污染物，并按规范名称填报。

> **专栏5-6　废气/废水污染物信息填报案例**
>
> 某企业清洁生产审核报告中废水污染物包括pH、COD、SS、六价铬、氰化物、总铜、总镍，该报告附件废水监测报告中检出浓度较高的污染物还包括总铬、总锌、总氰化物等（表5-13）；排污许可证中废水污染物还包括石油类、总银等；环境影响评价报告的废水污染物还包括总铝。结合原辅材料清单硼酸使用及喷漆工艺分析，废水中可能还存在硼、苯、甲苯和二甲苯等污染物。填报废水污染物时，综合各类资料分析有毒有害物质，不考虑pH、COD、SS等水环境质量指标，填报结果如表5-14所示。
>
> 表5-13　某企业废水监测报告监测结果
>
> | 监测项目 | 单位 | 最低检出限值 | 监测点位、样品编号及监测结果 | | |
> |---|---|---|---|---|---|
> | | | | 氰池（SWT-160421-06） | 铬池（SWT-160421-07） | 综合池（SWT-160421-08） |
> | pH | 量纲一 | 0.01 | 7.82 | 2.06 | 7.57 |
> | COD | mg/L | 10 | 83.6 | — | 316 |
> | 六价铬 | mg/L | 0.004 | 未检出 | 58.397 | 未检出 |
> | 总铬 | mg/L | 0.004 | 0.108 | 107.335 | 未检出 |
> | 总铜 | mg/L | 0.05 | 34.01 | 35.32 | 36.62 |
> | 总镍 | mg/L | 0.01 | 1.84 | 未检出 | 3.45 |
> | 总锌 | mg/L | 0.05 | 17.24 | 17.77 | 18.83 |
> | 总铅 | mg/L | 0.01 | 未检出 | 未检出 | 未检出 |
> | 总镉 | mg/L | 0.001 | 未检出 | 未检出 | 未检出 |
> | 总砷 | mg/L | 0.0003 | 0.0007 | 未检出 | 未检出 |
> | 总汞 | mg/L | 0.00004 | 未检出 | 未检出 | 未检出 |
> | 总氰化物 | mg/L | 0.004 | 99.710 | 0.012 | 0.914 |

表 5-14 废水信息项填报情况（案例）

废水			
1. 是否产生工业废水	☑是 □否 □因资料不足无法填写		
	2. 序号	3. 废水污染物名称	
	1	苯	
	2	甲苯	
	3	间二甲苯+对二甲苯（二甲苯异构体混合物、间&对二甲苯）	
	4	银	
	5	铜	
	6	锌	
	7	铬	
	8	六价铬	
	9	镍	
	10	铝	
	11	氰化物	
	12	硼	
	13	总石油烃	
4. 来源	原辅料产品清单、2016年清洁生产审核报告、2018年排污许可证、2014年环境影响评价报告	5. 厂区内是否有废水治理设施	☑是 □否
6. 是否有废水在线监测装置	☑是 □否		

（3）地块特征污染物

特征污染物包括地块当前和历史企业生产相关的污染物，结合企业实际生产工艺、污染物排放情况，以及产品、原辅材料、中间产物、危险化学品、废气污染物、废水污染物等，综合分析涵盖危险化学品和原辅材料包含的有毒有害物质、废气污染物、废水污染物、地块土壤和地下水超标污染物，以及地块历史生产相关的特征污染物。

> **专栏 5-7　特征污染物填报案例**
>
> 整合分析某企业产品、中间产物、原辅材料、燃料、危险化学品、废气污染物、废水污染物，兼顾历史生产过程中的污染物，填报其中的有毒有害物质。由于硫酸、过氧化氢、盐酸、氯化氢、硝酸、硫化钠等主要为腐蚀性、非有毒有害物质，填报时不予考虑。特征污染物识别情况见表 5-15。
>
> 表 5-15　某地块特征污染物识别情况（案例）
>
> | 产品、中间产物 | 原辅材料、燃料及危险化学品 | 废气污染物 | 废水污染物 | 历史生产过程中的污染物 | 特征污染物识别 |
> |---|---|---|---|---|---|
> | 无 | 锌合金、铜、镍、铬酸、过氧化氢、甲烷、硫化钠、盐酸、氢氧化钠、氰化钠、硝酸、硫酸、三氧化铬、硼酸、硫酸镍、氯化镍 | 硫酸、氰化氢、氯化氢、苯、甲苯、间二甲苯+对二甲苯、铬酸 | 苯、甲苯、间二甲苯+对二甲苯、银、铜、锌、铬、六价铬、镍、氰化物、硼、总石油烃 | 砷、汞、苯并[a]芘 | 砷、汞、银、铜、锌、铬、六价铬、镍、硼、氰化物、苯、甲苯、间二甲苯+对二甲苯、总石油烃、苯并[a]芘 |

> **专栏 5-8　特征污染物填报质量控制审核尺度**
>
> 地块综合情况"特征污染物名称"填写的完整性、规范性、准确性如何进行质量控制审核？
>
> 答："特征污染物名称"信息项进行了填写，质量控制审核时认定为填写完整。"特征污染物名称"信息项按照污染物字典中有毒有害污染物化学名称进行填写，质量控制审核时认定为填写规范。"特征污染物名称"填写涵盖了危险化学品名称、原辅材料包含的有毒有害物质、废气特征污染物、废水特征污染物、地块土壤和地下水超标污染物，以及地块历史生产相关的特征污染物，且未遗漏在污染物字典中有毒性分值的有毒有害物质，质量控制审核时认定为填写准确；在污染物字典中有毒性分值的有毒有害物质，遗漏及无理由多填，质量控制审核时均认定为填写不准确。
>
> 资料来源：《重点行业企业用地土壤污染状况调查常见问题解答》2019 年第 1 期（总第 3 期）。

5.4.2.2　资料缺失情况下的填报

当企业关闭时间较长、企业责任人失联、原建构筑物已拆除等导致无法收集地块基础信息时,可以通过以下技术方法开展信息采集,解决资料不完整问题。

(1) 采用类似工艺类比识别获取地块基础信息

在资料严重缺失的情况下可采用工艺类比法识别地块污染信息。根据企业地址、经营范围、经营时间、主要产品、企业现场情况等较容易获得的基本信息进行综合分析,选择本地同行业类似企业进行类比。如行业工艺类型较多,应基于多渠道资料对主要产品、原材料、生产时期和主流工艺等综合分析,选择相对接近的类比对象。当存在不同工艺难以区别时,参考企业生产时期当地主流工艺类比。

专栏 5-9 生产工艺类比分析案例

某关闭搬迁企业地块经营时间为 2003—2016 年,主营产品为涂料、油漆等相关产品,根据人员访谈只获取到该公司生产过程曾使用燃煤,其他生产资料缺失。为填写地块特征污染物,筛选同一区域内经营时间、经营范围和主营产品相近的企业,考虑主流生产工艺,确定类比对象。根据类比对象使用的原辅材料、产生的废水/废气污染物以及固体废物等情况分析,填写特征污染物,具体填报情况见表 5-16。

表 5-16 某地块特征污染物类比识别情况(案例)

调查地块		类比企业		地块特征污染物填报
基本信息	污染物识别情况	基本信息	污染物识别情况	
经营时间 2003—2016 年;经营范围为涂料、油漆等生产;主营产品为涂料、油漆等相关产品	苯并[a]芘、砷	经营时间 2000 年至今;经营范围为涂料、油漆等生产;主营产品为涂料、油漆等相关产品	间二甲苯+对二甲苯(二甲苯异构体混合物、间&对二甲苯)、1,2-二甲苯(邻二甲苯)、钡、邻苯二甲酸二辛酯、邻苯二甲酸苯基丁基酯、邻苯二甲酸二乙基己基酯、邻苯二甲酸二丁酯、丙烯酸、甲醛、环己酮、二氯甲烷(甲叉二氯、甲撑氯、氯化次甲基、亚甲基二氯、亚甲基氯、二氯亚甲基、氯化亚甲基)、丙酮、总石油烃、苯(纯苯)、甲苯(甲基苯基甲烷)、1,3,5-三甲基苯(均三甲苯)、乙酸乙酯(醋酸乙酯)、乙酸正丁酯(醋酸正丁酯)、甲基丙烯酸正丁酯、丙二醇(甲基乙二醇)、正丁醇、苯酚、甲酚	苯并[a]芘、砷、间二甲苯+对二甲苯(二甲苯异构体混合物、间&对二甲苯)、1,2-二甲苯(邻二甲苯)、钡、邻苯二甲酸二辛酯、邻苯二甲酸苯基丁基酯、邻苯二甲酸二乙基己基酯、邻苯二甲酸二丁酯、丙烯酸、甲醛、环己酮、二氯甲烷(甲叉二氯、甲撑氯、氯化次甲基、亚甲基二氯、亚甲基氯、氯化亚甲基)、丙酮、总石油烃、苯(纯苯)、甲苯(甲基苯基甲烷)、1,3,5-三甲基苯(均三甲苯)、乙酸乙酯(醋酸乙酯)、乙酸正丁酯(醋酸正丁酯)、甲基丙烯酸正丁酯、丙二醇(甲基乙二醇)、正丁醇、苯酚、甲酚

(2)利用历史影像图勾画地块平面布置

缺少资料且原建构筑物已拆除的关闭搬迁企业,历史平面布置信息难以获取。可将获取的不同时期的影像图作为基础资料,根据企业产品、原辅材料、生产工艺等信息推断企业各生产工序所在功能区域,结合现场核实、人员访谈结果,在影像图上勾画出最符合实际情况的各功能区域位置,形成企业历史平面布置图。根据勾画的平面布置图对重点区域面积进行估算,完成地块综合情况相关信息项的填报。

> **专栏 5-10 历史平面布置图勾画案例**
>
> 某关闭企业资料较少,平面布置资料缺失,初步了解该企业占地面积约 3 000 m²,数据存在不确定性。根据现场踏勘及企业周边人员访谈信息,通过卫星图勾画地块边界获得地块面积为 18 800 m²;同时通过地块现场痕迹识别生产区、储存区、废水处理区、固体废物贮存或处置区等,在遥感影像图测算出各重点区域面积(图5-9)。
>
>
>
> 图 5-9 历史平面布置图勾画案例

（3）根据企业经营历史合理研判企业污染阻隔和防护措施信息

地面硬化、防渗信息主要通过实地踏勘和人员访谈获取，需要考虑企业历史上地面硬化和防渗情况。对于在产企业地块，如果地面全面铺设防渗材料的，一般判定为存在完整的硬化地面；如果存在部分重点区域未铺设防渗材料或历史上曾经未铺设防渗材料的，判定为存在未硬化地面。对于关闭搬迁企业地块，根据保守原则，实地踏勘发现无完整地坪的，按有裸露、无防渗等填报。

无法获取地块历史上危险废物贮存场所相关资料的，根据地块用地历史，考虑国家固体废物、危险废物管理制度构建历程，基于保守考虑来判断历史上企业危险废物贮存场所的"三防"情况。

专栏5-11　危险废物贮存场所"三防"情况填报及质量控制审核尺度

危险废物贮存场所"三防"情况及地块历史上的"三防"情况，如何进行质量控制审核？

答：按照信息采集技术规定，对照《危险废物贮存污染控制标准》（GB 18597—2001）对危险废物贮存场所"三防"情况进行质量控制审核，质量控制审核时根据企业危险废物暂存场所设计、建设或专项检查相关材料进行审核。地块历史上的危险废物贮存场所"三防"情况，质量控制时应根据地块用地历史变革，考虑国家固体废物、危险废物管理制度构建历程，基于保守考虑判断历史上企业危险废物贮存场所"三防"情况，当前企业或地块历史上产生危险废物的企业投产时间在2003年之前的，均可认为"三防"措施不齐全。

资料来源：《重点行业企业用地土壤污染状况调查常见问题解答》2019年第1期（总第3期）。

专栏5-12　企业污染阻隔和防护措施信息填报案例

某在产企业于2004年建厂，建厂前为20世纪70年代建厂的制漆厂，对地块现场踏勘时未发现重点区域存在裸露地面，但考虑地块利用历史久远，早期地面硬化处理不完善，保守填写为该地块存在未硬化地面。

（4）借助周边地勘资料填报迁移途径信息

迁移途径信息主要从企业工程地质勘察报告、环境影响评价报告等资料中分析获取，其中，工程地质勘察报告通常更加完整、可靠。部分企业缺乏工程地质勘察报告，可通过收集企业附近其他企业或建筑物工程地质勘察信息、区域地质信息参考填报。因处于不同水文地质单元的周边地勘资料难以满足信息填报的准确性要求，需根据区域水文地质资料、卫星遥感图等综合分析后填报。若与调查地块地质情况相近则可引用其地勘资料；但若地块间地质情况差异较明显（如地块间存在河流、山体、丘陵地带等），则不能机械引用其地勘资料。

> **专栏 5-13　借助周边地勘资料填报迁移途径信息案例**
>
> 某企业没有工程地质勘察报告，但可收集到附近约 1.5 km 处其他地块的工程地质勘察报告，根据综合水文地质图和卫星遥感图（图 5-10），该地块与调查企业所处位置属于同一水文地质单元，之间无大河、大山阻隔，其地貌条件、沉积环境、构造发育程度相同，因此该工程勘察报告具有参考性，可从中获取迁移途径信息进行填报。
>
>
>
> 图 5-10　调查企业、地勘资料引用地块及周边区域卫星遥感

> **专栏 5-14　信息分析与填报常见问题解答**
>
> 调查人员在开展企业地块基础信息调查时发现，企业实际情况非常复杂。在分析具体问题的基础上，结合企业用地调查目的和风险筛查需要，进一步针对具体问题情景统一信息填报尺度和质量控制尺度，形成了一系列常见问题解答。在此节选部分有代表性问题。
>
> 【污染源信息】
>
> 1. 某企业在成立之后几年才正式投产，其"成立时间"是按营业执照上填写还是按实际投产时间填写？若按实际投产时间填写，"地块利用历史"中从成立到投产之间的时间段如何填写？
>
> 答："成立时间"按投产（含试运行）时间填写，但需要备注说明。"地块利用历史"填写至投产之前，从成立到投产之间的时间段可按闲置填写。

2. 企业成立后搬迁到现址，企业成立时间早于现在地块实际生产时间，应如何填写？

答：按搬迁到现地块的时间填写，需备注说明。

3. 关闭搬迁企业地块准备规划为基本农田，但是地块规划用途里没有相应选项，该如何选择规划用途？

答：农业用地在风险筛查时得分等同于住宅用地，可选择为住宅用地同时备注说明。

4. 填写地块综合情况时，企业重点区域以楼层形式分布，如一楼是废水治理区，二楼是生产区，三楼是储存区，那么重点区域面积如何填写？

答：重点区域面积按一楼占地面积填写，并在备注文件中说明此类情况。其他区域应重点关注物料传输管线。

5. "重点区域硬化地面是否存在破损或裂缝"如何进行判断？

答：应通过现场实地踏勘确认重点区域内是否因长期生产、车辆碾压、地面下沉等造成的地面裂缝或破损；若专业判断地上原辅料、油品等可能存在泄漏下渗的，应认定为存在破损或裂缝。

6. "该地块地下水是否存在以下情况"填写时，需"通过企业地块内或周边存在的水井进行观察"，若地块内没有水井，"周边"是指多少米范围内？

答：周边水井是指具有水力联系，可以反映地块地下水污染状况的下游水井，范围需根据地下水水文地质条件、污染物迁移性等具体情况综合判定。

【迁移途径信息】

7. 土壤分层没有针对厚度做出说明，当有厚度很薄的渗透性不好的土层时，是否算作一层？是否能提供一个最小厚度的值？

答：厚度很薄且不连续的土层可不单独考虑土壤分层，应考虑每个地层在空间上连续分布的情况，进行适当归类。

【敏感受体信息】

8. 地下水用途需考虑多深范围内的地下水？

答：一般情况下地下水用途只需考虑地块内污染物迁移可能影响到的浅层地下水。如有证据表明污染已影响到深层地下水，则需考虑深层地下水用途。

5.4.3 空间信息整合

空间信息整合是将同一地区所有地块空间数据，拼接成完整、规范、准确的空间"一张图"的过程。空间"一张图"所展现的企业地块位置、规模、布局及其与周边环境敏感目标的空间关系是空间可视化、查询分析、多源数据集成分析、风险评估、风险管控、环境执法等工作的重要基础。

将地块边界拼接成面矢量文件，重点区域及敏感受体位置拼接成点矢量文件，并统一成 Shape 文件格式。

> **专栏 5-15　区域内地块的空间信息整合工作步骤**
>
> 一个区域内地块空间信息整合包含三方面工作：
>
> （1）统一单个地块空间信息数据格式及属性字段。基于 ArcGIS 将单个地块的矢量文件统一成 Shape 格式，包括点文件和面文件；投影坐标统一转换为 CGCS2000 经纬度投影；企业用地边界 Shape 文件的属性表中必须有"DKBM"（地块编码）字段、"BZ"（备注），重要区域和敏感受体点位 Shape 文件的属性表中必须有"DKBM"（地块编码）、"LXDM"（类型代码）、"BZ"（备注）等属性字段。
>
> （2）数据合并。通过 ArcGIS 等其他地理信息系统软件，将完成单个地块数据格式及属性字段统一之后的点文件和面文件分别合并为一个点图层文件和一个面图层文件。
>
> （3）整合成果质量检查。对完成合并之后的矢量文件属性字段、属性信息填写、坐标投影以及矢量数据拓扑关系等开展检查。
>
> 资料来源：《重点行业企业用地土壤污染状况调查常见问题解答》2019 年第 2 期（总第 4 期）。

5.4.4　企业地块信息档案建立

5.4.4.1　地块建档技术要求

对调查收集到的企业地块资料进行整理、汇总与分析，按照统一标准和编码方式为每个地块建立信息档案，可为生态环境管理部门日常监管提供良好的便利条件。

按照"一企一档""谁生成谁负责"的原则，对信息采集阶段的相关信息资料进行收集、形成、积累、整理及立卷归档。每个企业地块信息档案一般分为资料收集、表单填报、现场踏勘、空间采集、质量控制和其他 6 个部分（表 5-17），包括文件资料、图件、表单、照片、影像等。既有原始文件资料实物建档，也有电子建档管理。由调查单位整理建档后，电子档案提交管理部门汇总检查，检查通过后与实物资料一并移交归档。

表 5-17　地块信息档案示例

序号	档案类别	资料组成	存档形式
1	资料收集	1.1　环境影响评价报告书（表）、环境影响评价登记表 1.2　工业企业清洁生产审核报告 1.3　安全评价报告 1.4　排放污染物申报登记表/排污许可证 1.5　工程地质勘察报告	纸质文件、电子文档

序号	档案类别	资料组成	存档形式
1	资料收集	1.6 平面布置图 1.7 营业执照 1.8 全国企业信用信息公示系统的公示信息 1.9 土地使用证或不动产权证书 1.10 土地登记信息、土地使用权变更登记记录 1.11 区域土地利用规划 1.12 危险化学品清单 1.13 危险废物转移联单 1.14 环境统计报表 1.15 竣工环境保护验收监测报告 1.16 环境污染事故记录 1.17 责令整改违法行为决定书 1.18 土壤及地下水监测记录 1.19 调查评估报告或相关记录 1.20 土地使用权人承诺书	纸质文件、电子文档
2	表单填报	2.1 企业地块基本情况表 2.2 企业污染源信息调查表 2.3 迁移途径信息调查表 2.4 敏感受体信息调查表 2.5 环境监测和调查评估信息调查表 2.6 填表说明	纸质文件、电子文档
3	现场踏勘	3.1 企业正门、地块内重点区域、重要设施、污染痕迹、现场快速检测等情况（照片） 3.2 企业地块周边区域情况（照片） 3.3 人员访谈记录表 3.4 踏勘工作照片、影像	纸质文件、电子文档、数字影像
4	空间采集	4.1 企业地块边界范围（面） 4.2 企业内部重点区域（点） 4.3 企业周边敏感受体（点）	矢量文件
5	质量控制	5.1 内部质量检查表 5.2 外部质量检查表 5.3 整改意见单 5.4 整改回复单	纸质文件、电子文档、
6	其他	根据实际需要，建档企业其他相关信息资料	

5.4.4.2 地块建档案例

以上海市为例，上海市地块电子建档管理工作中，每个地块根据资料信息分类，分别建立文件夹存放相关资料，并统一规定文件夹和档案资料的命名方式。

（1）企业地块文件夹

每个企业地块单独建立一个文件夹，命名方式为"地块代码—地块名称"，如"3101141260004—××公司"（图5-11）。

（2）子文件夹

在每个企业地块的文件夹目录下创建5个子文件夹，分别命名为：01 资料收集、02 表单填报、03 踏勘照片、04 质量控制、05 其他（图5-12）。

1）资料收集文件夹。在01资料收集文件夹目录下，依据资料收集清单（共19份）和土地使用权人承诺书（共1份）等内容进行建档。建档时基本资料和辅助资料分别用大写字母A和B进行区分，承诺书直接按序号顺序命名为"C20—土地使用权人承诺书"（图5-13）。对于收集到的资料文件以PDF格式建档，未收集到的资料文件以TXT文本文档的格式建档，并在相应的文本文档中写明未收集到的具体原因。同时，实际收集到的其他各项相关资料在01资料收集文件夹目录下创建名称为"其他"的子文件夹建档。

2）表单填报文件夹。在02表单填报文件夹目录下分别建档PDF格式的填报表和访谈表（针对不同访谈人员类型，在产企业至少3份，关闭搬迁企业至少2份），填报表建档命名时注意区分企业在产和关闭搬迁的状态（图5-14）。

3）踏勘照片文件夹。在03踏勘照片文件夹目录下创建3个子文件夹，分别命名为：企业地块、周边区域和工作影像（图5-15）。

在企业地块文件夹目录下，根据实际踏勘情况创建子文件夹，对于重点区域如生产车间、储存区（仓库、储罐）、废水治理区、固体废物贮存区、危险废物储存区等和可疑区域（如污染痕迹、地面裂缝、沟渠、水塘等）踏勘，命

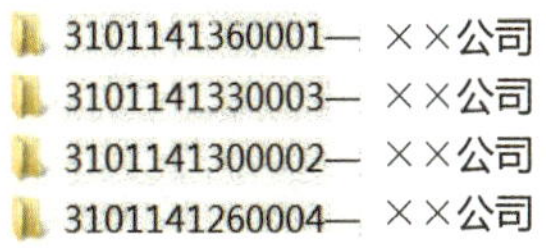

图5-11 企业地块文件夹命名示例

图5-12 子文件夹命名示例

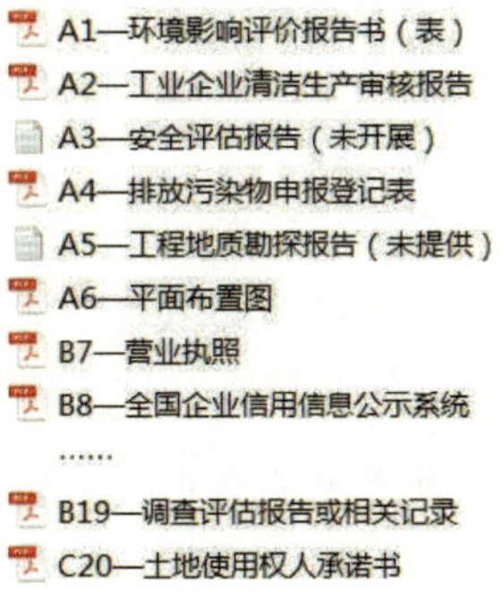

图5-13 资料收集文件夹目录下文件命名示例

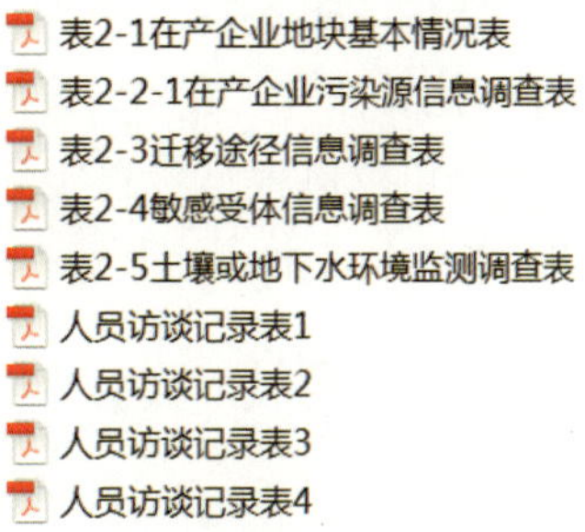

图5-14 表单填报文件夹目录下文件命名示例

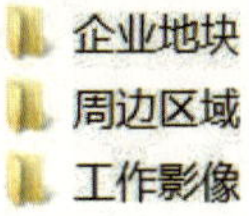

图5-15 踏勘照片文件夹目录下子文件夹命名示例

名方式为"企业正门""生产区""储存区"等。图片均以 JPG 格式建档。

在周边区域文件夹目录下，根据实际踏勘情况创建子文件夹，命名方式如"敏感区域""道路"等。图片均以 JPG 格式建档。

在工作影像文件夹目录下，根据实际记录的工作情况创建子文件夹，命名方式如"资料填写""人员访谈"等。图片均以 JPG 格式建档。

4）质量控制文件夹。在 04 质量控制文件夹目录下按质量检查次数创建子文件夹，分别命名为第 1 次、第 2 次等，以此类推（图 5-16）。按实际质量控制情况，在相应次数文件夹目录下创建内部质量检查和外部质量检查 2 个新的子文件夹（图 5-17）。

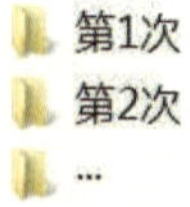

图 5-16　质量控制文件夹目录下文件夹命名示例

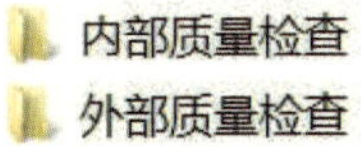

图 5-17　子文件夹下新子文件命名示例

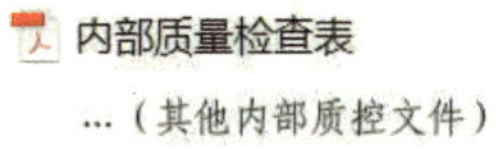

在内部质量检查文件夹目录下，根据内部实际质量检查情况，建档包含《内部质量检查表》在内的相关质量控制文件，文件均以 PDF 格式建档（图 5-18）。

图 5-18　内部质量检查文件夹文件命名示例

在外部质量检查文件夹目录下，质量控制单位对于抽查到的企业在完成外部质量检查后建档《外部质量检查表》，同时对于检查不合格的企业还建档《整改意见单》和《整改回复单》，文件均以 PDF 格式建档（图 5-19）。

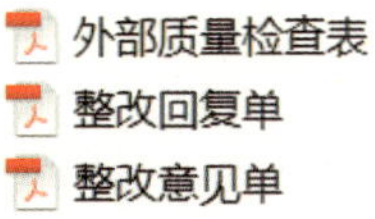

图 5-19　外部质量检查文件夹文件命名示例

5）其他文件夹。在 05 其他文件夹目录下调查单位可根据各自实际需要建档其他相关资料文件。

第 6 章　初步采样调查

基于企业地块风险筛查结果，选择全部高关注度地块及部分中、低关注度地块，在地块内设置代表性点位开展初步采样调查。企业用地初步采样调查有别于日常管理中的地块调查，在土壤污染状况调查相关导则的基础上，细化、优化了调查布点、测试指标与方法确定、样品采集、样品保存流转等环节的技术和方法，并研究解决初步采样调查过程中遇到的疑难问题，为企业地块风险分级提供可靠的数据，支撑对地块风险分级分类管理。

6.1　初步采样调查地块的确定及工作流程

为进一步了解重点行业在产企业和关闭搬迁企业地块土壤和地下水污染状况，采用抽样方法，选择全部高关注度地块、中低关注度地块中样本地块开展初步采样调查。

中、低关注度样本地块选取的方法：首先，根据行业内中低关注度地块总数，对不同行业样本地块分别设定最小样本量，覆盖不同污染可能性的地块，根据地块污染可能性分值，将各行业中低关注地块分为高低两档，原则上每个档位样本地块应保持一定数量；其次，地方上报样本地块数量不满足最小样本量时，优先从同行业高关注度地块中增补；最后，地方可根据当地实际情况，适当调整已上报样本地块数量，如优先调减 73 个行业小类之外的其他行业以及中、低关注度样本地块选择数量较多的行业。

根据上述筛选原则和方法，最终选择具有代表性的地块开展初步采样调查。其工作流程与日常建设用地土壤污染状况调查流程基本一致，但在操作层面做了优化和细化。初步采样调查流程见图 6-1。

初步采样调查包括调查布点、测试指标筛选与方法确定、样品采集、样品保存流转等 4 个环节，与我国建设用地土壤污染状况调查日常工作的不同在于，企业用地初步采样调查对每个环节设置了明确和具体的操作要求，制定了统一的布点采样方案编制模板，强化了开展采样前布点采样设计和质量控制审核的要求，以确保全国各参与单位都能够按照统一要求完成各环节工作，最大程度避免因操作不规范导致样品不合格，确保了所有地块样品采集要求的一致性。

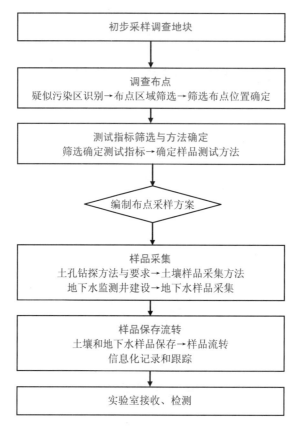

图 6-1　初步采样调查工作流程

6.2　初步采样调查布点方法

企业用地调查期间相继发布了《重点行业企业用地调查疑似污染地块布点技术规定（试行）》（以下简称《技术规定》）、《重点行业企业用地调查布点及采样方案核心内容编写模板》（以下简称《编写模板》）、《重点行业企业用地调查初步采样调查布点方案国家线上抽查工作方案》（以下简称《抽查方案》）等主要技术文件。《技术规定》规定了布点方法和思路，《编写模板》主要解决布点方案编制遇到的文稿逻辑层次和规范性问题，《抽查方案》规定了布点采样方案审核方法，统一了质量控制要求。

初步采样布点方法主要包括疑似污染区域识别、布点区域筛选、布点位置确定三个环节。

6.2.1　疑似污染区域识别

疑似污染区域指地块内因当前或历史上存在工业生产活动而导致可能存在污染的

区域。"疑似污染区域"是调查技术规定中提出的专有名词。疑似污染区域的识别主要依据地块基础信息调查获取的信息和资料进行研判，主要包括地块基本信息、当前和历史生产情况、地块水文地质情况及已开展环境调查情况等信息，如图6-2所示。

图 6-2 基础信息调查表（示例）

疑似污染区域的识别根据获取的地块基础信息结合必要的现场踏勘，根据调查工作实践经验，重点关注已知受到污染和涉及有毒有害物质储存、使用的重点区域，识别划定疑似污染区域，如图6-3所示。对疑似污染区域划定范围的大小并没有具体要求，一般根据地块各区域使用功能及覆盖区域、污染特征进行划定。

图 6-3 地块疑似污染区域划定（示例）

> **专栏 6-1 《建设用地土壤污染风险管控和修复监测技术导则》**
> **（HJ 25.2—2019）相关要求**
>
> 对于地块内土地使用功能不同及污染特征明显差异的地块，可采用分区布点法进行监测点位的布设。
>
> （1）分区布点法是将地块划分成不同的小区，再根据小区的面积或污染特征确定布点的方法。
>
> （2）地块内土地使用功能一般分为生产区、办公区、生活区。原则上生产区的工作单元划分应以构筑物或生产工艺为单元，包括各生产车间、原料及产品储库、废水处理及废渣贮存场、场内物料流通道路、地下贮存构筑物及管线等。办公区包括办公建筑、广场、道路、绿地等，生活区包括食堂、宿舍及公用建筑等。

6.2.2 布点区域筛选

布点区域筛选需要通过专业研判，从识别出的疑似污染区域中选择确定最有代表性、最有可能捕获到污染最重的区域。筛选主要考虑地块企业生产相关的化学物质使用量、毒性及渗漏风险等因素。

1）潜在污染风险高的疑似污染区域。一是从污染物渗漏可能性上，防渗较差的设施或区域出现渗漏的可能性较大，筛选时应重点考虑；二是污染物进入环境中可能的量，如长时间（或短时间大量）使用、储存化学物质（污染物）的车间、仓库、储罐等区域，在筛选时应重点考虑。

2）污染物毒性高的疑似污染区域。苯、氯仿、汞等毒性高的污染物应该被优先关注，而硫酸、乙醇等对人体以急性危害为主的化学物质，或在环境中不稳定的污染物可以不优先关注。毒性较高的化学物质进入环境后超标的可能性也更大，如 1,2-二氯苯和 1,4-二氯苯的第一类用地筛选值分别是 560 mg/kg 和 5.6 mg/kg，后者毒性更大，同等条件下，1,4-二氯苯的超标概率更大、危害更大，两者同时存在时应优先关注存在 1,4-二氯苯的区域。

3）代表性较强的疑似污染区域。布点区域的筛选还应当考虑代表性，若各疑似污染区域的污染物类型相同，则依据 1）中潜在污染风险筛选布点区域。若各疑似污染区域的污染物类型不同，则需要根据污染物的类别，不同类型污染物应各筛选出 1 个布点区域，其目的是保证布点区域的代表性。一般来说，生产车间通常是产生污染的场所，"三废"处理区是处置污染物的场所，更适合作为布点区域，见图 6-4。

图 6-4 布点区域筛选结果（A 为生产车间，B 为仓库，G 为污水处理区）

图 6-5 展示了从疑似污染区域中筛选布点区域的过程。图中"类型一、类型二、类型三"指 3 种不同污染类型的疑似污染区，图左侧代表识别出来的 4 个疑似污染区域，其中 B、C 疑似污染区域的污染类型均为"类型二"，图右侧展示了筛选确定的布点区域，如图所示每种污染类型筛选确定 1 个布点区域。从疑似污染区域中筛选确定布点区域时，不应改变疑似污染区域的边界与范围，且需要说明选定布点区域的理由。

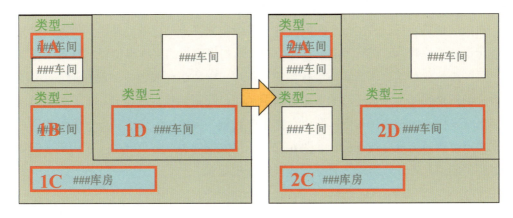

图 6-5 布点区域筛选确定过程（示例）

《编写模板》中明确了布点区域的筛选方法和需要考虑的因素。表 6-1 是布点区域筛选表示例，筛选要素涉及渗漏风险、污染物种类（毒性）、使用或储存量等 3 个方面，制约渗漏风险的因素又可细分为区域使用时间、地面防渗情况、化学品是否与地面接触等。当基础资料缺失严重时，布点区域的筛选可根据人员访谈和现场踏勘进行研判和确定，还可以采用现场快速筛查检测等设备进行辅助确定，此类情况下布点区域的数量应考虑适当增加，特征污染物可参照同时期、同类型生产工艺企业地块所确定的特征污染物。

表 6-1 布点区域筛选信息表

疑似污染区域	是否为布点区域	识别依据/筛选依据	特征污染物
生产车间 1	☐ 是 ☑ 否	例如：涉及重铬酸钾、硫酸等的使用，如重铬酸钾用量 10 t/a，车间无地下设施，地表有硬化，未见明显裂缝	如六价铬、硫酸
污水处理区	☑ 是 ☐ 否	例如：涉及砷、汞、镉、六价铬、氰化物、苯等污染物处理（污染种类）；年处理约 500 t 废水，使用时间 5 年（用量）；历史上地面防渗情况较差，区域使用历史较久（渗漏风险）。优先考虑确定为布点区域	如砷、汞、镉、六价铬、氰化物、苯、硫酸
生产车间 2	☑ 是 ☐ 否	例如：涉及六价铬、汞等的使用（污染物种类与毒性），如六价铬用量 10 t/a（用量），车间无地下设施，地表有硬化，有明显裂缝及污染痕迹（渗漏风险）。优先考虑确定为布点区域	如六价铬、汞

6.2.3 布点位置确定

6.2.3.1 采样点位置的确定

布点区域确定后，需在布点区域内进一步确定采样点的位置。采样点位置应优先设置在污染源的位置，即判断污染最重的位置。当初步确定的采样点位置不具备采样条件时，采样点位置可结合现场实际进行调整，但尽可能靠近污染源，如已知地下水流向，可设置于污染物随地下水迁移的下游方向且尽可能靠近污染源的位置。对于关闭搬迁企业，土壤采样点优先选择布点区域内存在生产设施、罐槽、污染泄漏点等所处位置。确定采样点位置时需进行现场确认（图 6-6），杜绝安全隐患、防止产生二次污染（例如钻探过程可能引起爆炸、坍塌、打穿管线或防渗层等）。

图 6-6 布点位置现场确认（示例）

专栏 6-2 车间外布点位置选择

问题：确定布点区域后，只有区域水文地质资料，地块地下水流向不明确，车间内不具备钻探条件，在车间外如何选择布点位置才能最大可能捕获污染？

答：根据布点技术规定，布点位置现场不具备采样条件时，应在污染物迁移的下游方向就近选择布点位置，以实现最大可能捕获地下水污染。若地块地下水流向不明确，车间内不具备钻探条件，建议咨询当地熟悉情况的专业机构，或选择距离污染源最近的位置进行布点，或在车间外适当增加不同方向的布点数量以捕获污染。

资料来源：《重点行业企业用地土壤污染状况调查常见问题解答》（2020 年第 2 期）。

地下水监测井布点位置选择原则与土壤一致。布点技术规定中要求地下水布点位置"优先选择污染源所在位置的土壤钻孔作为地下水采样点"。由于地下水监测井建设一般在土壤钻孔完成后开展，因此可根据土壤钻孔过程中发现的土壤岩芯情况，选择土壤污染更严重的采样点设置地下水监测井。采样点位置主要根据污染程度进行确定，一些地块可能存在污水槽/池、管线开裂处、设施移除处等污染的明显迹象，能够帮助更准确地确定采样点位置。当地块不存在上述能指导确定采样点位置的迹象时，需要在钻探过程中通过试钻、快速检测或挖探槽的方法识别污染情况。表 6-2 为选择地下水采样点位置时应考虑的因素，实际操作中按照"捕获污染"的目的确定地下水采样点位置。

表 6-2 布点位置筛选信息表（示例）

编号	布点位置*	布点位置确定理由（选择捕获污染概率高的位置）	是否为地下水采样点	土壤钻探深度	筛管深度范围
地块编码-1B01	废水池裂缝处南侧1 m	该位置在池体裂缝外围最近的可钻探作业点位，距离裂缝处最近；或该区域曾临时堆存某污染物，无硬化防渗措施，该区域范围均可采样	☑ 是 ☐ 否	例如：大于3 m，至黏性土	例如：3～6 m

注：*布点位置采用位置描述的方式，与采样点现场确认的配图一致，布点位置可以是一个点位，也可同时推荐备选点位，但应确定采样优先顺序，也可以是一个范围。

6.2.3.2 采样点数量确定

采样点数量应尽可能满足捕捉污染的调查目的。每个布点区域原则上至少设置 2 个土壤采样点和 1 个地下水采样点。采样点数量设置的基本要求见表 6-3。

表 6-3 采样点数量设置的基本要求

土壤	污染类型相同	污染类型不同
布点区域数量	至少 2 个	每种类型 1 个布点区域
每个布点区点位数量	每个布点区域至少 2 个	每个布点区域至少 2 个
地块土壤样点总数	≥2×2=4	≥布点区域数量×2
地下水	单个地块	工业园区/化工园区
地下水采样点	每个布点区域至少 1 个	至少 5 个
地块地下水样点总数	≥2 个	≥5 个

在实际操作遇到布点区域面积小、布点区域紧邻时，可以考虑技术规定基本要求、污染可能性及采样条件，综合研判设置采样点。如危险废物储存间或者危险化学品库面积小，但综合考虑存储量、毒性、存储区地面防渗等情况，其污染可能性较高，这类区域若具备布点采样条件，则应作为布点区域，原则上每个布点区域至少设置 2 个土壤采样点位，可根据布点区域面积大小、污染分布等实际情况进行适当调整。点位数量的适当调整应围绕布点采样的目的进行，即最大可能捕获污染，若能达到目的可以适当减少布点数量，需提供必要的点位减少理由，并进行专家论证。在地下水点位设置数量方面也有一定的灵活性，根据布点技术规定，疑似污染地块符合相应条件的应设置地下水采样点，每个布点区域原则上至少设置 1 个地下水采样点，可根据布点区域面积大小、污染分布格局等实际情况进行适当调整。

6.2.3.3 钻探与采样深度设定

钻孔深度综合考虑污染物理化性质和地块水文地质条件等信息确定。土壤采样孔深度原则上应达到地下水初见水位，若地下水埋深超过 15 m，根据土壤岩芯性状或污染痕迹、现场快速检测结果等信息判断无明显污染时，钻探深度可小于 15 m。《编写模板》对钻探深度确定的方法进行了细化，主要关注弱透水层的位置和地下构筑物的最大深度，同时明确"钻孔深度服务于采样深度，钻孔深度应基于捕获污染较重的目的而确定"。同时，应防止钻穿潜水层底板。一般应首先考虑第一弱透水层的埋深，条件允许时应尽量钻探至此深度，不易实现时可根据污染物迁移特点，或根据快速筛查结果判断钻探深度。《编写模板》充分利用地块地层基础信息确定钻探深度，如图 6-7、表 6-4 所示。缺少地层信息时，经专家研判通过答疑文件进行了说明。

图 6-7 地块地层信息（示例）

表 6-4 地块地层信息（示例）

序号	土层性质*	层厚/m	地下水埋深范围/m
1	碎石	0.8～1.4	
2	粉土	1.0～3.5	1.3～2.5
3	黏性土	2.0～15	

注：*土层性质自上至下填写至第一弱透水层或地勘资料记录的最大深度，包括人工填土。

专栏 6-3　关于钻探深度和样品采样深度的确定

1. 缺少地质地层信息时，布点方案中如何确定采样点钻探深度和样品采集深度？

答：条件允许的情况下，支持预先开展调查地块地质预勘察，进而在布点采样方案中明确钻探深度和样品采集深度；采样过程中应根据地块实际地质地层情况，确定具体钻探深度和样品采集深度，布点方案应明确钻探深度的确定原则。

2. 当地下水埋深大于 15 m 时，土壤钻孔采样深度是否可以小于 15 m，应依据哪些要求调整钻孔深度？除技术规定要求的必须采集的土壤位置外，中间部位土壤是否需要采集，具体采样位置有没有要求？

答：当地下水埋深大于 15 m 时，土壤钻孔深度可以小于 15 m，在上层土壤没有污染痕迹的情况下，土壤钻孔至揭露弱透水层即可。本次调查以捕获污染为目的，结合现场专

> 业判断和快速检测结果,除技术规定要求必须采集的土壤位置外,优先选择有污染痕迹的位置采集土壤样品;当中间地层厚度较大、土层特性垂向变异较大时,可适当增加送检土壤样品。
>
> 资料来源:《重点行业企业用地土壤污染状况调查常见问题解答》(2020 年第 1 期、第 2 期)。

采样深度是采样点自地表垂直向下的方向污染可能最重或捕获污染概率最大的位置。每个采样点位应至少采集 3 个不同深度的土壤样品,若地下水埋深较浅(<3 m),至少采集 2 个土壤样品。采样深度原则上应包括表层 0~50 cm、存在污染痕迹或快速检测识别出污染较重的位置、水位线附近和含水层。当土层垂向分布变异较大、地层较厚或存在明显杂填区域时,应适当增加垂向采样数量。实际采样过程中,土壤采样深度应结合对土壤岩芯的污染识别(如变层、现场快筛、样品颜色气味等性状),确定样品采集深度及采样数量。

在设计布点采样方案阶段,充分结合地层情况、污染物性质和地下水埋深、企业管线和地下构筑物特征等信息,预判污染物的垂向迁移特点,如铅、镉、铜等不易迁移的重金属类污染物,重点对采样点浅层土壤进行采样,也可以根据污染源附近一定深度范围土壤进行现场快速检测后确定。对于六价铬、氯代烃、石油烃及苯系物等易迁移的污染物,则需充分考虑地下水埋深、地下水流向、地层渗透性及分布等信息,综合研判采样深度。污染物随水流向下迁移时,遇到低渗透阻隔层或地下水液面时会横向迁移或局部富集,因此应重点关注地下水水位附近和土壤变层的位置。

地下水采样深度一般在地下水监测井筛管位置范围内。当可能存在高密度非水相液体(DNAPL)类污染物时,筛管最大深度应至第一弱透水层。一般情况下,筛管上沿应高于地下水最高水位。当缺少地块地层信息时,可预先开展地块地层初步勘察,辅助确定钻探深度和采样深度。根据技术导则要求和实践经验,不同情景设置地下水监测井和土壤采样孔的不同钻探深度及采样深度要求,如表 6-5 所示。

表 6-5 技术规范中土壤和地下水采样深度要求

情景	地下水埋深	潜水层厚度	钻探深度	土壤采样数量和深度	地下水采样深度
情景一	小于 3 m	小于等于 3 m	应达到潜水层底板,但不应穿透潜水层底板	至少 3 个,其中:表层 0~50 cm 处 1 个;水位线附近 50 cm 处 1 个;地下水含水层 1 个。DNAPL 存在时建议底板处增加 1 个	至少 1 个,一般设置在地下水水位线 0.5 m 以下。可能含有低密度非水相液体(LNAPL)时上部采样,可能含有 DNAPL 时底板位置采样

情景	地下水埋深	潜水层厚度	钻探深度	土壤采样数量和深度	地下水采样深度
情景一	小于3 m	大于3 m	应至少达到地下水水位以下3 m	至少3个，其中：表层0~50 cm处1个；水位线附近50 cm处1个；地下水含水层1个	至少1个，一般设置在地下水水位线0.5 m以下。可能含有LNAPL时上部采样，可能含有DNAPL时下部采样
情景二	大于3 m	小于等于3 m	应达到潜水层底板，但不应穿透潜水层底板	至少4个，其中：表层0~50 cm处1个；建议至少增加深层土壤样品1个；水位线附近50 cm处1个；地下水含水层1个。DNAPL存在时建议底板增加1个	至少1个，一般设置在地下水水位线0.5 m以下。可能含有LNAPL时上部采样，可能含有DNAPL时底板位置采样
		大于3 m	应至少达到地下水水位以下3 m	至少4个，其中：表层0~50 cm处1个；建议至少增加深层土壤样品1个；水位线附近50 cm处1个；地下水含水层1个	至少1个，一般设置在地下水水位线0.5 m以下。可能含有LNAPL时上部采样，可能含有DNAPL时下部采样

6.3 测试指标筛选与方法确定

6.3.1 测试指标筛选原则

合理确定测试指标是科学客观判断地块风险的重要前提。土壤和地下水测试指标由专业技术人员根据基础信息调查确定的特征污染物综合研判确定。原则上，土壤测试指标包含《土壤环境质量 建设用地土壤污染风险管控标准（试行）》（GB 36600—2018）中的45项必测项目及企业地块基础信息调查确定的特征污染物。地下水测试指标包含企业地块基础信息调查阶段确定的特征污染物。在此基础上，各地方根据实际管理需求制定了各具特色的测试指标确定要求。

6.3.1.1 特征污染物的核实

为保证测试指标的客观、全面，采样地块的测试指标筛选首先需对基础信息采集阶段识别的特征污染物进行核实，对基础信息调查表中"特征污染物"项进行比对、调整。

> **专栏 6-4　特征污染物核实确认注意事项**
>
> 1. 特征污染物包括地块当前和历史企业生产相关的污染物，结合企业实际生产工艺、污染物排放情况，以及产品、原辅材料、中间产物、危险化学品、废气污染物、废水污染物等进行综合分析，涵盖危险化学品和原辅材料包含的有毒有害物质、废气污染物、废水污染物、地块土壤和地下水超标污染物，以及地块历史生产相关的特征污染物。
> 2. 对于缺少资料的关闭搬迁地块，特征污染物的核实确认可通过类比本地同行业类似企业确定特征污染物，类比时需要考虑主要产品、原材料、生产时期、主流工艺等信息。
> 3. 对于采矿相关企业，有依据的矿物伴生组分或伴生化合物也应列为地块特征污染物。
> 4. 对于存在焦化工艺的地块，可参照《工业企业搬迁遗留场地环境调查管理和调查》中炼焦行业的特征污染物，增补炼焦行业的特征污染物，如煤焦油、三氯乙烯、1-丁烯、1,3-二甲苯、甲苯、荧蒽、蒽、喹啉、2-甲酚、汞、镉、二苯并吡喃等特征污染物。

6.3.1.2　测试指标确定

（1）土壤测试指标确定

企业用地调查中采样地块测试指标原则上需包含《土壤环境质量　建设用地土壤污染风险管控标准（试行）》（GB 36600—2018）中的基本项目 45 项，以及基础信息采集阶段确定的地块特征污染物。在实施过程中，对测试指标进行了扩展（《重点行业企业用地土壤污染状况调查常见问题解答》2020 年第 5 期），在原有要求考虑 GB 36600—2018 中 45 项基本指标的基础上，增加了 GB 36600—2018 中规定的 40 项其他指标及 GB 36600—2018 外具有检测方法的其他需关注的 25 项特征污染物，最终确定的检测指标为 110 项（表 6-6）。

地方在开展调查工作时，可根据管理工作需要，对测试指标进行调整，对于识别为特征污染物但又不列为测试指标的要有充足理由，一般考虑使用量大小、毒性大小和是否有测试方法等作为不纳入测试指标的理由。对于一些使用量大、毒性大，但无分析测试方法的污染物，分析实验室需进行方法开发或采用等效方法进行测试。测试项目的确定过程见表 6-7。与 GB 36600、HJ 25.1 和 HJ 25.2 相比，企业用地调查工作在确定测试指标时，在上述规定的基础上对测试指标做了细化，更具指导性。

表 6-6 110 项土壤测试指标

45 项基本指标	40 项其他指标	25 项有检测方法的特征污染物
砷、镉、六价铬、铜、铅、汞、镍、四氯化碳、氯仿（三氯甲烷）、氯甲烷、1,1-二氯乙烷、1,2-二氯乙烷、1,1-二氯乙烯、顺-1,2-二氯乙烯、反-1,2-二氯乙烯、二氯甲烷、1,2-二氯丙烷、1,1,1,2-四氯乙烷、1,1,2,2-四氯乙烷、四氯乙烯、1,1,1-三氯乙烷、1,1,2-三氯乙烷、三氯乙烯、1,2,3-三氯丙烷、氯乙烯、苯、氯苯、1,2-二氯苯、1,4-二氯苯、乙苯、苯乙烯、甲苯、间甲苯+对二甲苯、邻二甲苯、硝基苯、苯胺、2-氯酚、苯并[a]蒽、苯并[a]芘、苯并[b]荧蒽、苯并[k]荧蒽、䓛、二苯并[a,h]蒽、茚并[1,2,3-c,d]芘、萘	锑、铍、钴、甲基汞、钒、氰化物、一溴二氯甲烷、溴仿、二溴氯甲烷、1,2-二溴乙烷、六氯环戊二烯、2,4-二硝基甲苯、2,4-二氯酚、2,4,6-三氯酚、2,4-二硝基酚、五氯酚、邻苯二甲酸二（2-乙基己基）酯、邻苯二甲酸丁基苄酯、邻苯二甲酸二正辛酯、3,3′-二氯联苯胺、阿特拉津、氯丹、p,p'-滴滴滴、p,p'-滴滴伊、滴滴涕、敌敌畏、乐果、硫丹、七氯、α-六六六、β-六六六、γ-六六六、六氯苯、灭蚁灵、多氯联苯（总量）、3,3′,4,4′,5-五氯联苯（PCB126）、3,3′,4,4′,5,5′-六氯联苯（PCB169）、二噁英类（总毒性当量）、多氯联苯（总量）、石油烃（$C_{10}\sim C_{40}$）	铊、顺式-1,3-二氯丙烯、1,2,4,5-四氯代苯、狄氏剂、2,6-二硝基甲苯、艾氏剂、2-甲基萘、六氯乙烷、六氯-1,3-丁二烯、甲基萘、1,2,3-三氯代苯、五氯苯、吡啶、2-丙烯腈（稳定的）、溴甲烷、1,3-二氯苯、1,2,4-三氯代苯、1,2,4-三甲基苯、1,3,5-三甲基苯、1,3-二氯丙烯、苯酚、二硫化碳、氯乙烷、异佛尔酮、pH

表 6-7 土壤测试指标确定过程（示例）

Ⅰ：基础信息调查特征污染物	Ⅱ：建议调整的特征污染物及理由	Ⅲ：最终测试项目
例如：苯并[a]芘、汞、镍、砷、镉、苯、硫酸	例如：①增加 X，X 为某生产工艺的常见催化剂，用量较大，毒性较强。②删除特征污染物 Y，理由为：Y 的用量极少，毒性较低，在环境中不稳定	土壤：45 项基本指标+x 项特征污染物 地下水：砷、汞、镉、六价铬、氰化物、苯

> **专栏 6-5 国家及地方关于土壤测试指标特殊规定**
>
> 一、国家相关规定*
>
> 1. 地块特征污染物若毒性很小或用量小的特征污染物原则上可不纳入检测指标；通过专家论证确定的检测指标，需要进行检测。
>
> 2. 重点行业企业用地调查初步采样调查技术规定设置检测指标，原则上应重点关注地块范围内当前和历史上涉及的特征污染物，有条件时可视情况考虑周边地块的特征污染物。
>
> 二、地方特殊规定
>
> 1. 中部某省
>
> 土壤测试指标必测项目应包含 pH 和 45 项指标，有国内外检测方法的特征污染物均

---

* 资料来源：《重点行业企业用地土壤污染状况调查常见问题解答》（2020 年第 1 期）。

需测试，无检测方法的特征污染物需提供检测实验室关于指标无检测方法的调研结果，最终测试项目以方案专家评审意见为准。

2. 西部某省

（1）无标准检测方法的特征污染物不检测，有标准检测方法但无毒性分值或不在国家污染物字典内的特征污染物，可结合污染物性质、用量、实验室能力等因素确定是否需要检测。

（2）毒性分值为 1 和 10 的特征污染物原则上不测，但涉及地块中代表性特征污染物如氟化钠、苯酚、铬等需要检测，检测项目分别设置为氟化物、苯酚和六价铬。

（3）毒性分值 100 或 1 000 的特征污染物原则上均需检测，但可按"一地一议"原则，结合地块生产年限、年用量、年损耗量等因素综合判断，对土壤环境污染可能性较小的可不检测。

（4）毒性分值 10 000 且有检测方法的特征污染物原则上需检测。

（5）无毒性分值的常规酸碱化合物，土壤的测试项目统一为 pH。

（6）氯、磷、二氧化氯等易分解、钝化或具有极强反应性、在土壤和地下水中存在可能性较小的特征污染物可不检测。

（2）地下水测试指标的确定

与 HJ 164 相比，企业用地调查未对 GB/T 14848 的常规项目做强制要求，各地在开展调查工作时，可根据工作需要增加 GB/T 14848 的常规项目指标和其他指标。

专栏 6-6　《地下水环境监测技术规范》（HJ 164—2020）规定

1. 地下水监测项目主要选择 GB/T 14848 的常规项目和非常规项目。监测项目以常规为主，不同地区可在此基础上，根据当地的实际情况选择非常规项目。同时为便于水化学分析审核，还有补充钾、钙、镁、重碳酸根、碳酸根、游离二氧化碳等项目。

2. 污染源的地下水监测项目以污染源特征项目为主，同时根据污染源的特征项目的种类，适当增加或删减有关监测项目。

专栏 6-7　地方关于地下水测试指标特殊规定

1. 中部某省

地下水测试指标需包含地块特征污染物，同时检测《地下水质量标准》（GB/T 14848—2017）中"地下水质量常规指标及限值"中的 24 项（色、嗅和味、浑浊度、肉眼可见物、总硬度、溶解性总固体、硫酸盐、氯化物、铁、锰、锌、铝、挥发性酚类、阴离子表面活性剂、耗氧量、氨氮、硫化物、钠、亚硝酸盐、硝酸盐、氰化物、氟化物、碘化物、硒）。

2. 西部某省

地块特征污染物涉及氟化钠、苯酚、氨、铬时，氟化钠的检测指标为氟化物，苯酚的检测项目为挥发酚，氨的检测项目为氨氮，铬的检测项目为六价铬。

6.3.2 行业测试指标

企业用地调查涉及行业类别众多，不同行业需关注的特征污染物差异性较大，为了更好指导对行业特征污染物的识别，《省级土壤污染状况详查实施方案编制指南》（环办土壤函〔2017〕1023号）对不同行业大类和行业中类的特征污染物进行了规定，见表 6-8。不同行业测试指标应根据基础信息调查结果确定，原则上不少于 2 类，当企业资料缺失时，可参考类比同行业工艺特征污染物确定，当企业资料严重不全时应对所列全部类别污染物进行分析测试。常规的地块调查不同行业的测试项目主要参考《建设用地土壤污染状况调查技术导则》（HJ 25.1—2019）中的附录 B（资料性附录）表 B.1。与常规地块调查相比，企业用地调查对不同行业的特征污染物进行了细化，如焦化行业，可参照《工业企业搬迁遗留场地环境调查管理和调查》中炼焦行业的特征污染物，电镀行业增测氰化物、皮革行业测试六价铬等。

表 6-8 企业用地调查建议的各行业分析测试项目

大类	中类	分析测试污染物类别*
07 石油和天然气开采业	071 石油开采	A1 类-重金属 8 种、B2 类-挥发性有机物 9 种、C1 类-多环芳烃类 15 种、C3 类-石油烃
08 黑色金属矿采选业	081 铁矿采选	A1 类-重金属 8 种、A2 类-重金属与元素 8 种、A3 类-无机物 2 种、D1 类-土壤 pH
	082 锰矿、铬矿采选	
	089 其他黑色金属矿采选	
09 有色金属矿采选业	091 常用有色金属矿采选	A1 类-重金属 8 种、A2 类-重金属与元素 8 种、A3 类-无机物 2 种、D1 类-土壤 pH
	092 贵金属矿采选	
	093 稀有稀土金属矿采选	
17 纺织业	171 棉纺织及印染精加工	A1 类-重金属 8 种、B1 类-挥发性有机物 16 种、B2 类-挥发性有机物 9 种、B3 类-半挥发性有机物 1 种、C5 类-二噁英类
	172 毛纺织及染整精加工	
	173 麻纺织及染整精加工	
	174 丝绢纺织及印染精加工	
	175 化纤纺织及印染精加工	
	176 针织或钩针编织物及其制品制造	

大类	中类	分析测试污染物类别*
19 皮革、毛皮、羽毛及其制品和制鞋业	191 皮革鞣制加工 193 毛皮鞣制及制品加工	A1 类-重金属 8 种、A2 类-重金属与元素 8 种、D1 类-土壤 pH
22 造纸和纸制品业	221 纸浆制造	A1 类-重金属 8 种、B1 类-挥发性有机物 16 种、C5 类-二噁英类
25 石油加工、炼焦和核燃料加工业	251 精炼石油产品制造 252 炼焦	A1 类-重金属 8 种、A2 类-重金属与元素 8 种、A3 类-无机物 2 种、B2 类-挥发性有机物 9 种、B4 类-半挥发性有机物 4 种、C1 类-多环芳烃类 15 种、C3 类-石油烃
26 化学原料和化学制品制造业	261 基础化学原料制造（无机、有机）	A1 类-重金属 8 种、A2 类-重金属与元素 8 种、A3 类-无机物 2 种、C3 类-石油烃（无机化学原料制造） A1 类-重金属 8 种、A2 类-重金属与元素 8 种、A3 类-无机物 2 种、B1 类-挥发性有机物 16 种、B2 类-挥发性有机物 9 种、B3 类-半挥发性有机物 1 种、B4 类-半挥发性有机物 4 种、C1 类-多环芳烃类 15 种、C3 类-石油烃（有机化学原料制造）
	263 农药制造	A1 类-重金属 8 种、A2 类-重金属与元素 8 种、A3 类-无机物 2 种、B1 类-挥发性有机物 16 种、B2 类-挥发性有机物 9 种、B3 类-半挥发性有机物 1 种、B4 类-半挥发性有机物 4 种、C1 类-多环芳烃类 15 种、C2 类-农药和持久性有机物、C3 类-石油烃
	264 涂料、油墨、颜料及类似产品制造	A1 类-重金属 8 种、A2 类-重金属与元素 8 种、A3 类-无机物 2 种、B1 类-挥发性有机物 16 种、B2 类-挥发性有机物 9 种、B3 类-半挥发性有机物 1 种、B4 类-半挥发性有机物 4 种、C1 类-多环芳烃类 15 种、C3 类-石油烃、C4 类-多氯联苯 12 种
	265 合成材料制造	A1 类-重金属 8 种、A2 类-重金属与元素 8 种、A3 类-无机物 2 种、B1 类-挥发性有机物 16 种、B2 类-挥发性有机物 9 种、B3 类-半挥发性有机物 1 种、B4 类-半挥发性有机物 4 种、C1 类-多环芳烃类 15 种、C3 类-石油烃
	266 专用化学品制造	A1 类-重金属 8 种、A2 类-重金属与元素 8 种、A3 类-无机物 2 种、B1 类-挥发性有机物 16 种、B2 类-挥发性有机物 9 种、B3 类-半挥发性有机物 1 种、B4 类-半挥发性有机物 4 种、C1 类-多环芳烃类 15 种、C3 类-石油烃、C4 类-多氯联苯 12 种

大类	中类	分析测试污染物类别*
26 化学原料和化学制品制造业	267 炸药、火工及焰火产品制造	A1 类-重金属 8 种、A3 类-无机物 2 种、B1 类-挥发性有机物 16 种、B2 类-挥发性有机物 9 种、B3 类-半挥发性有机物 1 种、B4 类-半挥发性有机物 4 种、C1 类-多环芳烃类 15 种、C3 类-石油烃
27 医药制造业	271 化学药品原料药制造	A1 类-重金属 8 种、A3 类-无机物 2 种、B1 类-挥发性有机物 16 种、B2 类-挥发性有机物 9 种、B3 类-半挥发性有机物 1 种、B4 类-半挥发性有机物 4 种、C1 类-多环芳烃类 15 种、C3 类-石油烃
28 化学纤维制造业	281 纤维素纤维原料及纤维制造	A1 类-重金属 8 种、B1 类-挥发性有机物 16 种、C5 类-二噁英类、D1 类-土壤 pH
	282 合成纤维制造	A1 类-重金属 8 种、A2 类-重金属与元素 8 种、A3 类-无机物 2 种、B1 类-挥发性有机物 16 种、C1 类-多环芳烃类 15 种
31 黑色金属冶炼和压延加工业	311 炼铁	A1 类-重金属 8 种、A2 类-重金属与元素 8 种、C1 类-多环芳烃类 15 种、C3 类-石油烃、C5 类-二噁英类、D1 类-土壤 pH
	312 炼钢	
	315 铁合金冶炼	
32 有色金属冶炼和压延加工业	321 常用有色金属冶炼	A1 类-重金属 8 种、A2 类-重金属与元素 8 种、A3 类-无机物 2 种、C1 类-多环芳烃类 15 种、C3 类-石油烃、C5 类-二噁英类、D1 类-土壤 pH
	322 贵金属冶炼	
	323 稀有稀土金属冶炼	
33 金属制品业	336 金属表面处理及热处理加工	A1 类-重金属 8 种、A2 类-重金属与元素 8 种、D1 类-土壤 pH
38 电气机械和器材制造业	384 电池制造	A1 类-重金属 8 种、A2 类-重金属与元素 8 种、A3 类-无机物 2 种、D1 类-土壤 pH
59 仓储业	599 其他仓储业	A1 类-重金属 8 种、B2 类-挥发性有机物 9 种、B3 类-半挥发性有机物 1 种、B4 类-半挥发性有机物 4 种、C3 类-石油烃
77 生态保护和环境治理业	772 环境治理业（危险废物、医废处置）	A1 类-重金属 8 种、A2 类-重金属与元素 8 种、C5 类-二噁英类
78 公共设施管理业	782 环境卫生管理（生活垃圾处置）	

注：* 各重点行业企业具体分析测试项目，由专业人员根据基础信息调查的有关结果选择确定，原则上不少于 2 类；资料严重不全者应对所列全部类别污染物进行分析测试。

6.3.3 测试方法的选择

6.3.3.1 测试方法的选择原则

目前国内地块调查测试方法一般按照 GB 36600、HJ/T 166 和 GB/T 14848 中制定或推荐的检测方法。企业用地调查制定了《全国土壤污染状况详查土壤样品分析测试方法技术规定》和《全国土壤污染状况详查地下水样品分析测试方法技术规定》，解决了部分污染物无测试方法的问题。

由于各检测实验室检测能力和仪器设备不同，在测试方法选择问题，原则上应优先采用 GB 36600、HJ/T 166 和 GB/T 14848 推荐的方法。此外可选用检测实验室资质（CMA 或 CNAS）认定范围内的国际标准、区域标准、国家标准及行业标准方法。地方根据本省（区、市）工作情况，由各省（区、市）级质量控制实验室在此基础上进一步细化并规定统一适用于本省（区、市）的标准测试方法，若同一物质有多种分析测试方法，则由地方制定统一的测试方法。企业用地调查以确保检测数据真实和具有可比性为目标，进一步完善了测试方法选择要求。

6.3.3.2 测试指标与方法确定中的一些特殊规定

在企业用地初步采样调查实践过程中遇到了各种各样关于土壤和地下水测试指标方法选择方面的问题，通过组织专家论证、实践检验等方式形成了解决方案，部分典型问题如下所述。

（1）土壤测试指标方法确定方面的一些典型问题

1）关于土壤六价铬样品的保存时限和测定方法。根据美国 EPA 于 1996 年发布的《土壤六价铬的测定方法》（EPA 3060A），检测六价铬的土壤鲜样可在（4±2）℃密封保存 30 d，碱性提取液可保存 168 h（7 d）。土壤中六价铬的分析测试方法采用《土壤和沉积物六价铬的测定碱溶液提取——火焰原子吸收分光光度法》（HJ 1082—2019）。检测时应尽可能选择高纯度的化学试剂进行试验，以降低试验化学试剂本身带来的测试结果的微小正误差。

2）关于不同浓度土壤样品有机物检测方法的选择。企业用地调查土壤 VOCs 样品检测分析按《土壤和沉积物 挥发性有机物的测定 吹扫捕集/气相色谱-质谱法》（HJ 605—2011）或《土壤和沉积物 挥发性有机物的测定 顶空/气相色谱-质谱法》（HJ 642—2013）有关要求执行，即低浓度样品采用直接分析法，高浓度样品方使用甲醇提取法。

3）关于土壤中苯胺测定方法的选择及是否存在偏离时的判断。《土壤和沉积物 13 种苯胺类和 2 种联苯胺类化合物的测定 液相色谱-三重四极杆质谱法》（HJ 1210—2021）规定，在土壤样品中加入五水合硫代硫酸钠后，使用正己烷、丙酮及氨水的混合溶液，采用超声提取方式对样品进行提取；《土壤和沉积物　半挥发性有机物的测定　气相色谱-质谱法》（HJ 834—2017）规定，土壤样品使用二氯甲烷和丙酮或者正己烷和丙酮混合溶液，采用索氏提取或加压流体萃取等方法进行提取；两个方法间提取溶剂及提取方式均不同。如果依据《土壤和沉积物　半挥发性有机物的测定　气相色谱-质谱法》（HJ 834—2017）进行方法验证，但采用的是《土壤和沉积物　13 种苯胺类和 2 种联苯胺类化合物的测定　液相色谱-三重四极杆质谱法》（HJ 1210—2021）的提取溶剂或提取方式，则视为方法偏离。[①]

4）地块特征污染物如农药（阿特拉津、敌敌畏、乐果等）无标准分析测试方法时，原则上应尽可能列入检测范围。已发布的《土壤和沉积物　11 种三嗪类农药的测定　高效液相色谱法》（HJ 1052—2019）可用于检测土壤中的阿特拉津；《土壤和沉积物　有机磷类和拟除虫菊酯类等 47 种农药的测定　气相色谱-质谱法》（HJ 1023—2019）可用于检测敌敌畏和乐果。[①]

5）关于多溴联苯单体的种类和分析测试方法。《土壤环境质量　建设用地土壤污染风险管控标准（试行）》（GB/T 36600—2018）尚未明确多溴联苯（总量）包括具体哪些单体。根据《土壤和沉积物　多溴联苯的测定　高分辨气相色谱-高分辨质谱法》（征求意见稿），可检测目标物包括 2-一溴联苯（BB-1）、3-一溴联苯（BB-2）、2,5-二溴联苯（BB-9）、2,6-二溴联苯（BB-10）、4,4′-二溴联苯（BB-15）、2,4,6-三溴联苯（BB-30）、2,2′,4,5′-四溴联苯（BB-49）、2,2′,5,5′-四溴联苯（BB-52）、3,3′,4,4′-四溴联苯（BB-77）、2,2′,4,5,5′-五溴联苯（BB-101）、2,2′,4,5′,6-五溴联苯（BB-103）、2,2′,4,4′,5,5′-六溴联苯（BB-153）、2,2′,4,4′,5,6′-六溴联苯（BB-154）、2,3,3′,4,4′,5-六溴联苯（BB-156）、3,3′,4,4′,5,5′-六溴联苯（BB-169）、2,2′,3,4,4′,5,5′-七溴联苯（BB-180）、2,2,3,3′,4,4′,5,5′-八溴联苯（BB-194）、2,3,3′,4,4′,5,5′,6-八溴联苯（BB-205）、2,2′,3,3′,4,4′,5,5′,6-九溴联苯（BB-206）、2,2′,3,3′,4,4′,5,5′,6,6′-十溴联苯（BB-209）等 20 种以上。[①]

6）关于"福美双"和"代森锰森"的测试方法。《土壤和沉积物　二硫代氨基甲酸酯（盐）类农药总量的测定　顶空/气相色谱法》（HJ 1054—2019）测定的是土壤和沉积物中二硫代氨基甲酸酯（盐）的总含量，无法求得"代森锰锌""福美双""福美锌""福美铁"等单一物质的含量。因此，采取该检测方法无法获得"福美双"和"代森锰森"单项指标浓度，现阶段可不对上述指标进行检测。

7）关于检测实验室 2-氯酚扩项采用的检测方法问题。实验室按《合格评定　化学分析测试方法确认和验证指南》（GB/T 27417—2017）、《环境监测分析测试方法标准制修订技术导则》（HJ 168—2010）和《土壤和沉积物　半挥发性有机物的测定　气相色谱-质谱法》（HJ 834—2017）相关要求做好方法验证，在确保方法检出限、测定下限、选择性、线性范围、测量范围、基体效应影响、准确度、精密度和测量不确定度等满足

---

① 资料来源：《重点行业企业用地土壤污染状况调查常见问题解答》（2020 年第 1 期）。

《土壤环境质量　建设用地土壤污染风险管控标准（试行）》（GB/T 36600—2018）2-氯酚风险筛选值和管制值要求的基础上，可以使用《土壤和沉积物　半挥发性有机物的测定　气相色谱-质谱法》（HJ 834—2017）开展土壤中 2-氯酚的检测工作。重金属样品测试时前处理方法和测定方法是否可以采用组合方式。如前处理阶段采用《土壤和沉积物　金属元素总量的测定　微波消解法》（HJ 832—2017），上机测试阶段采用《固体废物　金属元素的测定　电感耦合等离子体质谱法》（HJ 766—2015），实验室对重金属的测试不可以采取组合方法。

8）样品制备和分析测试方法一致性的问题。优先采用《土壤环境质量　建设用地土壤污染风险管控标准（试行）》（GB/T 36600—2018）规定的分析测试方法及其规定的样品制备方法，当规定的分析测试方法标准中没有明确的质量控制要求时，应按照《重点行业企业用地调查质量保证与质量控制技术规定（试行）》的有关要求执行。

9）土壤存在氟化物污染时其测试指标问题。经企业用地调查专家组研讨确认，氟化物污染土壤应检测总氟化物。

10）关于土壤样品分析测试方法选择时对检出限的要求。企业用地调查选用的土壤样品分析测试方法检出限应低于《土壤环境质量　建设用地土壤污染风险管控标准（试行）》（GB 36600—2018）中第一类用地筛选值的 1/10。实验室在进行方法确认时，实验室方法检出限应小于或等于分析测试方法标准规定的检出限。

（2）地下水测试指标方法确定方面的一些典型问题

1）地下水金属指标测试金属可溶态还是金属总量。《地下水质量标准》（GB/T 14848—2017）等规定，对地下水中金属指标进行检测获取的是地下水样中可溶态金属的浓度，因此当采集的地下水样品清澈透明时，可在采样现场对水样直接加酸处理；当采集的地下水样品浑浊或有肉眼可见颗粒物时，应在采样现场对水样使用 0.45 μm 滤膜过滤然后对过滤水样加酸处理。检测实验室在收到送检样品后应按照分析测试方法标准的有关要求对样品进行消解处理后上机分析。

2）关于地下水中涕灭威的检测方法。首先需要明确的是采用的检测方法检出限应当满足评价标准需要，比如《饮用水中 450 种农药及相关化学品残留量的测定　液相色谱-串联质谱法》（GB/T 23214—2008）测定地下水中涕灭威时，由于该方法标准列出的涕灭威检出限为 26.1 μg/L，高于《地下水质量标准》（GB/T 14848—2017）中Ⅲ类水限值 3.00 μg/L，则该方法检测结果就不符合质量控制技术规定的有关要求，不能采用该方法测定地下水中涕灭威，应当选择替代方法，或对该方法进行改进以降低检出限浓度水平。①

3）化工园区周边农村地下水饮用水水源水质检测方法。调查时可采用《生活饮用水标准检验方法总则》（GB/T 5750.1—2006）相关标准方法进行检测，但地块的地下

---

① 资料来源：《重点行业企业用地土壤污染状况调查常见问题解答》（2020 年第 1 期）。

水不属于《生活饮用水标准检验方法》(GB/T 5750)适用范围,不可按照该方法进行检测。[①]

4) 地下水总氯的检测与采样。采样时可按照《水质 游离氯和总氯的测定 N,N-二乙基-1,4-苯二胺分光光度法》(HJ 586—2010)附录 A 的方法进行采样检测,采样后应当添加还原性保护剂,如果总氯浓度小于 0.04 mg/L,表明水体中确实不含余氯,可以不添加还原性保护剂。[①]

5) 地下水中氰化物、六价铬测试方法。可选择使用 DZ/T 0064 系列《地下水质检验方法》、《水质 氰化物的测定 流动注射-分光光度法》(HJ 823—2017)等方法。

6.3.3.3 测试方法的确认

检测实验室在正式开展样品分析测试之前,参照《环境监测 分析方法标准制修订技术导则》(HJ 168—2010)的有关要求,完成对所选用分析测试方法的检出限、测定下限、精密度、准确度、线性范围等指标的确认,并形成相关质量记录,也可编制实验室分析测试方法作业指导书。

对分析测试方法的验证,包括对方法涉及的人员培训和技术能力、设施和环境条件、采样及分析仪器设备、试剂材料、标准物质、原始记录和监测报告格式、方法性能指标(如校准曲线、检出限、测定下限、准确度、精密度)等内容进行验证,并根据标准的适用范围,选取不少于 1 种实际样品进行测定。方法验证包括但不限于样品的采集、保存、运输、流转、制备和前处理,以及实验室分析和数据处理等过程。

关于土壤和地下水分析方法的验证,基本要求如下:

(1) 基本情况验证

包括人员培训和技术能力(是否有相关技术经历或培训)、设施和环境条件、采样及分析仪器设备、试剂材料、标准物质、原始记录和监测报告格式。

(2) 方法特性指标验证

主要包括检出限、定量限、灵敏度、选择性、线性范围、测量区间、基质效应、精密度(重复性和再现性)、准确度。需注意的指标如下:

1) 检出限。不能用仪器检出限代替方法检出限,方法检出限应满足标准方法要求,方法检出限应低于评价标准 1/10。

2) 线性范围。建议最低点浓度低于评价标准限值,定量方式与方法保持一致,除非方法规定,否则不建议用非线性回归。

3) 精密度。高、中、低浓度梯度应包括 3~10 倍检出限浓度,评价限浓度,多组分分析时,加标浓度应以评价限较低的浓度为准。

---

① 资料来源:《重点行业企业用地土壤污染状况调查常见问题解答》(2020 年第 1 期)。

6.4 土孔钻探与地下水建井采样的方法

6.4.1 土孔钻探方法

6.4.1.1 常用钻探方法

选择适合的钻探方法和设备是保证样品采集质量的重要前提。企业用地调查常用的钻探方法有冲击钻探、直推式钻进、螺旋钻探、探坑和手工钻探等。根据样品属性、测试指标要求、现场工作条件、地层岩性、成本投入和时间周期等条件，选择合适的钻探方法，不同钻探方法的优缺点及适用性见表 6-9。企业用地采样调查过程中最常用的钻探设备有冲击式钻机（SH30 钻机）和直推式钻机（GeoProbe 钻机）（图 6-8），二者均适用于黏性土层、粉土和砂土等地层钻探，但不适用于含砾石卵石地层的地块。此外，还有手工钻、螺旋钻等钻探设备（图 6-8），可按各类钻探设备的适用性进行选择。

表 6-9 常用钻探方法优缺点及适用性比较

钻探方法	优点	缺点	适合土层 黏性土	粉土	砂土	碎石、卵砾石	岩石
探坑	（1）可从三维的角度来描述地层条件。（2）易于取得较多样品。（3）速度快且造价低。（4）可采集未经扰动的样品。（5）适用于多种地面条件。（6）可以观察到土壤的新鲜面，便于拍照、记录颜色和岩性等基本信息	（1）人工挖掘深度一般不超过 1.2 m，除非有足够安全的支护措施，采用轮式/履带式的挖掘机最大深度约为 4.5 m。（2）污染物存在和运移的媒介暴露于空气中，会造成污染物变质及挥发性物质的挥发。（3）不适合在地下水水位以下取样。（4）对地块的破坏程度较大，挖掘出来的污染土壤易造成二次污染。（5）与钻孔勘探方法相比，产生弃土较多。（6）污染物更易于传播到空气或水体当中，需要回填清洁材料	++	++	++	++	-
手工钻探	（1）可用于地层校验和采集设计深度的土壤样品。（2）适用于松散的人工堆积层和第四纪沉积的粉土、黏性土地层，即不含大块碎石等障碍物的地层。（3）适用于机械难以进入的地块	（1）采用人工操作，最大钻进深度一般不超过 5 m，受地层的坚硬程度和人为因素影响较大，当有碎石等障碍物存在时，很难继续钻进。（2）由于会有杂物掉进钻探孔中，可能导致土壤样品交叉污染。（3）只能获得体积较小的土壤样品	++	++	-	-	-

钻探方法	优点	缺点	适合土层				
			黏性土	粉土	砂土	碎石、卵砾石	岩石
冲击钻探	（1）钻探深度可达30 m。 （2）对人员健康安全和地面环境影响较小。 （3）钻进过程无须添加水或泥浆等冲洗介质，可以采集未经扰动的样品。可用于含挥发性有机物土壤样品的采集。 （4）可采集到多类型样品，包括污染物分析试样、土工试验样品、地下水试样，还可用于地下水采样井建设	（1）不如探坑法获得地层的感性认识直观。 （2）需要处置从钻孔中钻探出来的多余样品	++	++	++	+	−
螺旋钻探	（1）钻探深度可达40 m。 （2）采样井建设可以在钻杆空心部分完成，避免钻孔坍塌。 （3）不需要泥浆护壁，避免泥浆对土壤样品的污染	（1）不可用于坚硬岩层、卵石层和流砂地层。 （2）钻进深度受钻具和岩层的共同影响	++	+	+	−	−
直推式钻进	（1）适用于均质地层，典型采样深度为6～7.5 m。 （2）钻进过程无须添加水或泥浆等冲洗介质。 （3）采集原状土芯，适用于挥发性有机物土壤样品采集	（1）对操作人员技术要求较高。 （2）不可用于坚硬岩层、卵石层和流砂地层。 （3）典型钻孔直径为3.5～7.5 cm，对于建设采样井的钻孔需进行扩孔	++	++	++	−	−

注：++：适用；+：部分适用；−：不适用。

在企业用地调查过程中，一些位于河流阶地的地块，通常会遇到碎石或卵砾层夹有土层的特殊情况，此时常用的冲击钻机、直推钻机很难采集到符合要求的土壤样品。针对此问题，基于专家经验和实践摸索，形成了一套有效的方法。对于土层较浅的，采用挖机或人工挖掘垂直剖面后在垂直剖面上采样（图6-9）；对于土层较深的，采用螺旋钻+冲击钻相结合的方法，用螺旋钻钻碎石、卵砾石层至距土层一定距离（如约50 cm）处改用冲击钻取样。

（a）SH30 钻机

（b）GeoProbe 钻机

（c）手工钻

（d）螺旋钻

图 6-8　常用钻探设备

图 6-9　挖掘剖面采样（左）和螺旋钻+冲击钻相结合采样（右）

6.4.1.2 土孔钻探关键技术

土孔钻探按照钻机架设、开孔、钻进、取样、封孔、点位复测的流程进行。在土孔钻探过程中应保证岩芯的完整性、防控二次污染,并对各个关键环节进行记录和拍照,确保钻孔的质量。

（1）岩芯完整性控制

为最大限度保证钻孔获取土壤岩芯的原状性,每次钻进深度宜为 50~150 cm,尽量避免因钻进进尺不合适导致土壤岩芯压缩严重或出现膨胀爆管。岩芯平均采取率一般不小于 70%,其中黏性土及完整基岩的岩芯采取率不小于 85%,砂土类地层的岩芯采取率不小于 65%,碎石土类地层岩芯采取率不小于 50%,强风化、破碎基岩的岩芯采取率不小于 40%。

（2）二次污染防控

为防止钻孔坍塌和上下层交叉污染,钻进过程中选择无浆液钻进,全程套管跟进。不同样点间钻孔对钻头和钻杆进行清洗,清洗废水集中收集处置（图 6-10）。钻进过程中揭露地下水时停钻等水,待水位稳定后,测量并记录初见水位及静止水位,土壤岩芯样品按照揭露顺序依次放入岩芯箱,对土层变层位置进行标识（图 6-11）,钻进过程中防止潜水层底板被意外钻穿。钻孔过程中产生的污染土壤统一收集和处理,对废弃的一次性手套、口罩等个人防护用品按照一般固体废物处置要求进行收集处置。

图 6-10　全程套管跟进（左）和钻具清洗及废水收集（套管特写照片）

图 6-11 岩芯箱及土层变层标识

（3）记录与拍照

钻孔过程中按要求填写土壤钻孔采样记录单，对采样点、钻进操作、岩芯箱、钻孔记录单等环节进行拍照记录（图 6-12）。对采样点进行拍照，照片能反映周边建构筑物、设施等情况。对钻孔过程进行拍照，照片能体现钻孔作业中开孔、套管跟进、钻杆更换和取土器使用、原状土样采集等环节的操作过程。对岩芯箱拍照，照片能体现整个钻孔土壤岩芯的结构特征，重点突出土层的岩性变化和污染特征。

（a）东西南北四个方向　　　　　　　　　　（b）开孔

（c）套管跟进　　　　　　　　　　（d）钻头和钻杆清洗

（e）钻杆更换　　　　　　　　　　（f）岩芯箱

（g）原状土壤样品采集　　　　　　（h）土壤钻孔采样记录单

图 6-12　土孔钻探过程拍照示例

6.4.2　土壤采样方法

为规范土壤样品采集，企业用地调查专门发布了《重点行业企业用地调查疑似污染地块样品采集保存和流转技术规定（试行）》《重点行业企业用地土壤污染状况调查样品采集保存和流转质量控制工作手册（试行）》《重点行业企业用地土壤污染状况调查常见问题解答》等文件，规定了操作执行的统一步骤和要求。

6.4.2.1　土壤样品采集方法

（1）采样工具的选择

按照土壤样品检测项目选择对应的土壤样品采集工具，避免使用对检测指标产生干扰的工具。为避免土壤样品扰动导致 VOCs 损失，采集土壤 VOCs 样品时采用非扰动采样器采集，非扰动采样管由蓝色手柄和注射器采样管组成，蓝色手柄可重复使用。非挥发性和半挥发性有机物（SVOCs）样品采用不锈钢铲或表面镀特氟龙膜的采样铲采集，土壤重金属样品采集采用塑料铲或竹铲采集，见图 6-13。

（2）VOCs 土壤样品采集方法

采集土壤 VOCs 样品时，为减少采样过程中 VOCs 的损失，在取出土壤岩芯后，尽快使用非扰动采样器优先采集 VOCs 样品，采集的土壤样品保证其原状性，不应对样品进行扰动、均质化处理，不采集混合样（图 6-14）。用刮刀剔除 1～2 cm 表层土壤，在新的土壤切面处快速采集样品。使用非扰动采样器采集不少于 5 g 原状岩芯的土壤样品，推入加有 10 mL 甲醇（色谱级或农残级）保护剂的 40 mL 棕色样品瓶内，推入时将样品瓶略微倾斜，防止将保护剂溅出；检测 VOCs 的土壤样品采集双份，一份用于检测、一份留作备份。

（a）镀特氟铲　　（b）竹铲或木铲　　（c）塑料铲　　（d）不锈钢铲　　（e）非扰动采样器

图 6-13　土壤样品采集工具

（a）新土壤切面处快速采集样品　　（b）推入样品时，样品瓶略微倾斜

图 6-14　VOCs 土壤样品采集示意

在企业用地调查实践过程中，在现有技术规范的基础上，进一步完善了土壤 VOCs 样品的采样方法，主要区分了低浓度和高浓度 VOCs 样品采集和保存方法。对于高浓度的 VOCs 土壤样品，为避免其在样品瓶中挥发损失，导致采集的土壤样品检测结果与实际含量出现较大偏差，采集的高浓度样品要求添加甲醇保护剂。对于低浓度 VOCs 的土壤样品，由于添加甲醇后会对目标 VOCs 污染物产生稀释作用，导致土壤中 VOCs 污染物浓度低于检出限，一般不添加甲醇保护剂。实际执行过程中，采样现场难以判断 VOCs 浓度的高低，一般采集两份 VOCs 土壤样品，一份添加甲醇，一份不添加甲醇。

（3）其他测试指标土壤样品采集方法

用于检测含水率、重金属、SVOCs 等指标的土壤样品，用采样铲采集。采样时先清除原状岩芯表层土壤，剔除石块、树根等非土壤杂物，然后采集土壤样品至广口样品瓶内，装满填实，保持采样瓶口螺纹清洁，确保密封严实，见图 6-15。

图 6-15　SVOCs 和重金属土壤样品采集

（4）土壤样品采集拍照与记录

土壤样品采集过程对采样工具、采集位置、VOCs 和 SVOCs 采样装样过程、样品瓶编号、盛放柱状样的岩芯箱、现场检测仪器使用等关键信息拍照记录（图 6-16），每个关键信息至少 1 张照片，以备质量控制。

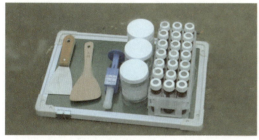

（a）采样工具

（b）SVOCs 及重金属样品采集

（c）VOCs 样品采集

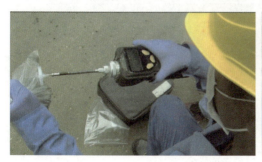

（d）PID 快检

（e）XRF 快检

（f）岩芯箱　　　　　　　　　　　　　（g）采样记录单

图 6-16　土壤样品采集过程照片示例

6.4.2.2　现场土壤采样深度的确定方法

企业用地调查以最大限度捕获污染为目的，并满足刻画钻孔位置不同深度污染分布，综合考虑土壤剖面污染分布特征、水文地质等因素确定土壤样品深度。原则上，每个采样点位至少在 3 个不同深度采集土壤样品，如现场采样发现土壤岩心存在污染痕迹（如气味、颜色异常），或现场快速检测设备识别污染相对较重（如 PID 读数较大），则对存在此类现象位置处的土壤进行取样。对于砂质、粉质土壤，如果存在明显异常气味、颜色或有油状物等可能存在 VOCs 污染的，应先进行 VOCs 样品的采集，再根据筛选结果确定采样深度。相比于现有技术导则规范，企业用地调查规定了需要采集的最少样品数、增加了水位线附近的采样要求，见图 6-17。

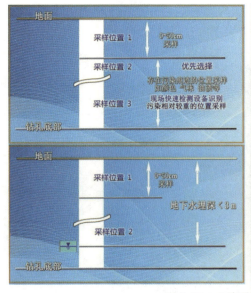
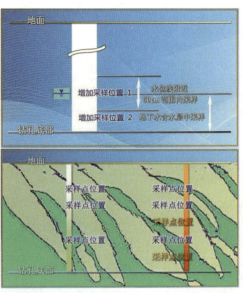

图 6-17　土壤采样深度确定示意

样品现场快速检测技术有利于快速、有效识别污染，在现场采样时通过比对不同样品污染物快速检测结果的差异，结合土壤的颜色、气味、性状等信息，进一步确定需采集送检样品的采样深度。根据地块污染特征，一般使用 PID 对土壤 VOCs 样品进行快速检测，使用 XRF 对土壤重金属样品进行快速检测，见图 6-18。

（a）XRF 快速检测　　　　　　　　　（b）PID 快速检测

图 6-18　现场土壤快速检测

6.4.2.3　土壤平行样采集的方法

土壤平行样应不少于地块总样品数的 10%，每个地块至少采集 1 份。每份平行样品需要采集 3 份，其中 2 份送检测实验室，另 1 份送各质量控制实验室。尽可能选择地块内污染较重且可采集到足够样品量的点位作为土壤平行样样点。平行样采样深度应避免跨不同性质土层、地下水水位线。现场采样时，除采集 VOCs 土壤样品外，尽可能在同一点位同一深度采集平行样。针对平行样是否需要混匀以及如何获得足够的取样量也有具体规定。

专栏 6-8　土壤样品采集典型问题

1. 在现场采样时，所有密码平行样是否做均质分样处理（VOCs 样品除外）？如遇到同一钻样（长度 50 cm 以内）里，现场专业判断并结合快速检测结果发现有显著差异的情况，是否应该为了保证样品量而整钻混匀后取平行样？若不可以，如何保证取样量？

答：无论是土壤样品还是地下水样品，除 VOCs 挥发性检测项目样品外，采样人员在采样现场应尽可能将同一点位同一深度采集的密码平行样进行均质分样处理。但统一设置土壤制样中心的省份，可在制样中心完成土壤统一制样后再分样送检测实验室。如果对同一钻样的现场专业判断并结合快速检测结果发现有显著差异时，为了获取足够样品量而将存在显著差异的样品混匀取平行样的做法是错误的。若平行样品量不够，可通过就近打钻取同一深度样品，以满足样品量需求。

2. 加上土壤平行样，土壤样品需求量较大，如何解决？

答：（1）做好检测分样的统筹工作，最大限度优化土壤样品需求量。（2）采用大口径钻具，一次钻孔获取尽可能多的土壤样品；当一次钻孔无法满足样品量需求时，可在邻近已完成钻探点进行二次钻探取样，采集相同深度土壤样品。

6.4.3 地下水建井及采样

6.4.3.1 地下水监测井建设

目前地下水监测井建设要求的技术导则和规范，主要包括《建设用地土壤污染状况调查技术导则》（HJ 25.1—2019）、《地块土壤和地下水中挥发性有机物采样技术导则》（HJ 1019—2019）、《地下水环境监测技术规范》（HJ 164—2020），企业用地调查对于监测井设计、建井材质选择、建井方法等环节的要求进行了细化。

（1）监测井设计

规范科学的地下水采样井设计是最大概率捕获地下水污染，保证地下水样品采集质量的基本要求。地下水采样井的主体结构主要包括井管（含滤水管）、填料等。采样井结构示意图见图6-19。

1）井管内径及材质。为满足洗井和样品采集要求，地下水采样井井管（含滤水管）的内径要求不小于50 mm，同时为避免井口过大导致地下水形成紊流使土壤颗粒进入地下水中而影响地下水水质，尽量选择小口径井管。由于地块环境复杂，生产活动可能导致井管被挤压损坏，或导致井管腐蚀，井管应选择坚固、耐腐蚀、不会对地下水水质造成污染的材料制成，滤水管材质应与井管保持一致。企业用地调查规定了不同类型污染物（金属、有机物、金属和有机物）推荐的井管材质，见表6-10。

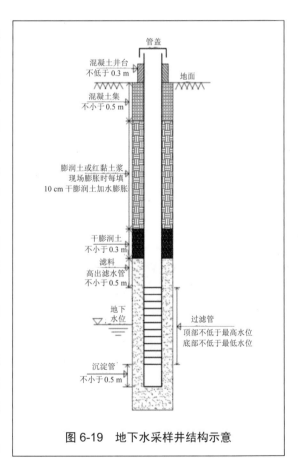

图 6-19 地下水采样井结构示意

表 6-10　井管材质选择要求

污染物类型	第一选择	第二选择	禁用材质
金属	聚四氟乙烯（PTFE）	优先序：丙烯腈-苯乙烯-丁二烯共聚物（ABS）＞硬聚氯乙烯（UPVC）＞PVC	304 和 316 不锈钢
有机物	304 和 316 不锈钢	优先序：PTFE＞ABS＞UPVC＞PVC	无
金属和有机物	无	优先序：PTFE＞ABS＞UPVC＞PVC	304 和 316 不锈钢

此外，企业用地调查对滤水管（图 6-20）规格提出了更为明确和细致的要求。为阻挡 90% 含水层细颗粒，滤水管宜选用缝宽 0.2～0.5 mm 的割缝筛管，滤水管钻孔直径不超过 5 mm，钻孔之间距离为 10～20 mm。为了更好地阻挡细颗粒进入，滤水管外包裹 2～3 层 40 目钢丝网或尼龙网，并以细铁丝固定。

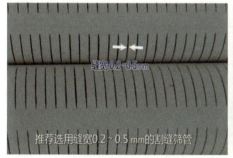 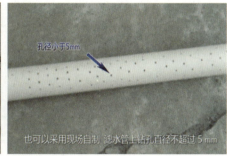

图 6-20　滤水管示例（左 PVC 割缝管，右 PVC 钻孔管）

> **专栏 6-9　地下水监测井井管内径及材质的要求**
>
> 1. 《建设用地土壤污染风险管控和修复监测技术导则》（HJ 25.2—2019）
> 井管材料应有一定强度，耐腐蚀，对地下水无污染。
> 2. 《地下水环境监测技术规范》（HJ 164—2020）
> 井管的内径要求不小于 50 mm，以能够满足洗井和取水要求的口径为准。
> 3. 《建设用地土壤污染状况调查技术导则》（HJ 25.1—2019）
> 监测井的井管材质应有一定强度，耐腐蚀，对地下水无污染。当地下水中含有非水相液体时，可参照附录 D.1 选择合适的井管材质；井管的内径以能够满足洗井和取水要求的口径为准，一般为 5～10 cm，特殊情况下可依据实际需求适当放大。

2）地下水监测井钻井深度。企业用地调查中地下水的调查主要针对潜水含水层，为避免钻穿含水层底板，地下水水位以下的滤水管长度不宜超过 3 m。对于地下水长期监测井，为确保能采集到地下水，当地下水水位存在较大季节性变化时，地下水监测井滤水管下沿位置应低于近两年枯水期最低水位，地下水水位以上的滤水管长度根据地下水水位动态变化确定。滤水管应置于含水层中合适位置以确保能取得代表性水样，因大多数 LNAPL 浮在水面上，若地下水中可能或已经发现存在 LNAPL，滤水管位置应达到潜水面处；因 DNAPL 聚集在含水层底部、相对隔水层顶部，若地下水中可能或已经发现存在 DNAPL，滤水管应达到潜水层的底部，但应避免穿透隔水层。

企业用地调查提出了沉淀管的要求，沉淀管长度一般为 50 cm。若含水层厚度超过 3 m，地下水采样井原则上可以不设沉淀管，但滤水管底部必须用管堵密封，见图 6-21。

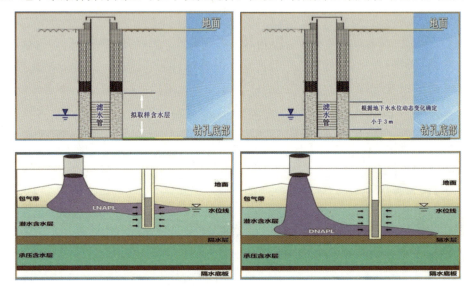

图 6-21　滤水管位置设计示意

3）填料。填料从下至上依次为滤料层、止水层、回填层。滤料层从沉淀管（或管堵）底部一定距离到滤水管顶部以上 50 cm。滤料层材料宜选择球度与圆度好、无污染的石英砂。使用前应对滤料进行筛选和清洗，避免影响地下水水质。滤料的粒径根据目标含水层土壤的粒度确定，一般以 1～2 mm 粒径为宜，具体可参照表 6-11。

表 6-11　滤料直径的选择

含水层类型	砂土类含水层	碎石土类含水层	
	$\eta_1 < 10$	$d_{20} < 2$ mm	$d_{20} \geq 2$ mm
滤料的尺寸（D）	$D_{50} = (6\sim8) d_{50}$ mm	$D_{50} = (6\sim8) d_{20}$ mm	$D = 10\sim20$ mm
滤料的 η_2 要求	$\eta_2 < 10$		

注：①表中 η_1 和 η_2 分别为含水层和滤料的不均匀系数，$\eta_1 = d_{60}/d_{10}$，$\eta_2 = D_{60}/D_{10}$；②d_{10}、d_{20}、d_{50}、d_{60} 和 D_{10}、D_{50}、D_{60} 分别为含水层试样和滤料试样在筛分时能通过筛眼的颗粒累计重量占筛样全重依次为 10%、20%、50%、60% 时的筛眼直径。

止水层主要用于防止滤料层以上的外来水通过滤料层进入井内。止水起始位置根据钻孔含水层的分布情况确定，一般选择在隔水层或弱透水层处。止水层的填充高度达到滤料层以上 50 cm。为了保证止水效果，选用直径 20～40 mm 的球状膨润土（图 6-22）分两段进行填充，第一段从滤料层往上填充不小于 30 cm 的干膨润土，然后采用加水膨润土或膨润土浆继续填充至距离地面 50 cm 处。

图 6-22　球状膨润土

回填层位于止水层之上至采样井顶部，根据现场条件选择合适的回填材料。优先选用膨润土作为回填材料，当地下水含有可能导致膨润土水化不良的成分时，宜选择混凝土浆作为回填材料。使用混凝土浆作为回填材料时，为延缓固化时间，可在混凝土浆中添加 5%～10%的膨润土。地下水位埋深较浅的地块，滤料层和回填层厚度可适当减少。

专栏 6-10　地下水监测井滤料填充问题

按照采样技术规定的要求，地下水建井筛管需要高于地下水，滤料层需要高出筛管顶部以上 50 cm，止水层应达到滤料层以上 50 cm，并距地面 50 cm，回填层位于止水层之上至采样井顶部。在地下水位埋深较浅的情况下，如 0.4 m，建井时如何确定滤料层、止水层和回填层的高度？

答：在地下水位埋深较浅的情况下，如水位埋深小于 50 cm，地下水采样井建设方式可根据实际情况调整，可适当减少滤料层和回填层厚度，优先保证设置足够的止水层厚度，防止地面污染沿采样井渗入。

（2）监测井建设

地下水监测井建设按照钻孔、下管、填充滤料、密封止水、井台构筑等步骤进行。井孔钻孔直径应大于井管直径 50 mm。为清除钻孔中的泥浆和钻屑，钻孔达到设定深度后先进行钻孔淘洗，然后静置 2～3 h 并记录静止水位。为确保孔深达到要求、下管深度和滤水管安装位置准确无误，下管前校正孔深，按先后次序将井管逐根丈量、排列、编号、试扣，见图 6-23。

图 6-23　井管逐根丈量、排列、编号、试扣

井管下放速度不宜太快，若堵塞或中途遇阻时可适当上下提动和转动井管，必要时将井管提出，清除孔内障碍后再下管。下管完成后，将其扶正、固定，确保井管与钻孔轴心重合。为防止滤料填充时形成架桥或卡锁现象，滤料填充时沿着井管四周均匀填充，避免从单一方位填入，一边填充一边晃动井管。必要时使用导砂管将滤料缓慢填充至管壁与孔壁中的环形空隙内。为确保滤料填充至设计高度，滤料填充过程进行测量。建井不规范（如滤料堵塞）可能导致地下水回水较慢，会导致对地块地下水是否属于低渗透地层造成误判。

> **专栏 6-11　是否需开展地下水样品采集相关问题**
>
> 若地下水监测井回水较慢，是否可以判断属于低渗透层？是否可以不再采集地下水样？
>
> 答：通常地下水监测井回水慢是因为地下水井选点不合理、建井不规范、建井深度不合理、季节（处于枯水期）等因素造成的，而非低渗透地层。仅依据回水慢就判定为低渗透地层是不科学的。
>
> 当建成的监测井回水较慢或无明显地下水时，应从以下角度判断是否由于上述原因导致的回水较慢：
>
> ①地块内的其他监测井是否均回水较慢，如其他监测井回水正常或回水速度明显大于本监测井，则可能是建井过程不规范（滤料堵塞等）或选点失败（地层异质性）导致的，应考虑调整位置重新建井。
>
> ②如果建井前钻探时有明显地下水赋存迹象，而建成后回水较慢，则一般是建井不规范造成的；如建井时钻孔内便没有地下水赋存迹象，则说明监测井深度不满足要求或地块地质异质性导致选点失败，一般这种情况建议建井时便应该终止，换点重建。

③如建井洗井后井内水位高度（水面至井底）≥建井时最短筛管长度的一半，而采样时无地下水或回水明显变慢，则可能属于枯水期，可在雨后水量相对丰富时采集地下水样品，或重新建井，加长筛管，下缘低于枯水期水位（建井时最短筛管长度的一半），涉及 LNAPL 地块其上缘应高于丰水期水位。

对回水慢的监测井，还可通过再次洗井、换点建井、增大井管直径、加长筛管长度等手段增加回水，潜水层地下水监测对于地块污染捕获的意义重大，无特殊情况应坚持采集地下水。

密封止水从滤料层往上填充，直至距离地面 50 cm。若采用膨润土球作为止水材料，为促进止水材料较快发挥作用，每填充 10 cm 向钻孔中均匀注入少量的清洁水，填充过程中通过测量，确保观察止水材料填充至设计高度，静置待膨润土充分膨胀、水化和凝结（具体根据膨润土供应厂商建议时间调整），然后回填混凝土浆层。

若地下水采样井需建成长期监测井，设置保护性的井台构筑。井台构筑通常分为隐藏式和明显式井台（图 6-24）。隐藏式井台与地面齐平，适用于路面等特殊位置。明显式井台地上部分井管长度保留 30～50 cm，井口用与井管同材质的管帽封堵，地上部分的井管采用管套保护（管套选择强度较大且不宜损坏的材质），管套与井管之间注入混凝土浆固定，井台高度不小于 30 cm。井台设置标示牌，注明采样井编号、负责人、联系方式等信息。

图 6-24　地下水井井台示例

（3）记录与拍照

在地下水采样井建井过程中，对各重要工作环节进行拍照记录。相关信息、照片拍摄示例及拍摄要点，如表 6-12 所示。

表 6-12　地下水采样井建设照片拍摄记录要求

重要环节	具体照片	备注
采样点周边环境图	东、南、西、北四个方位照片	需反映周边构筑物情况
内审人员站在采样点标记位置正面照	内审人员正面照	需反映钻孔位置
井管内径测量场景	测井管内径	需清晰反映刻度尺数值
体现滤料及止水材料、类型和现场存放位置	石英砂	需清楚反映滤料粒径大小及存放位置
	膨润土	需清楚反映膨润土的类型和存放位置
井管连接	螺旋或卡扣	拍摄两张（未连接及开始连接）
	测筛管长度	显示筛管整体，应清楚反映测量筛管长度的过程
	筛管具体长度	需清晰反映筛管长度
下管、滤料填充及止水材料填充	下管	需体现下管的过程
	填石英砂	需体现装填滤料的过程
	测石英砂下的深度	需体现测量的过程
	填膨润土	需体现装填止水材料的过程（干膨润土、加水等）
其他	包纱网	需反映筛管外层包裹纱网情况
	井台设计	需清晰反映井台构造及外观
	标识牌	需清晰反映标识牌内容

6.4.3.2　成井洗井和采样前洗井

为消除建井过程中人为因素对地下水的影响及细颗粒物堵塞采样井，疏通采样井与监测区域含水层的联通，确保能采集到地块自然状态下地下水样品，需分别进行成井洗井和采样前洗井。

（1）洗井设备选择

典型的洗井设备包括贝勒管、潜水泵、地表式离心泵、气提泵、低流量气囊泵和蠕动泵等（图 6-25），不同设备有不同的适用性，选择时按照表 6-13 选择并准备合适的洗井设备，检查洗井设备运行情况，确保设备材质不会对样品检测产生影响。选择时优先考虑采用气囊泵或低流量潜水泵，或具有低流量调节阀的贝勒管。针对氯代有机污染物的地下水洗井，避免使用氯乙烯或苯乙烯类共聚物材质的洗井设备。

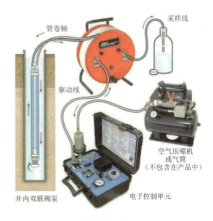

(a) 低流量气囊泵　　　　　　　　　　　(b) 潜水泵

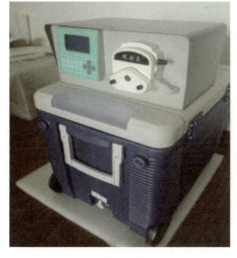
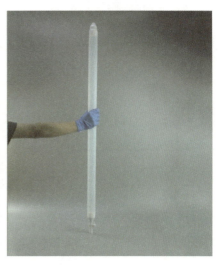

(c) 蠕动泵　　　　　　　　　　　　　　(d) 贝勒管

图 6-25　洗井和采样设备/器材

表 6-13　典型洗井设备及其适用性

名称	配置	洗井类型	适用场址	优点	缺点	所需辅助
贝勒管	贝勒管、采样绳	擤取式	适用于井径大于贝勒管直径的地下水采样井	①成本低廉 ②设备轻便，操作简单 ③不受采样深度影响	①劳动强度大，尤其在深井及大口径井 ②不能完全清洗出建井时产生的土粒及粉土 ③水中泥沙较多时，易漏水而导致洗井强度增大	无

名称	配置	洗井类型	适用场址	优点	缺点	所需辅助
潜水泵	采样泵、变频控制器、电缆、水管、钢绳	离心式	适用于各种地块的成井洗井，同时，井径≥5 cm，井深不超过 90 m	①流量大，流速可调 ②采样深度可达 80 m	①叶轮及垫片极易磨损 ②电机发热会影响水质，增加设备的故障率 ③现场不方便维修	需外接电源
地表式离心泵	控制器、变频控制器、地表式离心泵、电缆、水管	吸引提升式	适用于成井洗井，且需采样井出水量较高，适用井径由抽水管决定	流量大，流速可调	①叶轮、垫片等易磨损 ②洗井结束后不能立即采样 ③较易把井抽干	需外接电源
气提泵	气管、水管	空气置换式	一般井深不超过 7.5 m，若井深超过 7.5 m，可加配空压机	①价格低廉 ②流量可调 ③便于清洗及维修	①只能洗到一半水位的井，效率较低，会产生大量气泡 ②不能完全清洗出建井时产生的土粒及粉土 ③洗井结束后不能立即采样 ④流量及效率会随着深度的增加而减小	需外接电源
低流量气囊泵	控制器、流通槽、气囊泵、泄降仪、进气出水双管	气囊挤压式	适用于井筛较短及井口径较小的采样井，同时，井径≥2 cm，井深不超过 65 m	①对水体搅动较小不带出沉底泥沙，洗出的废水较少 ②便于现场清洗及维修	①只适用于采样前洗井 ②深井或大口径井洗井比较慢	需外接电源或气源
蠕动泵	驱动器、泵头和软管	挤压式	适用于井筛较短的采样井，井径≥2 cm，井深不超过 10 m	①不渗漏（气密性好）、吸附性低、耐温性好 ②不易老化、不溶胀、抗腐蚀、析出物低等 ③可调节出水流量 ④对水体搅动较小不带出沉底泥沙，洗出的废水较少	①压力局限：用柔性管，会使承受压力受到限制 ②泵在运作时会产生一个脉冲流	需外接电源

（2）成井洗井

为使井内填料得到充分养护、保持稳定，地下水采样井建成后，至少 24 h 后才进行成井洗井，结合 HJ 164 的规定"成井洗井保证监测井出水水清砂净"，HJ 25.1 的规定"洗井达标时各项参数要求"，企业用地调查进一步细化了达标判断要求，并对特殊情形做了相应说明：洗井时一般控制抽水流速不超过 3.8 L/min，现场需直观判断水质基本上达到水清砂净（基本透明无色、无沉砂），同时监测 pH、电导率、浊度、水温等参数值达到稳定（连续三次监测数值浮动在±10%以内），浊度小于 50 NTU。

洗井过程要防止交叉污染，贝勒管洗井时一井一管，气囊泵、潜水泵在洗井前清洗泵体和管线，成井洗井过程中产生的各类废水统一收集处理。成井洗井完成后需填写成井记录单，其中孔位图应清晰描绘井体结构，能反映井管、滤水管以及填料层各部分相对位置和填料层高等关键信息。

专栏 6-12　地下水监测井成井洗井规定

1. 《地下水环境监测技术规范》（HJ 164—2020）

   监测井建设完成后必须进行洗井，保证监测井出水水清砂净。

2. 《建设用地土壤污染状况调查技术导则》（HJ 25.1—2019）

   使用便携式水质测定仪对出水进行测定，当浊度小于或等于 10 NTU 时，可结束洗井；当浊度大于 10NTU 时，应每间隔约 1 倍井体积的洗井水量后对出水进行测定，结束洗井应同时满足以下要求：①浊度连续三次测定的变化在 10%以内；②电导率连续三次测定的变化在 10%以内；③pH 连续三次测定的变化在 10%以内。

（3）采样前洗井

HJ 164 和 HJ 1019 对采样前洗井达标判断标准的规定较为细致，企业用地调查在上述导则、规范基础上，对浊度达标要求进行了调整，此外增加了特殊情形处理方法，增加了实操性。

采样前洗井与成井洗井至少间隔 48 h。采样前洗井要避免对井内水体产生气提、气曝等扰动。若选用气囊泵或低流量潜水泵，泵体进水口要置于水面下 1.0 m 左右，抽水速率不大于 0.3 L/min，洗井过程中跟踪测定地下水位，确保水位下降小于 10 cm。若洗井过程中水位下降超过 10 cm，则适当调低气囊泵或低流量潜水泵的洗井流速。若采用贝勒管进行洗井，贝勒管汲水位置为井管底部，并控制贝勒管缓慢下降和上升，原则上洗井水体积应达到 3～5 倍井内滞水体积。

洗井前对 pH 计、溶解氧仪、电导率和氧化还原电位仪等检测仪器进行现场校正。开始洗井时，以小流量抽水，记录抽水开始时间，同时洗井过程中每隔 5 min 读取并记录 pH、温度（T）、电导率、溶解氧（DO）、氧化还原电位（ORP）及浊度，连续三次采样达到以下要求结束洗井：①pH 变化范围为±0.1。②温度变化范围为±0.5℃。③电导率变化范围为±3%。④DO 变化范围为±10%，当 DO＜2.0 mg/L 时，其变化范围为±0.2 mg/L。⑤ORP 变化范围为±10 mV。⑥当 10 NTU＜浊度＜50 NTU 时，其变化范围应在±10%以内；当浊度＜10 NTU 时，其变化范围为±1.0 NTU；若含水层处于粉土或黏土地层，连续多次洗井后的浊度≥50 NTU，则要求连续三次测量浊度变化值小于 5 NTU。若现场测试参数无法同时满足以上要求，或不具备现场测试仪器的，则洗井出水体积达到 3～5 倍采样井内水体积后方可进行采样，对于低渗透性地块难以完成洗井出水体积要求的，按照《地块土壤和地下水中挥发性有机污染物采样技术导则》（HJ 1019—2019）中低渗透含水层采样方法要求执行。采样前洗井过程中产生的各类废水统一收集处理。

专栏 6-13　地下水监测井采样前洗井达标的要求

1. 《地下水环境监测技术规范》（HJ 164—2020）

在现场使用便携式水质测定仪对出水进行测定，浊度小于或等于 10 NTU 时或者当浊度连续三次测定的变化在±10%以内、电导率连续三次测定的变化在±10%以内、pH 连续三次测定的变化在±0.1 以内；洗井抽出水量在井内水体积的 3～5 倍时，可结束洗井，见表 6-14。

表 6-14　地下水采样洗井出水水质的稳定标准

检测指标	稳定标准
pH	±0.1 以内
温度	±0.5℃以内
电导率	±10%以内
氧化还原电位	±10 mV 以内，或在±10%以内
溶解氧	±0.3 mg/L 以内，或在±10%以内
浊度	≤10NTU，或在±10%以内

2. 《地块土壤和地下水中挥发性有机物采样技术导则》（HJ 1019—2019）

在现场使用便携式水质测定仪，每间隔约 5 min 后测定输水管线出口的出水水质，直至至少 3 项检测指标连续三次测定的变化达到表 6-14 中的稳定标准；如洗井 4 h 后出水水质未能达到稳定标准，可采用贝勒管采样方法进行采样。

6.4.3.3 地下水样品的采集

（1）地下水样品采集工具

按照不同的采样检测分析需要及检测指标类型，选取合适的地下水采样器具。常用的采样工具包括：气囊泵、小流量潜水泵、惯性泵、贝勒管、闭合定深取样器等。为最大限度减少 VOCs 的损失，VOCs 采样优先选择扰动小、无交叉干扰的气囊泵或低流量潜水泵。SVOCs、重金属及无机物采样可以选择气囊泵、低流量潜水泵及贝勒管，而单阀门贝勒管适用于采集表层地下水样品，双阀门贝勒管适用于采集指定深度的地下水样品，贝勒管外径应小于井管内径的 3/4；惯性泵适用于小直径的监测井。地下水采样过程常见的采样器具及适用性汇总如表 6-15 所示。

表 6-15 常见的采样器具及所适用监测项目一览表

检测项目	敞口定深取样器	闭合定深取样器	惯性泵	气囊泵	气提泵	潜水泵	自吸泵	贝勒管
电导率（k）	√	√	√	√	√	√	√	√
pH	—	√	√	√	—	√	√	√
碱度	√	√	√	√	—	√	√	√
氧化还原电位	—	√	√	√	—	√	√	√
金属	√	√	√	√	—	√	√	√
硝酸盐等阴离子	√	√	√	√	—	√	√	√
非挥发性有机物	√	√	—	√	—	√	√	√
VOCs 和 SVOCs	—	√	—	√	—	√	√	√
TOC（总有机碳）	√	√	—	√	—	√	—	—
TOX（总有机卤化物）								
微生物指标	√	√	√	√	—	√	√	√

（2）采样方法及深度

根据水文地质条件、井管尺寸、现场采样条件等，选择低速采样、贝勒管采样或低渗透性含水层采样等方法进行采样。一般情况下，VOCs 优先选用气囊泵或低流量潜水泵等低速采样设备进行采样；水位浅或内径较小的监测井可选择带低流量调节阀的贝勒管，采用人工采样方式进行采样；当含水层渗透性低，导致无法进行低速采样或贝勒管采样时，可采用低渗透性含水层采样方法。

地下水采样深度一般在监测井水面下 0.5 m 以下，对于存在 LNAPL 污染，在含水层顶部取样；对于存在 DNAPL 污染，在含水层底部取样，即在沉淀管或井管底部以上 0.5～1.0 m 处。

(3) 样品采集

采样洗井达到要求后，测量并记录水位，若水位变化小于 10 cm，则立即开始采样，若地下水位变化超过 10 cm，则待地下水位稳定后取样，若地下水回补较慢，原则上要求在洗井后 2 h 内完成地下水采样。优先采集用于检测 VOCs 的水样，一般按照 VOCs、SVOCs、稳定有机物、微生物样品、重金属和普通无机物的顺序采集。

VOCs 样品采集是地下水采样的难点和重点，采样方法主要包括低速采样法、贝勒管采样法、低渗透性含水层采样法。VOCs 采样方法技术要点：①采集输水管线或贝勒管中段水样；②控制出水流速，避免冲击产生气泡，控制出水流速一般不高于 300 mL/min；③将水样在地下水样品瓶中过量溢出，直至在瓶口形成凸面（图 6-26），拧紧瓶盖，倒置样品瓶观察数秒，确保瓶内不存在顶空和气泡，如有气泡应重新采样。

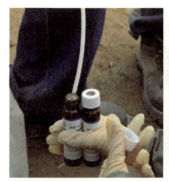 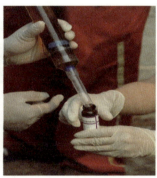 

（a）气囊泵或低流量潜水泵采样　　（b）贝勒管采样　　（c）VOCs 样品凸液面

图 6-26　地下水 VOCs 样品采集

采集 SVOCs 样品时出水口流速控制在 0.2～0.5 L/min，其他监测项目样品采集时控制出水口流速低于 1 L/min，当样品在采集过程中水质易发生较大变化时，适当加大采样流速。

采集金属样品时，依据采取的金属项目分析测试要求考虑是否采用 0.45 μm 滤膜过滤。当测定的为溶解态金属离子时一般需过滤，在实际操作中，当采集的地下水样品清澈透明时，在采样现场对水样直接加酸处理；当采集的地下水样品浑浊或有肉眼可见颗粒物时，在采样现场对水样进行 0.45 μm 滤膜过滤，然后对过滤水样加酸处理。若测定的为总金属含量时，仅需静置 30 min 后取非沉淀相上清液或悬浊液。

采样时除有特殊要求的项目外，首先用采集的水样润洗采样器与水样容器 2～3 次。测定硫化物、石油类、细菌类和放射性等项目的水样分别单独采样。采集水样后，立即将水样容器瓶盖紧、密封，贴好标签，标签通过手持与蓝牙打印机连接打印。采样结束前，核对采样计划、采样记录与水样，如有错误或漏采，立即重采或补采。地下水样品采集量依据不同项目测试方法要求不同而设定，采样量应考虑重复分析和质量控制的需要，具体参见 HJ/T 164 附录 D。地下水样品前或水样装入容器后，应按照 HJ/T 164 附录 D 要求加入保护剂。

> **专栏 6-14　地下水中金属检测的形态问题**
>
> 　　地下水中金属检测的是金属可溶态还是金属总量？现场地下水如何采样，对应实验室如何分析？
> 　　答：本次企业用地调查地下水测定的为溶解态金属离子。当采集的地下水样品清澈透明时，在采样现场对水样直接加酸处理，无须过滤。当采集的地下水样品浑浊或有肉眼可见颗粒物时，在采样现场对水样进行 0.45 μm 滤膜过滤，然后对过滤水样加酸处理。

（4）地下水采样记录及照片

地下水样品采集应完整、规范、准确填写地下水采样记录单（表 6-16），记录地块企业名称、采样单位、天气、水位埋深、油水界面仪信号等相关采样信息，填写时要求字迹端正、清晰，各栏内容填写齐全，不得遗漏关键项。

表 6-16　地下水采样记录单

企业名称：		采样日期：		采样单位：	
天气（描述及温度）：		采样前 48 小时内是否强降雨：是□　否□		采样点地面是否积水：是□　否□	
油水界面仪型号：			是否有漂浮的油类物质及油层厚度：是□　否□		

地下水采样井编号	对应土壤采样点编号	采样井锁扣是否完整	水位埋深/m	采样设备	采样器放置深度/m	采样器汲水速率/(L/min)	温度/℃	pH	电导率/(μS/cm)	溶解氧/(mg/L)	氧化还原电位/mV	浊度/NTU	地下水性状观察（颜色、气味、杂质，是否存在 NAPLs，厚度）	样品检测指标（重金属/VOCs/SVOCs/水质等）

采样照片	
采样人员	
工作组自审签字	采样单位内审签字

对洗井、装样（用于 VOCs、SVOCs、重金属和地下水水质监测的样品瓶）、现场调节水样 pH、添加保护剂以及采样过程中现场快速监测等环节进行拍照记录。照片要求清晰规范，每个环节至少 1 张照片（表 6-17）。

表 6-17 地下水样品采集照片要求及示例

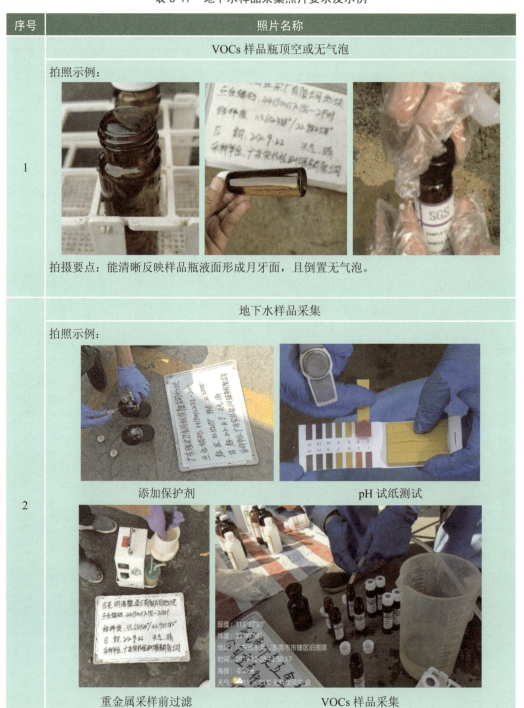

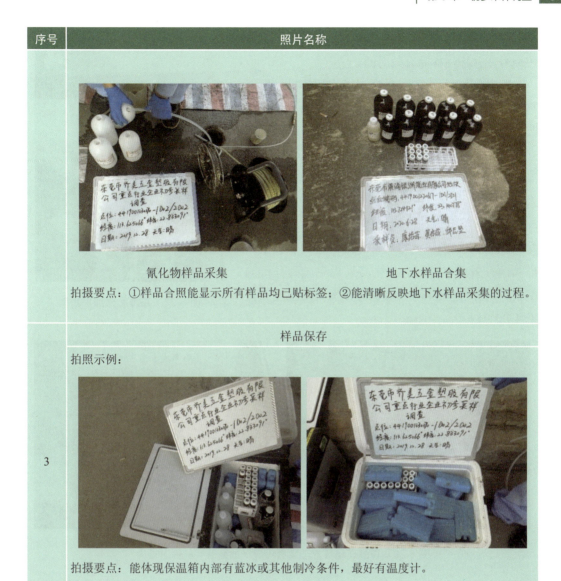

6.5 样品保存和流转方法

6.5.1 样品保存方法

6.5.1.1 样品保存基本原则

样品保存包括现场暂存和流转保存两个主要环节，具体操作应遵循以下原则：

1）添加保护剂。根据不同检测项目要求，应在采样前向样品瓶中添加一定量的保护剂（图 6-27），在样品瓶标签上标注检测单位内控编号，并标注样品有效时间。

2）样品现场暂存。采样现场需配备样品保温箱，内置冰冻蓝冰，同时保温箱内应配备温度计，监控温度是否达标（不大于 4℃）。样品采集后应立即存放至保温箱内（图 6-28），样品采集当天不能寄送至实验室时，样品需用冷藏柜在 4℃下避光保存。

3）样品流转保存。样品应保存在有冰冻蓝冰（或其他冷媒）的保温箱内寄送或运送到实验室，样品的有效保存时间为从样品采集完成到分析测试结束，在运输过程中，应保证保温箱内温度不大于 4℃。

图 6-27　采样瓶预加保护剂

图 6-28　样品现场暂存于装有冷媒（如蓝冰）的保温箱内

6.5.1.2　土壤样品保存方法

现场暂存和流转保存主要针对新鲜土样保存。对于易分解或易挥发等不稳定组分的样品（如氰化物、VOCs 等），要采取低温保存的运输方法，并尽快送到实验室分析测试，防止运输途中污染物挥发损失或拟检测化合物发生变化。对于需要新鲜土样的测试项目如半挥发性有机物类，采集后用可密封的棕色玻璃容器在 4℃以下避光保存，采集的样品要充满容器，避免混入空气导致样品挥发损失。避免选择与待测组分发生反应、吸附待测组分或对样品测试有干扰的材质制成的容器盛装保存样品，如测定重金属污染物的土壤样品可以用聚乙烯或玻璃容器保存（汞和六价铬除外），测定有机污染物的土壤样品要选用玻璃容器保存（聚乙烯会对有机物有吸附），测定二噁英的土壤样品除用玻璃容器外，还可使用不锈钢材质容器保存。新鲜土样保存条件和保存时间见表 6-18。

表 6-18 新鲜土样保存条件和保存时间

测试项目	容器材质	容器规格	保存温度/℃	可保存时间/d	备注	依据/参考标准
金属（汞和六价铬除外）	聚乙烯或玻璃	250 mL 玻璃瓶或聚乙烯塑料袋	<4	180	—	《土壤环境监测技术规范》（HJ/T 166—2004）
汞	玻璃	250 mL 玻璃瓶	<4	28	—	《土壤环境监测技术规范》（HJ/T 166—2004）
砷	聚乙烯或玻璃	250 mL 玻璃瓶	<4	180	—	《土壤环境监测技术规范》（HJ/T 166—2004）
六价铬	聚乙烯或玻璃	250 mL 玻璃瓶或聚乙烯塑料袋	<4	鲜样≤30 萃取样≤7	—	企业用地调查答疑文件
氰化物	聚乙烯或玻璃	250 mL 玻璃瓶或聚乙烯塑料袋	<4	2	—	《土壤环境监测技术规范》（HJ/T 166—2004）
VOCs	玻璃（棕色）	40 mL 棕色 VOA 样品瓶	<4	7	高浓度预加甲醇	《土壤环境监测技术规范》（HJ/T 166—2004）
多环芳烃类	玻璃（棕色）	250 mL 螺纹口棕色玻璃瓶，瓶盖聚四氟乙烯	<18	180	采样瓶装满装实并密封	《全国土壤污染状况详查土壤样品分析测试方法技术规定》
有机氯农药类	玻璃（棕色）	250 mL 螺纹口棕色玻璃瓶，瓶盖聚四氟乙烯	<4	10	采样瓶装满装实并密封	《全国土壤污染状况详查土壤样品分析测试方法技术规定》
石油烃类（C_{10}~C_{40}）	玻璃（棕色）	250 mL 螺纹口棕色玻璃瓶，瓶盖聚四氟乙烯	<4 <18	10 30	采样瓶装满装实并密封	《全国土壤污染状况详查土壤样品分析测试方法技术规定》
多氯联苯	玻璃（棕色）	250 mL 螺纹口棕色玻璃瓶，瓶盖聚四氟乙烯	<4	鲜样≤14 萃取样≤40	—	《全国土壤污染状况详查土壤样品分析测试方法技术规定》
二噁英	不锈钢或玻璃（棕色）	250 mL 螺纹口棕色玻璃瓶	<4	365	每份样品干重不低于 1 kg，密封避光保存	企业用地调查答疑文件

注：所用容器的尺寸及重量。螺纹口棕色玻璃瓶，瓶盖聚四氟乙烯（250 mL 瓶）：直径约 75 mm、高约 92 mm 的圆柱形瓶，重量约 205 g。40 mL 棕色 VOA 样品瓶（含有甲醇保护剂）：直径约 29 mm、高约 100 mm 的圆柱形瓶，重量约 36 g。塑封袋：长约 230 mm、宽约 160 mm，重量约 2 g。

6.5.1.3 地下水样品保存方法

地下水样品从监测井中取出装入样品容器的过程中，原有各种平衡态就有可能遭到破坏，容器中的水样在物理作用、化学作用和生物作用下，样品成分可能会发生改变，如大肠杆菌含量、溶解氧含量、pH 等，并且随着时间的延长，影响的大小会越来越明显，从而使得地下水监测结果的准确性受到影响，所以地下水样品时效性较强。因此，当采集水样后，应及时密封，在 4℃以下低温保存，并尽快送往实验室分析。保存时应特别注意容器材质、保护剂添加和保存时间（表 6-19）。

表 6-19 水样保存条件和保存时间

测试项目	容器材质	温度/℃	保存剂及用量	保存期	备注	依据/参考标准
pH	聚乙烯、玻璃	<4	—	12 h	尽量现场测定	《地下水环境监测技术规范》（HJ/T 164—2020）、企业用地调查答疑文件
氟化物	聚乙烯	<4	—	14 d	—	《地下水环境监测技术规范》（HJ/T 164—2020）
氰化物	聚乙烯、玻璃	<4	NaOH，pH>12	12 h	—	《地下水环境监测技术规范》（HJ/T 164—2020）
金属（汞、砷）	聚乙烯、玻璃	<4	1 L 水样中加浓 HCl 10 mL	14 d	—	《地下水环境监测技术规范》（HJ/T 164—2020）
硒	聚乙烯、玻璃	<4	1 L 水样中加浓 HCl 2 mL	14 d	—	《地下水环境监测技术规范》（HJ/T 164—2020）
镉	聚乙烯、玻璃	<4	加 HNO_3 使其含量达到 1%	14 d	—	《地下水环境监测技术规范》（HJ/T 164—2020）
六价铬	聚乙烯、玻璃	<4	—	10 d	—	企业用地调查答疑文件
铜	聚乙烯、玻璃	<4	加 HNO_3 使其含量达到 1%	14 d	—	《地下水环境监测技术规范》（HJ/T 164—2020）
铅	聚乙烯、玻璃	<4	加 HNO_3 使其含量达到 1%	14 d	—	《地下水环境监测技术规范》（HJ/T 164—2020）

测试项目	容器材质	温度/℃	保存剂及用量	保存期	备注	依据/参考标准
镍	聚乙烯、玻璃	<4	加 HNO_3 使其含量达到1%	14 d	—	《地下水环境监测技术规范》（HJ/T 164—2020）
石油类	玻璃（棕色）	<4	加入 HCl 至 pH<2	3 d	—	《地下水环境监测技术规范》（HJ/T 164—2020）
挥发性酚类	玻璃（棕色）	<4	用 H_3PO_4 调至 pH 约为4，用 0.01~0.02 g 抗坏血酸除去余氯	24 h	—	《地下水环境监测技术规范》（HJ/T 164—2020）
VOCs	玻璃（棕色）	<4	用（1+10）HCl 调至 pH≤2，加入 0.01~0.02 g 抗坏血酸除去余氯	14 d	—	《地下水环境监测技术规范》（HJ/T 164—2020）
多环芳烃	玻璃（棕色）	<4	若水中有余氯，则 1 L 水样加入 80 mg 硫代硫酸钠	7 d	水样充满样品瓶并加盖密封	《地下水环境监测技术规范》（HJ/T 164—2020）
硝基苯类	玻璃（棕色）	<4	若水中有余氯，则 1 L 水样加入 80 mg 硫代硫酸钠	7 d 萃取样 ≤40 d	水样充满样品瓶并加盖密封	《地下水环境监测技术规范》（HJ/T 164—2020）
有机氯农药、氯苯类	玻璃（棕色）	<4	加入 HCl 至 pH<2	7 d 萃取样 ≤40 d	水样充满样品瓶并加盖密封	《地下水环境监测技术规范》（HJ/T 164—2020）
有机磷农药	玻璃（棕色）	<4	调节 pH 至 5~8	3 d 萃取样 ≤30 d	样充满样品瓶并加盖密封	《地下水环境监测技术规范》（HJ/T 164—2020）
酚类化合物	玻璃（棕色）	<4	加入 HCl 至 pH<2	7 d 萃取样 ≤20 d	水样充满样品瓶并加盖密封	《地下水环境监测技术规范》（HJ/T 164—2020）
多氯联苯	玻璃（棕色）	<4	若水中有余氯，则 1 L 水样加入 80 mg 硫代硫酸钠	7 d	水样充满样品瓶并加盖密封	《地下水环境监测技术规范》（HJ/T 164—2020）

容器材质可选择玻璃瓶或聚乙烯瓶，避免选择与待测组分发生反应、吸附待测组分或对样品测试有干扰的材质。如氟化物可与玻璃发生反应，因此测试氟化物的地下水样品仅能选用聚乙烯瓶。有机物的检测如石油类、挥发酚、SVOCs 等仅能选用玻璃瓶，若选用聚乙烯瓶，则会对有机物有吸附。一般的玻璃在贮存水样时可溶出钠、钙、镁、硅、硼等元素，在测定这些项目时应避免使用玻璃容器，以防新的污染。

由于水样在采集后各成分均有可能发生改变影响测试结果，因此需添加保护剂来保持待测组分稳定性，使得水样中待测组分不发生变化。保护剂类型通常包括控制溶液 pH、加入抑制剂、加入还原剂等，如地下水中的污染物会因 pH 变化，发生溶解、沉淀、络合等作用，形成不同的化学形态，通过调整水样 pH，稳定金属元素；地下水中余氯一般会与挥发性有机物发生反应，生成其他化学物质，通过加入抗坏血酸去除余氯，消除对水中挥发性有机物检测的影响。

保存时间取决于待测指标类型。水样理化指标（如 pH、电导率、浊度等）尽量现场测定。重金属元素（如汞、砷、镉等）加入保护剂后可保存 14 d，挥发性有机物加入保护剂可保存 14 d，有机氯农药、酚类化合物、氯苯类化合物加入保护剂可保存 7 d，多环芳烃和多氯联苯可保存 7 d。

专栏 6-15　样品保存典型问题

1. 是否可适当延长土壤氰化物样品的保存时限？

答：土壤氰化物样品的保存时限不能延长。另需注意酸性土壤样品保存过程中可能存在剧毒氰化氢缓慢释放的危险，实验室收到样品后须保持样品保存和分析取样场所通风，尽快进行样品检测。

2. 地下水中氰化物、甲醛、挥发酚均要求 24 h 内分析样品，能否将此类项目延长保存时限？若不能，应如何保证时效性？

答：不能延长地下水中氰化物、甲醛和挥发酚的保存时限。若要延长样品保存时间，需有文献资料或试验结果支撑。建议选择距离采样地块较近的检测实验室及时进行样品送检；或优化样品采集、运输与送检流程与环节，保证在规定的样品保存时限内完成样品分析工作。

3. 土壤六价铬样品的保存时限是几天？培训时提到的地下水六价铬的保存条件为原样保存，是否需要按照《水质　采样　样品的保存和管理技术规定》（HJ 493—2009）的要求添加氢氧化钠调整 pH 为 8~9 进行保存？

答：检测六价铬的土壤鲜样可在（4±2）℃密封保存 30 d，碱性提取液可保存 168 h（7 d）；包括六价铬在内的地下水检测项目统一执行《地下水质量标准》（GB/T 14848—2017）附录 A "地下水样品保存和送检要求"，即地下水六价铬样品为原样保存，保存时间为 10 d。在实际操作中，也可以按照选择的地下水分析测试方法规定的样品保存条件和期限要求进行保存。

4. 根据《重点行业企业用地土壤污染状况调查常见问题解答》（2020 年第 1 期）中的规定，地下水六价铬按照《地下水质量标准》（GB/T 14848—2017）中要求保存，即原样保存，保存时间为 10 d。若检测实验室选择《水质　六价铬的测定　流动注射分析-二苯碳酰二肼光度法》（HJ 908—2017）测试地下水中六价铬（该方法规定地下水六价铬样品采集后加氢氧化钠，并在 24 h 内测定），但是按照《地下水质量标准》（GB/T 14848—2017）

> 中要求保存测定六价铬的样品，是否可以？
>
> 答：可以。地下水样品保存原则上参照《地下水质量标准》（GB/T 14848—2017）要求执行，该标准规定的保存条件更有利于实际采样工作。在实际操作中，相关任务承担单位也可以按照选择的地下水分析测试方法规定的样品保存条件和期限要求进行样品保存。

6.5.2 样品流转方法

为了确保样品流转的规范性，要求采样现场配备样品管理员和质量检查员，负责样品装运前的检查，对样品与采样记录单进行逐个核对，检查无误后分类装箱，并填写"样品保存检查记录单"。如果核对结果发现异常，及时查明原因并做好记录。样品装运前，样品运送人员应填写"样品运送单"，包括样品名称、采样时间、样品介质、检测指标、检测方法和样品寄送人等信息，样品运送单用防水袋保护，随样品箱一同送达样品检测单位。样品装箱过程中，要用泡沫材料填充样品瓶和样品箱之间空隙。样品箱用密封胶带打包。

样品流转运输应保证样品完好并低温保存，样品箱中蓝冰应保持冷冻状态，可采用适当的减震隔离措施，防止样品瓶破损、混淆或沾污，在保存时限内运送至样品检测单位。对于VOCs检测，样品运输应设置运输空白样进行运输过程的质量控制，一个样品运送批次设置一个运输空白样品。

样品检测单位收到样品箱后，应立即检查样品箱是否有破损，按照样品运输单清点核实样品数量、样品瓶编号以及破损情况。若出现样品瓶缺少、破损或样品瓶标签无法辨识等重大问题，样品检测单位相关负责人应在"样品运送单"中"特别说明"栏中进行标注，并及时采取重新采样等补救措施。上述工作完成后，样品检测单位的相关负责人在纸版"样品运送单"上签字确认并拍照发给采样单位。"样品运送单"则作为样品检测报告的附件。样品检测单位收到样品后，按照"样品运送单"要求，立即安排样品保存和检测。

第 7 章　数据审核与综合分析

数据审核与综合分析针对各省（区、市）提交的企业用地基础信息调查、布点采样、风险分级等各个阶段获取的调查数据，通过大数据比对等方法进行全面数据清洗与审核；以土壤环境风险防控为主要思路，对各阶段数据进行综合分析，制作相应图件，为掌握重点行业企业用地中污染地块的分布及其环境风险情况提供支撑。

7.1　数据审核

各省（区、市）提交的企业用地调查数据来自基础信息、空间信息、布点采样信息和检测数据等各个环节，可分为数值型、文本型、选择型、判断型等多种类型。在调查过程中，为确保调查数据的完整性、规范性、准确性，制定了规范统一的数据填报要求，采用信息化规范性检查、专家审查等方式对提交的单个地块的数据质量进行审核；在数据综合分析之前，通过大数据比对方法，对各环节调查数据进行全面、系统的"清洗"和审核，从而排除异常数据。

大数据比对方法是根据不同类型数据的特点，综合运用逻辑比对、统计分析等方法，建立数据逻辑比对和异常值识别的规则，利用信息化手段对区域或全国尺度上的全部数据开展比对，识别异常数据并核实整改，确保集成数据逻辑合理、结论可靠。

7.1.1　基础信息审核

基于基础信息之间的逻辑关系和统计分析，制定异常数据识别规则，通过大数据比对等方法识别基础信息异常数据及相应的存疑地块名单，逐一核实修改。工作过程如下：

1）问题梳理。针对基础信息调查表中的每一信息项，对照全国企业地块基础信息数据，逐项筛选判断，梳理是否存在逻辑矛盾。

2）识别规则梳理。根据不同的信息类型和已存在的问题，针对信息项类型和信息项逻辑关系，初步建立异常数据识别规则。重点关注对风险筛查得分有影响的信息项。

3）验证。根据初步建立的异常数据识别规则，选取典型省、市的基础信息数据进行审核、验证，确认最终的异常数据识别规则，在产企业地块共 121 条规则，关闭搬迁企业地块共 96 条规则。

4）系统计算。利用计算机系统开发异常数据识别工具，根据识别规则筛选出存疑地块名单，反馈给地方逐一核实存疑地块基础信息，确实存在信息错误的进行信息修改和完善。

根据信息类型及数据特点的不同，设置基础信息异常数据识别规则是数据审核的关键，规则分类说明见表 7-1。

表 7-1 基础信息异常数据识别规则分类

信息类型		审核内容及说明	规则示例
文本型	规范性	文本内容填写是否规范	特征污染物名称，识别是否按统一的规范进行填写，若填写不规范则识别为异常数据
数值型	数值的规范性	数据填报格式是否符合规范要求	地下水埋深，应小数点后保留一位有效数字，填写为整数则不符合要求，识别为异常数据
	数值的合理性	数值的数量级是否有异常	
	关联信息逻辑合理	行业类别、地块编码等有明确编码规则的，根据编码的特定含义判断是否存在问题	地块编码的第 8~9 位为行业类别代码，与地块填报的行业类别不一致，则识别为异常数据
选择型和判断型	完整性	是否选择了某一选项，未选择则为空值	空值识别为异常数据
	关联信息逻辑合理	筛选关联信息存在逻辑矛盾的异常数据	"危险废物年产生量"与"是否产生危险废物"存在逻辑关联，如果"是否产生危险废物"选择"是"，但"危险废物年产生量"为空值或者为"0"，则判定存在逻辑问题，该地块识别为存疑地块

【案例 7-1】

某一地块行业代码为 2642，其行业大类代码为 26；而地块编码中代表行业大类的两位代码为 51，两者不一致。该地块识别为存疑地块，需进一步核实行业类别。

> **【案例 7-2】**
> 某市调查地块中有 544 个地块勾选了存在"废水治理区域",但其中有 25 个地块的"是否排放废水"选择"否",有 18 个地块的"是否有废水治理设施"选择"否",存在逻辑矛盾。将上述地块识别为存疑地块,需进一步核实废水排放和治理相关信息。

7.1.2 空间信息审核

空间信息审核是通过信息化软件计算、遥感影像人工判读等方式,对各省(区、市)整合提交的企业地块空间信息进行系统性审核。其目标是实现空间数据与调查对象名单一致、空间数据与地块调查表内容一致、相邻地块空间数据一致、空间数据与工作底图一致等,真实反映地块空间分布状况,为地块可视化提供可靠的空间信息。

空间信息审核内容包括三个方面:

1)完整性审核:省(区、市)级整合后的地块边界面矢量文件、重点区域及敏感受体点矢量文件,以及单个地块空间数据集的完整性。

2)规范性审核:坐标投影、地块边界、重点区域、敏感受体和属性信息的规范性。

3)准确性审核:地块名单、地块边界、重点区域、敏感受体和采样点位的准确性。

空间信息审核规则见表 7-2。

表 7-2 空间信息审核规则

审查方面	项目	序号	审核规则
完整性	面文件	1	地块边界面图层文件 1 个
	点文件	2	重点区域及敏感受体点图层文件 1 个
	单个地块文件	3	单个地块空间数据集(按市、县两级目录组织)
规范性	坐标投影	4	地理坐标为 CGCS2000
		5	投影方式为经纬度地理坐标
	地块边界	6	地块编码无重复
		7	地块编码无缺失
		8	地块编码为 13 位数字
	重点区域	9	类型代码属于"企业地块空间信息类型编码表"中重点区域编码、尾矿库代码范围内
	敏感受体	10	类型代码属于"企业地块空间信息类型编码表"中敏感受体编码范围
	属性信息	11	地块边界面文件属性表必备 DKBM、BZ 字段
		12	重点区域及敏感受体点文件属性表必备 DKBM、LXDM、BZ 字段

审查方面	项目	序号	审核规则
规范性	属性信息	13	字段类型为文本型（DKBM 字段长度 50；LXDM 字段长度 5；BZ 字段长度 255）
		14	类型代码均为数字
		15	类型代码无缺失
准确性	名单	16	地块边界面文件中地块编码与重点行业企业用地调查信息管理系统中核实应查名单的地块编码完全对应
		17	重点区域及敏感受体点文件中地块编码与重点行业企业用地调查信息管理系统中核实应查名单的地块编码完全对应
	地块边界	18	企业正门经纬度对应点位距离地块边界小于 30 m
		19	企业正门经纬度点位对应地块编码与实际一致
		20	一个地块编码对应一个多边形边界
		21	地块边界之间无重叠（多厂一址边界完全重叠需有备注）
		22	地块边界不存在勾画错误
		23	地块边界与影像实际边界套合误差小于 20 m
	重点区域	24	调查表中填写的重点区域类型数量与图中标记类型数量相同
		25	调查表中填写的重点区域类型名称与图中标记类型名称对应
		26	在产及关闭搬迁企业地块边界内至少有一个重点区域点
		27	重点区域点位应位于地块边界内
		28	重点区域点位的地块编码与对应地块边界的地块编码一致
	敏感受体	29	调查表中填写的敏感受体类型数量与图中标记类型数量相同
		30	调查表中填写的敏感受体类型名称与图中标记类型名称对应
		31	敏感受体点位应位于地块边界以外（地块边界内敏感受体需备注清楚）
		32	敏感受体点位的地块编码与对应地块边界的地块编码一致
		33	敏感受体无漏标
	采样点位	34	布点地块与信息采集地块应为同一地块
		35	采样点位不应在地块边界之外

【案例 7-3】

地块边界勾画错误包括地块边界压过屋顶中线、横跨道路，以及地块边界完全偏离实际位置等情况，错误示例见图 7-1～图 7-3。

图 7-1 地块边界压过屋顶中线

（地块边界与实际影像上显示的企业边界轮廓之间存在偏移，边界压过屋顶中线。红色线为错误边界，黄色线为正确边界）

图 7-2 地块边界横跨道路

（红色线为错误边界，横跨道路，黄色线为正确边界）

图 7-3 地块边界完全偏离实际位置

（勾画边界时错误位置画在红色边界所示区域，正确位置应为黄色边界所示）

7.1.3 采样信息审核

采样信息审核主要是对布点方案编制、土壤钻探采样、地下水建井采样等环节数据资料进行审核评估，确保采样过程信息的完整性、规范性和准确性。采样信息的数据类型包括数值型、图片型和文本型，审核内容见表 7-3。

表 7-3 采样信息审核内容

数据类型		审核内容及说明
图片型和文本型	完整性	相关数据且数量符合规定，则视为此类数据完整，否则认为数据缺失，需溯源、核查
数值型	完整性	检验各字段数值型数据填写是否完整，否则认为数据缺失，需溯源、核查
	规范性	检验各字段填写是否符合相应的数值填写规范，不规范数值需溯源、核查、修正
	准确性	检验各字段数值型数据是否存在异常值、逻辑错误数值，存疑数据需溯源、核查、修正

准确性检验规则示例：

1）布点方案上传、钻探、采样时间，企业用地调查布点采样工作主要在 2019 年和 2020 年开展，年份数值非"2019 或 2020"，月份数值"大于 12 或小于 1"，日期数值"大于 31 或小于 0"，2 月份大于 29，视为不准确；

2）钻探深度，因统一技术规范要求，土壤钻探深度一般不小于 0.5 m、不大于 15 m，若不在此区间视为存疑；

3）采样点坐标，经纬度存在显著偏差，超出地块所在区、县最大经纬度，视为异常；

4）点位高程，点位高程小于 0 或与本地块其他点位高程差距较大，视为异常；

5）地下水埋深，应为正值，否则视为异常；

6）采样层深度，大于"钻孔最大深度"或小于"0"，视为异常。

7.1.4 检测数据审核

检测数据审核是在单个检测数据审核合格的基础上，根据不同地块数据的逻辑关系和统计分析，通过大数据识别、线下核实和专家经验判断等方式，识别逻辑不合理的检测结果。其核心是制定合理性评估规则，主要是各类指标显示地块污染可能性较高，但实际检测数据未发现污染的逻辑性审核规则，筛选出异常值数据和存疑地块，进一步核实修正，确保检测数据的准确合理。审核规则如下：

1）地块污染可能性得分较高（>32 分），但土壤和地下水中特征污染物均未检出；

2）地块工业利用时间较长（≥30 年），或地块开始从事工业活动的时间较早（早于 1990 年），但土壤和地下水中特征污染物均未检出；

3）地块所属行业（行业小类）采样地块超标率大于 80%，但地块土壤和地下水中特征污染物均未检出（注：行业采样地块超标率=行业内土壤超筛选值或地下水超Ⅲ类限值的采样地块数/行业内采样地块总数）；

4）已有调查监测数据表明地块曾受到过污染，但土壤和地下水中特征污染物均未检出；

5）对于砷、镉、铜、铅、汞、镍中的任一污染物，地块土壤样品未检出（检测结果为 ND）；

6）典型行业普遍存在的污染物（清单见表 7-4），在地块土壤样品中均未检出（检测结果均为 ND）；

7）检测数据异常高值，如土壤污染物含量超 500 倍管制值，地下水污染物含量高于 500 倍Ⅳ类水限值。

表 7-4 部分典型行业普遍存在的污染物清单

行业代码	行业类别（行业小类）	污染物名称
0911	铜矿采选	铜
0912	铅锌矿采选	铅、锌
0913	镍钴矿采选	镍、钴
0914	锡矿采选	锡

行业代码	行业类别（行业小类）	污染物名称
0915	锑矿采选	锑
0916	铝矿采选	氟化物
2511	原油加工及石油制品制造	石油烃（$C_{10}\sim C_{40}$）
2520	炼焦	多环芳烃（GB 36600 中 8 种）、石油烃（$C_{10}\sim C_{40}$）、苯、甲苯、二甲苯、苯酚
2611	无机酸制造	pH
2614	有机化学原料制造	氰化物、pH
2631	化学农药制造	苯、甲苯、乙苯、氯乙烯、氯苯、氯仿、1,2-二氯乙烷
3110	炼铁	多环芳烃（GB 36600 中 8 种）、石油烃（$C_{10}\sim C_{40}$）、苯、甲苯、二甲苯、苯酚
3120	炼钢	多环芳烃（GB 36600 中 8 种）、石油烃（$C_{10}\sim C_{40}$）、苯、甲苯、二甲苯、苯酚
3211	铜冶炼	铜
3212	铅锌冶炼	铅、锌
3213	镍钴冶炼	镍、钴
3214	锡冶炼	锡
3215	锑冶炼	锑
3216	铝冶炼	氟化物
3360	金属表面处理及热处理加工	砷、镉、铜、铅、汞、镍、六价铬、锌、pH

7.2 数据综合分析

为了展现重点行业企业用地土壤和地下水污染的客观规律，对基础信息调查、采样调查、风险分级等各环节采集的数据开展统计分析。采用经典统计分析、相关性分析、主成分分析、空间聚集性分析等方法分析评价调查数据，在区域和行业两种维度，分析土壤污染的主要影响因素，明确企业用地土壤污染的监管重点。

7.2.1 基础信息调查数据综合分析

7.2.1.1 基础信息调查数据基本统计

基于"污染源—迁移途径—受体"风险三要素，筛选基础信息数据中对地块风险影响较高的指标进行统计分析。基础信息数据的分组类型主要包括企业类型（在产或关闭搬迁企业)、行政区域、行业类型。

(1) 污染源信息概况

地块污染源纳入统计分析的指标包括地块占地面积、重点区域面积、工业利用时间、地块管理水平(重点区域地表覆盖情况、地下防渗措施、土壤可能受污染程度)、特征污染物等。

地块占地面积一定程度上反映了企业规模,而重点区域面积则反映了地块内部可能存在污染的区域面积。对地块占地面积和重点区域面积从区域、行业等维度开展统计分析(表 7-5),获取不同区域和不同行业的企业占地面积的数量分布,从而了解不同区域和不同行业企业规模大小和可能涉及污染规模的特征。

表 7-5 企业地块占地面积、重点区域面积统计表

序号	类型	按占地面积 S (hm^2) 分布的地块数量/个				按重点区域面积 A (hm^2) 分布的地块数量/个			
		$S \geq 100$	$50 \leq S < 100$	$10 \leq S < 50$	$5 \leq S < 10$	$S < 5$	$A \geq 10$	$5 \leq A < 10$	$2 \leq A < 5$	$0.5 \leq A < 2$	$A < 0.5$
1											
…											
合计											

注:合计为第 1~n 行各列数据之和。

工业利用时间是指地块上过去和现在的重点行业企业生产经营活动总时间。随着工业利用时间的延长,企业生产活动对地块内土壤和地下水的污染产生一定累积。从行政区域和行业角度,对地块的工业利用时间进行分段统计(表 7-6),分析不同区域、不同行业的企业生产历史时间,以及不同行业的企业地块数量随时间的累积变化关系(图 7-4),也可以反映重点行业在我国的发展历程。

表 7-6 地块工业利用时间分析

序号	类型	地块数量/个	按工业利用时间 t_p(年)分布的土地数量/个				
			$t_p < 5$	$5 \leq t_p < 10$	$10 \leq t_p < 20$	$20 \leq t_p < 30$	$t_p \geq 30$
1							
…							
合计							

注:"合计"为第 1~n 行各列数据之和。

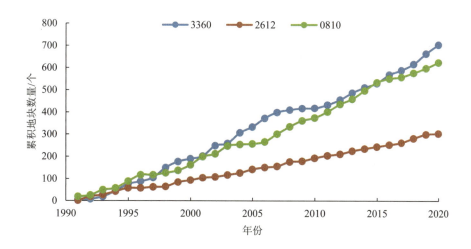

图 7-4　不同行业企业地块数量随年份累积关系（示例）

重点区域地表覆盖情况、地下防渗措施、土壤可能受污染程度等指标可以反映企业环境管理水平。对所有地块的此类指标进行分类统计，在一定程度上反映出我国重点行业企业总体环境管理水平。

特征污染物是指企业生产过程中涉及的有毒有害物质，其毒性、亨利常数、分配系数等性质分别反映污染物对人体健康的危害效应、挥发性和迁移能力。通过统计各行业污染物的填报频率，筛选高频填报的污染物种类；结合污染物毒性、亨利常数和分配系数等，进一步筛选对人体健康毒性较大、迁移性或挥发性较强的行业特征污染物（表 7-7）。

表 7-7　不同行业地块特征污染物统计

序号	CAS 号	特征污染物	填报地块数量/个	填报频率/%	人体健康毒性（T）	迁移性（M）	挥发性（H）
1							
…							

注：填报频率=开展信息采集的所有企业地块中填报该特征污染物的地块数量/企业地块总数×100%。

（2）迁移途径信息概况

迁移途径指标包括包气带土壤渗透性、饱和带土壤渗透性、地下水埋深等。包气带和饱和带土壤渗透性与土层性质相关，呈现一定的区域特征。按照行政区域进行分类统计，结合各省（区、市）主要的地质分区分析企业所处的地层特征（图 7-5）。

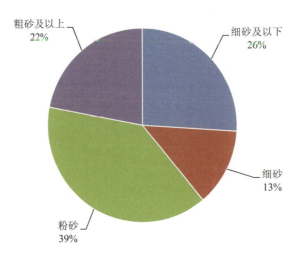

图 7-5 饱和带土壤渗透性统计（示例）

结合地层信息，地下水埋深较浅的区域，相对容易受到企业产排污影响。通过对企业所在区域地下水埋深进行累积频率分析，掌握地下水埋深较浅的企业数量和累计百分比（图 7-6），从而得到造成地下水污染的企业数量。

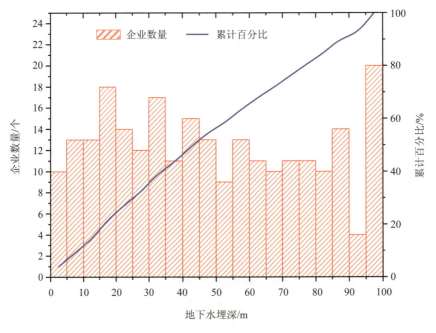

图 7-6 地下水埋深分组统计（示例）

（3）敏感受体相关信息概况

重点区域离最近敏感目标的距离是指地块内的生产区、储存区、废水治理区、固体废物贮存或处置区等重点区域边界至最近敏感目标（幼儿园、学校、居民区、医院、食用农产品产地、地表水体、集中式饮用水水源地及自然保护区）的距离。通过统计企业周边不同距离（如 0~100 m、100~300 m、300~500 m、500~1 000 m）存在各类敏感受体的地块数量，分析重点行业企业周边敏感受体的类型特征，以及不同影响范围内敏感受体的数量（图 7-7），为企业对周边影响范围的管控提供数据支撑。

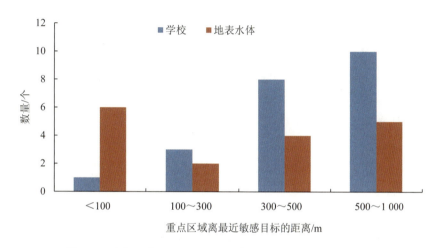

图 7-7 重点区域周边 1 km 内敏感目标的分类统计（示例）

7.2.1.2 土壤污染关键因素分析

企业用地土壤污染行业差异显著，针对单个行业关键基础信息，通过相关性分析、主成分分析等多元统计方法对土壤污染影响显著的关键基础信息开展分析，得到土壤污染的主要影响因素，能精准指导企业用地土壤污染监管与风险防控。

（1）相关性分析

针对企业用地基础信息数据中的离散型变量（等级变量，如是否产生危险化学品、污染物中是否含有持久性有机污染物等）或连续型变量（地下水埋深、生产经营活动时间等），分别选择皮尔森相关性分析和斯皮尔曼等级相关性分析等方法，筛选出土壤污染影响显著的因素（表 7-8 和表 7-9）。

表 7-8 皮尔森相关系数分析结果汇总（示例）

序号	自变量（X）	因变量（Y）	皮尔森相关系数（r）	显著性水平（p）	相关性是否显著
1	生产经营活动时间	××污染物的浓度值	0.635	0.21	否
2	地下水埋深		0.155	0.03	是
……	……				

注：p 值的可接受水平可根据具体分析目标在 0.1、0.05 及 0.01 选择，表中数据为虚拟数据，用于示例。

表 7-9 斯皮尔曼相关系数分析结果汇总（示例）

序号	自变量（X）	因变量（Y）	斯皮尔曼相关系数（ρ）	显著性水平（p）	相关性是否显著
1	是否排放废气	是/否超标	0.810	0.34	否
2	是否排放工业废水		0.355	0.04	是
……	……				

注：p 值的可接受水平可根据具体分析目标在 0.1、0.05 及 0.01 选择，表中数据为虚拟数据，用于示例。

（2）主成分分析

由于相关性分析初步筛选出的关键因素较多，可利用主成分分析（principal component analysis，PCA）进行降维分析，即将多个变量因子通过线性变换以选出较少个数的重要因子。例如，通过相关性分析从企业用地调查的数百项基础信息中初步筛选出 9 项对企业地块土壤污染有显著影响的因素，再利用主成分分析对这 9 项信息进行降维分析，筛选出 2～3 项关键因素。

（3）土壤污染影响特征分析

针对筛选出的关键因素进一步开展数据分析，研究土壤污染影响因素与污染特征及分布规律的关系。

【案例 7-4】

分析企业地块不同投产时间与其特征污染物超标情况的关系（图 7-8），以 10 年为间隔将投产时间分为 5 个区间，统计不同投产时间企业地块超标率。结果表明，企业投产时间与地块超标率呈现较好的相关性，整体表现为投产时间越早，地块超标率越高，其中，1979 年以前投产的企业超标率最高，2000 年以后投产企业的超标率最低，这可能是投产年限早，导致污染物的长期累积。此外，随着我国生态环境文明建设步伐的加快，企业环境管理水平不断提升，控制了企业对环境造成的污染。

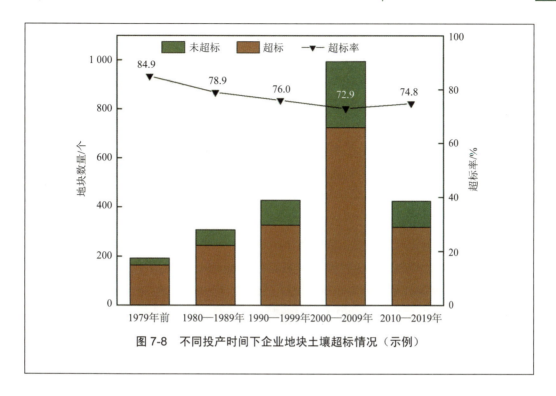

图 7-8 不同投产时间下企业地块土壤超标情况（示例）

7.2.2 初步采样调查数据综合分析

针对开展初步采样调查的企业地块，统计土壤与地下水污染物检测结果，分析企业地块土壤和地下水的污染状况、空间分布和行业特征。检测数据分组类型主要包括行政区域、企业类型、行业类型、介质类型（土壤、地下水）、尺度（样品、样点、地块）及污染物类型等。

> **专栏 7-1　污染物类型**
>
> 土壤污染物包括《土壤环境质量　建设用地土壤污染风险管控标准（试行）》（GB 36600—2018）中的 45 项基本项目和基础信息调查确定的特征污染物，涉及重金属及其他无机物、卤代烃类、苯系物类、多环芳烃类、氯代苯类、苯酚类、持久性有机污染物类、石油烃类、硝基苯类、苯胺类、邻苯二甲酸酯类、醛酮类、有机磷农药类等 13 小类。
>
> 地下水污染物主要为基础信息调查确定的特征污染物，涉及重金属及其他无机物、卤代烃类、苯系物类、多环芳烃类、氯代苯类、苯酚类、持久性有机污染物类、石油烃类、硝基苯类、苯胺类、邻苯二甲酸酯类、醛酮类、有机磷农药类、其他类污染物等 14 小类。

7.2.2.1 初步采样调查数据评价

（1）评价标准

选定统一的评价标准和尺度是开展大型调查结果评价的重要前提。企业用地调查的对象是土壤和地下水，主要参考国内现行的土壤和地下水标准进行超标评价。

土壤样品检测指标按照《土壤环境质量 建设用地土壤污染风险管控标准（试行）》（GB 36600—2018）评价。按现有用地分类和对应的暴露情景，在产企业地块按照 GB 36600—2018 中第二类用地筛选值进行评价，关闭搬迁企业地块按照 GB 36600—2018 中第一类用地筛选值进行评价。

《地下水污染健康风险评估工作指南》中依据地下水所在功能区采用《地下水质量标准》（GB/T 14848—2017）中Ⅲ类/Ⅳ类限值作为地下水污染健康风险评估工作启动标准。由于企业用地调查地块所在地下水功能区不明确，采取从严评价的原则，地下水样品检测指标按照 GB/T 14848—2017 中Ⅲ类限值进行评价，检测指标仅考虑特征污染物和 pH。

对于 GB 36600—2018 和 GB 14848—2017 中没有评价标准的检测指标，暂未开展评价。

（2）评价方法

基于以上标准对土壤和地下水中关注污染物的含量开展超标评价。超标评价最重要的是要识别出主要超标污染物和超标地块，为后续分析超标地块区域分布、行业分布、特征污染物筛选等提供依据。由于每个地块包含多个采样点位，每个采样点位包含多个层次的土壤样品，因此在分析地块尺度污染物检出和超标情况时，以地块内某项检测指标在所有样品的最大检测值代表该检测指标在地块的检测值。

超标污染物是指土壤和地下水中检测指标超过对应评价标准的污染物。超标地块是指土壤或地下水中任一检测指标超过对应评价标准的地块。

如果开展以介质类型为依据的分组统计，则需要区分土壤超标地块和地下水超标地块。仅土壤超标地块指土壤的检测指标有一个及以上超过土壤的评价标准，但地下水检测指标均未超过地下水评价标准的地块。仅地下水超标地块指地下水检测指标有一个及以上超过地下水评价标准，但土壤检测指标均未超过土壤评价标准的地块。土壤和地下水均超标地块指土壤检测指标有一个及以上超标且地下水检测指标也有一个及以上超标的地块。

7.2.2.2 初步采样调查数据基本统计

（1）污染物检测结果统计

对本次检测的污染物含量进行统计分析，从而掌握污染物的分布特征，主要包括污染物含量分布的集中趋势、离散程度、分布形态等（表 7-10 和图 7-9）。

表 7-10 土壤污染物检测结果统计（示例）

序号	土壤污染物	检测地块数量/个	统计值/（mg/kg）							平均值	标准差	变异系数/%
			最小值	5%分位数	25%分位数	中位数	75%分位数	95%分位数	最大值			
1	砷	20	10.03	11.45	15.73	24.57	37.74	330.65	8 210	350.60	1 543	440.1
2	镍	20	8.57	8.70	9.16	9.60	9.75	10.12	10.24	9.47	0.58	6.2
3	间二甲苯+对二甲苯	20	0	0	0	0	0	1.43	3.04	0.19	0.68	352.3
...												

注：①检测地块数量：针对每一种污染物，统计初步采样调查地块中，检测了该种污染物土壤样品的地块数量。
②统计值：未检出值（ND）不在统计范围内。

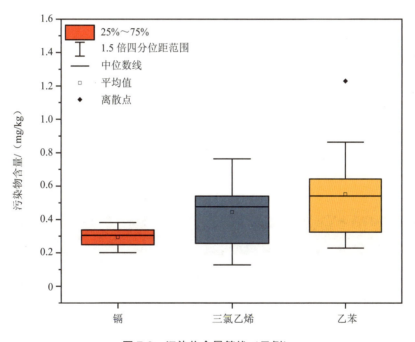

图 7-9 污染物含量箱线（示例）

此外，通过对整个调查区域内所有污染物的检出率、占标率和超标率等开展不同分组类型的统计，为区域和行业的土壤和地下水特征污染物筛选提供依据。

检出率是指检测指标超过相应检出限的样品数量占该指标所有检测样品数量的比值，检出率越高，表明该污染物出现的频率越高。

为了更直观地展示统计结果，引入占标率的概念，占标率是指某一检测指标的检测结果除以标准值，如果占标率大于1，则判定该检测指标超标。例如，苯并[a]芘检出浓度是 0.58 mg/kg，评价标准是 0.55 mg/kg，占标率即为 1.05，则苯并[a]芘超过评价标准；Cd 检出浓度是 18 mg/kg，评价标准是 20 mg/kg，占标率即为 0.9，表明土壤中 Cd 虽未超标，但已有一定的积累。

超标率是指某一个检测指标超过评价标准的样品数占该指标所有检测样品数的比值，超标率越大，表明该污染物的环境风险越大。

(2) 超标地块统计

对于超标地块来说，可通过统计超标地块的数量、最大超标倍数及占分组总量的比例等来反映超标情况。超标地块总数是仅土壤超标地块数、仅地下水超标地块数、土壤和地下水均超标地块数的总和。超标地块比例指超标地块数与采样地块总数的比值。具体计算公式为：

超标地块总数：

$$\sum N_c = \sum N_s + \sum N_w + \sum N_{sw} \quad (7\text{-}1)$$

超标地块比例：

$$SC\% = \frac{\sum N_c}{\sum N} \times 100 \quad (7\text{-}2)$$

式中：$\sum N_s$ 为仅土壤超标地块总数；$\sum N_w$ 为仅地下水超标地块总数；$\sum N_{sw}$ 为土壤和地下水均超标地块总数；$\sum N_c$ 为超标地块总数；$\sum N$ 为采样地块总数。

通过对不同行政区域、不同行业、不同企业地块类型（在产企业/关闭搬迁企业）等超标情况的分组统计（表 7-11），为土壤污染影响突出行业、重点关注污染物、地块空间聚集性等综合性分析提供依据。

表 7-11　不同区域超标地块分布统计

序号	地市	采样地块总数/个	超标地块数/个	超标地块比例/%	仅土壤超标地块数/个	仅地下水超标地块数/个	土壤和地下水均超标地块数/个
1							
...							
合计							

7.2.2.3　基于采样调查数据的重点污染物分析

参考国外有关研究成果和国内相关规定，基于调查地块特征污染物填报结果和采样调查地块污染物检测结果，通过综合评价的方式筛选出重点关注污染物，从而分析各行业土壤或地下水中主要污染物，可用于指导不同行业土壤污染状况调查检测指标确定，以及土壤污染隐患排查等工作。

基于综合评价法的土壤重点关注污染物筛选技术路线见图 7-10。主要筛选原则如下：

1）是否超标。对于 GB 36600—2018 中的土壤污染物，将有地块超标的纳入土壤重点关注污染物。

2）检出情况和毒性。对于有标准但无超标地块或 GB 36600—2018 中不包含的有机污染物，将毒性分值≥100 且检出率>10%的有机污染物或检出地块数量>10 的有机污染物筛选为土壤重点关注污染物。

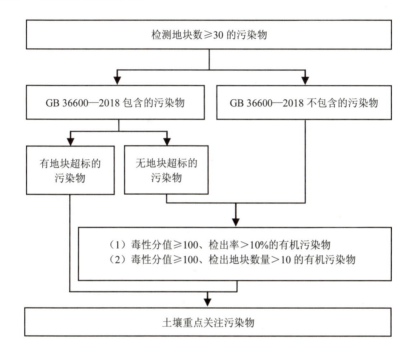

图 7-10　土壤重点关注污染物筛选技术路线

7.2.3　风险分级数据综合分析

从区域和行业两个维度分析在产企业和关闭搬迁企业地块环境风险特征。

7.2.3.1　风险分级数据基本统计

对不同风险等级地块数量和占比进行统计，可了解高风险地块分布特征。例如，对区域的高风险地块数量进行顺序统计或分段统计，可知高风险地块主要分布的区域（表 7-12）。以"条形-折线"组合图的形式展示高风险地块数量和占比（图 7-11），能够掌握高风险地块数量多但占比较低的区域。将各区域的高风险地块数量和总面积以"条形-散点"组合图的形式对比展示（图 7-12），可掌握高风险地块数量少但占地面积较大的区域。

表 7-12 各区域或行业不同风险等级地块分布统计

序号	区域（或行业）	调查地块数量/个	高风险地块		中风险地块		低风险地块	
			数量/个	比例/%	数量/个	比例/%	数量/个	比例/%
1								
…								
	合计							

注：本表按高风险地块数量由高到低排序。

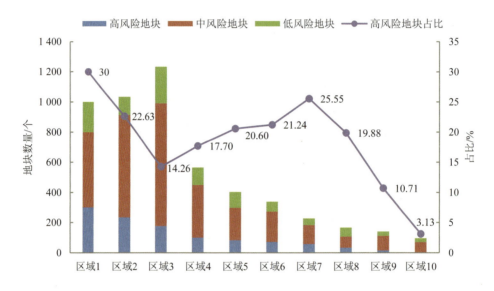

图 7-11 各区域不同风险等级地块数量及高风险地块占比（示例）

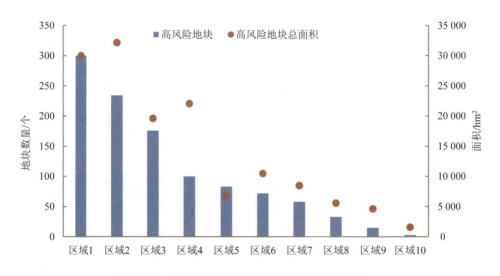

图 7-12 各区域高风险地块数量与总面积（示例）

7.2.3.2 基于风险分级数据的重点区域确定

基于多源数据结合空间聚集性分析方法，分析调查地块的空间聚集特征，明确土壤环境风险防控的重点区域。

基于高风险地块分布，综合调查地块数量、距离等因素，利用核密度工具优化空间精度后输出地块核密度图。分析核密度图中高值区域高风险地块分布情况，提取聚集区范围边界；结合聚集区边界内调查地块分布情况、聚集区与行政区划边界关系等因素，对部分聚集区范围边界进行人工调整；结合管理需求、行业类别，以及战略发展区域等因素，确定需要重点关注的聚集区域。技术路线如图7-13所示。

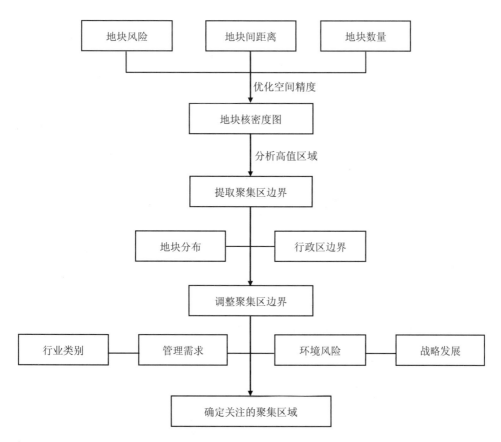

图 7-13 结合企业用地调查需求的空间核密度分析方法

7.2.3.3 基于风险分级数据的重点关注行业确定

基于风险分级数据，采用排序法并结合专业判断，确定土壤污染影响突出、环境风险较大的行业作为重点关注对象。例如，以高风险地块数量多且行业内高风险地块占比高作为筛选标准，筛选过程如图7-14所示。

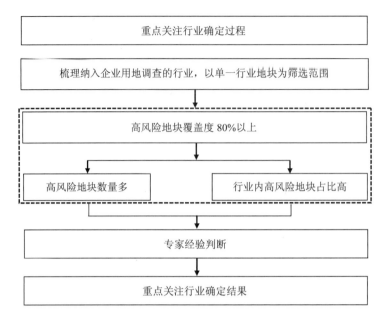

图 7-14 重点关注行业排序筛选流程

7.3 图件编制

调查数据通常以专题图的方式展示，由专题图组成的成果图集是以地图形式对企业用地调查成果的综合展示。

7.3.1 技术指标设定

编制成果图集需要首先确定地图的数学基础，包括地图坐标系、投影方式、比例尺等，并根据确定的数学基础和企业用地土壤环境风险表达的需要绘制专题图。

7.3.1.1 地图数学基础

地图数学基础是地图具有严密的科学性和精确可量测性的重要保证，包括地图投影、比例尺和坐标系统等。企业用地成果图集从全国和区域尺度展示企业用地土壤污染状况，统一采用"2000 国家大地坐标系"（CGCS2000），正轴等积割圆锥投影（Albers）方式进行图件编制。

（1）大地坐标系

长期以来，我国地图或地理空间信息的生产与应用中主要使用了两种坐标系统，即"1954 北京坐标系"和"1980 国家大地坐标系"。自 2008 年 7 月 1 日起，我国全面启用"2000 国家大地坐标系"（CGCS2000），企业用地成果图集中的全部图件均采用该坐标系。该坐标系为地心、动态、三维大地坐标系，原点位于地球质心，初始定向由 1984

年 0 时的 BIH 定向给出，椭球长半径 6 378 137 m。2000 国家大地坐标系采用的地球椭球参数如下：

长半轴 a =6 378 137 m

扁率 f=1/298.257 222 101

地心引力常数 GM=3.986 004 418×10^{14} m^3/s^2

自转角速度 ω=7.292 115×10^{-5} rad/s

短半轴 b=6 356 752.314 14 m

极曲率半径=6 399 593.625 86 m

第一偏心率 e=0.081 819 191 042 8

（2）地图投影

地球表面是不可展的曲面，而地图通常是连续的二维平面。因此，用地图表示地球表面的一部分或全部，需要解决球面与平面的矛盾。如果直接将球面展成平面，必然会产生不规则的裂口和褶皱，因此需要采用"地图投影"方法。然而，不论采用何种地图投影方法，都不可避免地产生变形。地图投影一般可以同时存在长度变形、面积变形和角度变形，但在某种条件下，可以使某一种变形不发生，如投影后角度不变形，或面积不变形，或使某一特定方向投影后不产生长度变形。

中国全图常用的投影有等角斜方位投影、等面积斜方位投影、等距离斜方位投影以及等变形线为三瓣形的伪方位投影。当南海诸岛作插图处理时，常用等角正割圆锥投影或等面积正割圆锥投影。企业用地调查成果图集采用正轴等积割圆锥投影（Albers），其中南海诸岛作为插图处理。投影参数如下：

第一标准纬线：25°N

第二标准纬线：47°N

中心经线：105°E

起始纬度：0°

（3）地图比例尺

地图比例尺是指地图上某段线的长度与实地相应线段的水平长度之比，通常有数字式、文字式、图解式三种形式。企业用地调查成果图集统一采用数字式比例尺，以阿拉伯数字表示，如 1∶100 000（或简写为 1∶10 万）。

7.3.1.2 专题地图编制

（1）专题地图内容

与普通地图集不同，专题图集是以专题地图为主，专门用来解决某一具体任务、直接为某一特定人群服务的地图集，主要反映制图区域各种专题现象特征、相互关系及变化发展规律。专题地图集通常由专题地图及其地图文字、图表组成，包括序图组和若干专题图组。专题地图集中的序图主要反映制图区域与专题信息相关的自然或人文要素的整体特征。企业用地调查成果图集的序图包括与企业分布和环境风险相关的中国地形、地貌、地质类型、土壤类型、城镇及工矿用地分布、人口分布和经济数据分布。

专题地图的地理要素可分为两大类，即地理基础底图要素和专题要素。地理基础底图要素是起着底图作用的、用以显示制图要素的空间位置和区域地理背景的地理要素，企业用地调查成果图集地理底图基本要素为省级行政边界、省会、水系等。

专题要素是专题地图上突出表示的主题内容，如人口分布、国民生产总值等，要利用地图符号和各种视觉变量的功能和特征，通过图形、颜色和尺寸等的变化，突出表示各种专题要素或现象的现状、分布规律及其相互联系等。企业用地调查成果图集在表达专题要素时主要使用了点状、面状和统计图表这三种表现形式，表达要素包括企业行业类型、企业规模、工业利用时间、污染物超标情况、污染物类型、企业风险情况等。

（2）地理底图编制

地理底图是用于编绘专题地图的基础底图，是专题内容在地图上定向定位的地理骨架，实现专题信息的存储、表达、传递、提取。专题信息依附地理底图，不仅能在底图上直接量测以获取信息，更重要的是通过专题要素与地理底图的相互联系，分析出更多专题内容的产生、分布和发展的规律。

考虑到重点行业企业用地分布特征、土壤污染风险影响因素、土壤环境管理需求等，国家级地理底图要素主要有国界线（应该完整表示中华人民共和国疆域）、省级行政区界线、主要城市驻地（包括首都、直辖市和省会城市）、主要河流湖泊。省级及以下级别图件主要表达本级行政区界线（若部分本级界线为上级界线，则优先显示更高级界线），下级行政区界线，本级及下级主要城市驻地，行政区内主要河流、湖泊及主要铁路、国道、省道、高速公路等交通要素；其他地物要素根据实际情况增补，图面显示根据具体情况调节。

（3）专题要素编制

专题地图的专题要素多种多样，可以通过地图符号的图形、颜色和尺寸等变化，使专题要素比地理底图要素突出。专题要素符号的形状多种多样、色彩丰富，符号的尺寸与专题要素的数量成比例，分为精确定位或概略定位的符号、静态或动态符号、几何统计符号或象形符号、图片符号等。

1）点状符号的设计特点。点状符号是指表示定位点上地图信息的地图符号。点状符号的形状和色彩是专题要素定性特征表示的重要视觉变量，尺寸表示专题要素的数量特征。当表示专题要素的分级特征时，符号的尺寸表示要素的等级。当表示要素的精确数值时，符号的尺寸与所表示的数据成比例。

企业用地调查成果图集专题图中使用点状符号较多，主要用于表达重点行业企业用地的分布、主要污染物、企业行业类型、企业风险分级等地图要素。例如，在表达企业地块分布时，使用了统一符号展示实际空间分布位置；在表示企业地块密度时，以 1 km×1 km 网格中心点表达网格空间位置，并以点符号尺寸表达该网格中企业数量；主要污染物类型以不同颜色和符号形状表达；行业类别和风险等级以符号颜色区分。

2）线状符号的设计特点。线状符号是指定位于一条线上的地图信息的地图符号，主要表示呈线状分布的专题要素各方面的特征。通常用线状符号表示的线状分布现象有界线、轮廓线、等值线、动线等。形状变量的应用使线状符号具有不同的特征：实线、双实线、虚线、点线、点虚线等。线状符号由粗到细再到虚线的变化体现专题要素类型由高级到低级（大类—亚类—子类）的变化。利用形状、色彩视觉变量表示线状分布的专题要素的质量类别特征；利用尺寸视觉变量表示要素的数量等级特征。

企业用地调查成果图集专题图的线状符号主要用于我国各等级行政边界、国境线晕线、河流水系等要素的表达，其线性、线宽、颜色和最小上图面积均参考《国家基本比例尺地图图式》等确定制图标准。

3）面状符号的设计特点。面状符号以面作为符号本身，主要表示呈面状分布的要素，由面符号和轮廓线组成。面状符号设计，其视觉变量是色彩和图案。色彩通过不同的色相来表示要素的定性和分类，用明度和彩度的变化表示要素的顺序和间隔分级，有时也使用色彩的其他性质，如用色彩的远近感来表示等级。图案也可以表示面状符号的定性、分类和分级，有时面状符号可以用色彩（底色）加图案来表示，主要用于强调某个方面，如用不同的图案分类后，又给每种图案以不同的色彩加强分类的效果。面状符号在表示数量差异时通常用明度、饱和度的变化或图案纹理的疏密来体现。

企业用地调查成果图集专题图使用面状符号较少，主要在企业地块分布、人口密度或土壤污染物专题图中，以省级或县级行政边界为轮廓，利用色阶表达行政区域内企业地块的数量、人口密度或土壤污染物超标地块数量等信息。

（4）统计图设计

统计图表能够展示多种专题要素及其相互关系，与之相适应的统计图表符号多种多样。在专题图制作中，统计图表既可以根据统计要素空间位置展示在地图斑块上，也可以作为辅助展示手段展示在图幅边缘。常用的统计图表符号有圆形（扇形）图表、方形图表、三角形图表、条（柱）形图表、折（曲）线图表等。这些图表可以表示指标之间的对比关系、结构关系、动态关系、总量与分量关系、依存关系（相关指标）等。

企业用地调查成果图集中，统计图主要和说明文字相配合，展示全国层面专题要素在各省或各类型的数量占比和排名情况。数量占比主要采用饼状图展示，数量排名主要使用柱状图展示。

（5）专题要素符号设计

专题要素符号设计方法包括定点符号法、线状符号法、质底法、等值线法、范围法、点值法、动线法、等值区域法、分区统计图表法。企业用地调查图集专题要素主要利用点值法、等值区域法、分区统计图表法。

1）点值法。点值法是用代表一定数值的大小相等、形状相同的点，反映某要素的分布范围、数量特征和密度变化的方法。

点的大小及其所代表的数值是固定的，点的多少可以反映现象的数量规模，点的配置可以反映现象集中或分散的分布特征。在一幅地图上，可以有不同尺寸的几种点，或不同颜色的点。尺寸不同的点表示数量相差非常大的情况，颜色不同的点表示不同的类别。点值法主要是传输空间密度差异的信息。

点值法中的一个重要问题是确定每个点所代表的数值（权值）以及点的大小。点值的确定应顾及各区域的数量差异，但点值确定得过大或过小都是不合适的。点值过大，图上点过少，不能反映要素的实际分布情况；点值过小，在要素分布稠密地区，点会发生重叠，现象分布的集中程度得不到真实反映。因此，确定点值的原则是在最大密度区点不重叠，在最小密度区不空缺。例如，为解决企业地块数量多而造成的点与点相互压盖的问题，采用格网统计的方式，以每个格网中企业地块的多少设置点的大小，展示企业地块分布特征。在确定格网风险的基础上，通过设定点符号的大小和颜色表达企业用地风险特征（图7-15）。

图7-15 以点的颜色和大小代表风险类型和数量

2）等值区域法。等值区域法是以一定区划为单位，根据各区划内某专题要素的数量平均值进行分级，通过面状符号的设计表示该要素在不同区域差别的方法。具体地说就是用面状符号的色彩或图案（晕线）表示分级的各等值区域，通过色彩的同色或相近色的亮度变化以及晕线的疏密变化，反映现象的强度变化，而且要有等级感受效果。

等值区域法是一种概略统计制图方法，对具有任何空间分布特征的现象都适用，但由于等值区域法显示的是区域单元的平均概念，不能反映单元内部的差异，所以，区划单元越小，其内部差异也越小，反映的现象特点越接近于实际情况。例如，为了反映我国省级行政区域内企业地块数量差异，在利用等值区域法表达时，常利用颜色分级设色表达不同行政区域间企业地块数量的差异以及企业地块区域分布特征（图7-16）。

3）分区统计图表法。分区统计图表法是一种以一定区划为单位，用统计图表表示各区划单位内地图要素的数量及其结构的方法。统计图表符号通常描绘在地图上各相应的分区内，表示每个区划内现象的总和，而无法反映现象的地理分布，是一种非精确的统计制图表示法。分区统计图表法显示的是现象的绝对数量指标，而不是相对数量指标，可以用由小到大的渐变图形或图表反映不同时期内现象的发展动态（图7-17）。例如，企业用地调查图集利用统计图表法反映我国企业用地行业结构特征。由于企业涉及行业众多，不同省（区、市）行业结构差异较大，采用"双层饼图"的形式表达各省级行政区行业结构特征，即利用两个具有相同圆心、不同尺寸的饼图叠加，分别表达企业数量较多的前5类行业小类的结构特征和前5类行业小类与全行政区其他行业的结构特征。

图 7-16　等值区域法示意

图 7-17　分区统计图表法示意

（6）图例设计

图例是地图必不可少的要素，用于说明地图内容与符号系统的联系，是人们读图使用符号的依据，也是地图编绘作业的标准。

图例设计是在符号设计和表示方法选择的基础上进行的一项设计工作。它与地图符号设计和表示方法的选择是三位一体的。其任务就是对图面上全部地图内容的表示做出图形设计并做出示例和解释说明。

图例设计应遵循如下基本原则：

1）图例要素的完备性：图例中必须包含地图上所有的图形和文字标记，并对每个符号和综合性图表逐一做出图例及定义或必要解释。

2）图例符号的一致性：图例中符号的形状、色彩、尺寸等视觉变量和注记的字体、字大及字向等设计要素，必须严格与图面上的相应内容一致。

3）图例说明的确切性：图例中符号的含义（或名称）要确切，每个符号只能有一种解释，不同的符号不能有相同的解释，所有的说明都应简洁明了，字体、字号要适宜。专题地图的图例由于表示方法多样，完整、准确的图例就显得更重要。

4）图例编排的逻辑性：图例编排虽无固定格式，但编排时要有逻辑性。对于一类要素，要考虑类别结构合理和内部的连续性，对各要素的序列，要根据它们的联系和从属关系进行排列。大多采用序列式，通常把重要要素排在前面；也可采用列表式，如组合符号的表示与编排，也可按点、线、面符号分组编排。在布局上，要注意在一定的范围内排列的密度要适中，可以把符号分成几组并加上标题，或不要标题连续排列。有定量含义的图例应标明计量单位。图例要与主区内容相配合，达到全图面的视觉平衡，一般将图例安排在图形重力最小的一边。

企业用地调查图集中常用图例有如下几种：单一图例是用一种视觉变量表示一种指标的图例，这是图例设计中最基本的形式；组合图例是用两种或两种以上视觉变量组成的符号表示两种或两种以上指标的图例；整体图例是与图内符号形状完全一样的图例，并对该符号进行整体说明（图 7-18）。

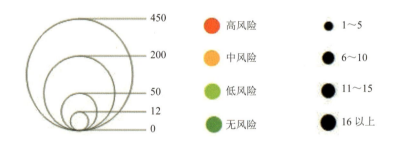

图 7-18　图集中用到的组合图例和整体图例

7.3.2　制图综合技术

制图综合是在地图用途、比例尺和制图区域地理特点等条件下，通过对底图内容的选取、化简、概括和关系协调，建立能反映区域地理规律和特点的新的地图模型制图方法。通过制图综合可以突出制图对象的类型特征，抽象出其基本规律，更好地运用地图图形向读者传达信息，并可以延长地图的时效性。制图综合主要有两种方法，即选取和概括。

选取又称取舍，是指选择那些对制图目的有用的信息，把它们保留在地图上，不需要的信息被舍掉。可以是整个一类信息全被舍掉，如全部道路，也可以是某种级别信息，如水系中小支流、次要居民地等。

概括，是指对制图物体的形状、数量和质量特征进行化简。也就是说，对于那些选取的信息，在比例尺缩小的条件下，能够以需要的形式传输给读者。概括分为形状概括、数量特征概括和质量特征概括。形状概括是去掉复杂轮廓形状中的某些碎部，保留或夸大重要特征，代之以总的形体轮廓。数量特征概括是引起数量标志发生变化的概括，一般表现为数量变小。质量特征概括则表现为制图表象分类分级的减少。

7.3.2.1 技术难点

（1）专题要素与基础地图要素重叠

专题图制作中，专题要素符号与基础地图要素之间，专题要素符号之间的空间重叠是很常见的，在要素展示出现冲突时需要优先保证专题数据在图件中的展示。原则上不舍弃与当前图件相关的专题信息，基础地图要素仅保留国界（包括九段线）、省界、省会、岛屿（包括南海诸岛）、重要河流等信息。

（2）确定图集制作的主要目标

重点行业企业地块在全国的空间分布呈现总体分散、局部高度集中的特点，图形化展示中需要在空间位置准确、地理信息比例准确、细节特征还原、空间分布模式等目标中确定主要目标，并根据主要目标对次要因素进行简化处理。企业用地调查图集揭示重点行业企业空间分布模式和规律是图集制作的主要目标，其他因素略有牺牲。

（3）确定专题要素主次关系

企业用地土壤环境风险及其影响因素是图集展示的核心信息，但在某些企业地块高度集中的区域，专题要素重叠现象十分严重。为突出环境风险，在有要素重叠时，将土壤环境潜在风险高、土壤或地下水污染程度重的地块放在图层的最上层。

7.3.2.2 技术简介

（1）网格统计

网格统计是一种基于相同面积网格对专题要素数量或面积进行统计，以内部均一化的网格代替实际地物的概括方法，主要用于区域企业用地土壤环境风险的综合展示。

首先对整个区域铺设网格，网格大小应综合考虑覆盖区域面积和图件比例尺确定。企业用地成果图集制作中，在全国范围、黄河流域和长江流域分别设置了 4 km 的网格，在京津冀、长三角、粤港澳大湾区设置了 2 km 的网格。然后在网格内部统计要素内容，如地物个数、要素属性平均值、地物面积等。在图集中主要统计网格内处于不同土壤污染环境风险等级的地块个数、属于不同行业类别的地块个数等信息。

（2）专题要素概括

地图元素的概括工作主要针对专题信息。为更好地表现重点行业企业地块的空间分布规律，在展示时均以地块内中心点代替实际地块。相比面状符号，点符号可以通过颜色、形状、大小等多个维度相互区分，扩展了图形表现形式；且在全国尺度下，大部分地块面积偏小，以面状符号按比例尺缩放上图会使专题要素难以辨识，无法满足展现空间分布规律的要求。

以点符号代替地块面状地物提升了重点行业企业特征的表现力度，使得专题信息更突出，空间分布规律更明显。但这种图形处理方法使得各企业用地的图上面积普遍大于在地图比例尺下的应有面积，由此在企业地块分布密集的地区造成了点符号互相压盖的问题。处理符号压盖一般会调整符号空间位置，但移动企业地块空间位置会造成空间分布规律失真，因此图集未对专题要素的压盖进行处理，并通过在点符号边缘添加 0.1 mm 白色边线进行区分。

（3）要素分级

图集制作中专题要素分级存在两种情况。一种情况是标准法规或研究报告中已经对分级方法和阈值做了规定。例如，地下水水质等级、土壤污染物超标浓度阈值、土壤环境风险等级等，一般采用"绿-黄-红"色阶或同一色系由浅到深的色阶进行渲染，保证相同信息在图集或图组内部的颜色和图形表达方式一致。另一种情况是专题要素的分级内容已由图件主题确定，但分级数量、分级阈值需自行确定，这种情况主要通过综合分析图件主题和专题要素表达的信息确定分级级别数量，由专题要素值统计分布特征确定分级阈值。

（4）地理统计

综合使用多种地理统计方法，结合专题要素分布图可以从多个维度展示重点行业企业土壤环境风险空间分布规律。用于图集制作的统计方法包括行政区划统计数量并分级渲染、单位格网内专题要素统计渲染、行政区划分类统计制作饼图和核密度计算等。

使用地理统计方法的目的是对专题信息进行简化概括，一方面通过统计方法集中展示专题数据的某一方面内容，另一方面以行政区、单位网格等大尺度空间要素作为空间统计单位，降低图件空间分辨率。通过减少图件承载的信息量，降低信息获取难度，突出专题信息空间分布规律。

7.3.3 图件样例介绍

选取 3 张集中体现图集制作原则和制图综合技术的图件作为案例，着重讲解制图综合技术的使用。

（1）重点行业企业用地土壤环境风险分布

重点行业企业用地土壤环境风险分布图制作使用到了网格统计、专题要素概括、要素分级等多种制图综合方法。首先通过网格方法，在全国范围铺设 4 km×4 km 网格，统计网格内处于各土壤环境风险等级的重点行业企业地块个数。根据统计内容对网格分类赋值，对调查对象各潜在风险类型在网格内进行统计，以最高的风险级别作为该网格的风险等级。以红、黄、绿色系分别对应不同风险等级，在风险等级内部以风险等级企业个数分级，企业数量越多渲染颜色越深。取网格中心点代表该网格，以网格类型确定点的渲染颜色，为了增加高风险地块集中区域的可识别度，调大了高风险地块数量大于 4 个的网格所对应点位的直径，其他点位直径不予调整。最终的图件适当放大了最高风险级别和企业密集地区在图件中的表现力，突出表现了全国重点行业企业土壤风险的空间分布规律（图 7-19）。

图 7-19　重点行业企业用地土壤环境风险分布样图

（2）重点关注行业分布

重点关注行业分布图在制作中使用到了网格统计、专题要素概括、要素分级等多种制图综合方法。对各企业的行业类型进行分组，根据《国民经济行业分类》，将所有调查企业分为 3 类（采矿业、制造业、其他行业）5 组。在全国范围铺设 4 km×4 km 网格，对网格内各企业的行业组别进行统计，以企业数量最大的行业小类作为该网格所代表的行业类型，以 5 个色系分别代表 5 个组别，组别内行业小类使用同一色系的颜色渲染。取网格中心点代表该网格，以网格代表行业小类确定点的渲染颜色。将网格所代表行业小类的企业数量分为 4 级，按照代表数量的增加加大中心点的直径。最终图件在牺牲了少量企业信息的情况下，突出了调查行业在空间上的分布模式和聚集特征（图 7-20）。

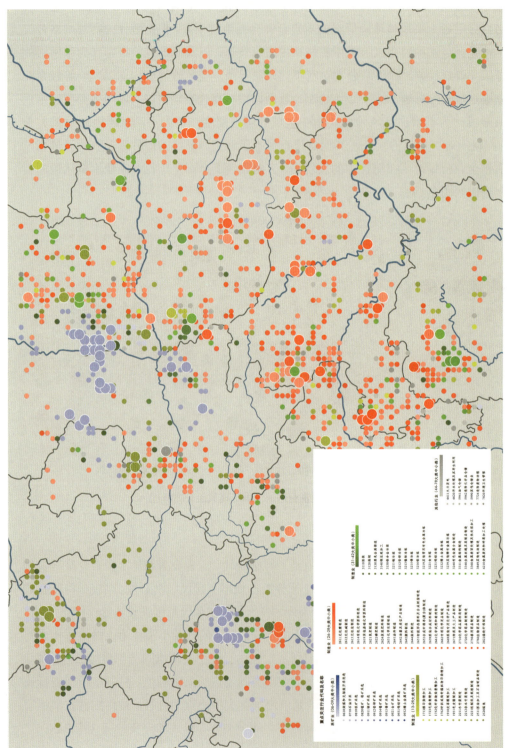

图 7-20　重点关注行业分布样图

(3) 行业分布情况

行业分布情况图主要使用了空间统计的方法。统计各省级行政区划范围内各行业小类企业地块数量，选取各省（区、市）企业地块数量前五的行业小类制作外层统计饼图，根据各行业小类所属的行业大类确定饼图色系。统计排名前 5 的行业小类企业地块数量占全省（区、市）企业地块数量的比例，制作内层饼图，粉色部分表示前 5 行业小类企业地块数量，灰色部分表示其他行业企业地块数量。最终图件通过空间统计方法展示了各省重点行业企业的主要行业类别，避免由于企业点位压盖造成读者对各省（区、市）的行业构成做出错误判断（图 7-21）。

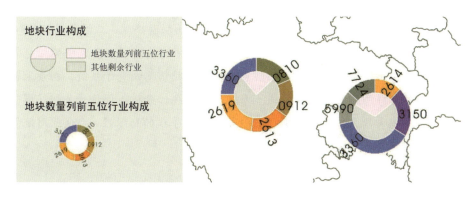

图 7-21　行业分布情况样图

第 8 章　企业用地调查信息管理系统构建

为确保调查数据实时报送、调查结果规范统一，按期、高质量完成调查任务，企业用地调查过程中综合应用移动互联网、物联网终端、二维条码、遥感、地理信息、全球定位、网络数据库等多种信息技术，构建了一套完整的信息管理系统。企业用地调查信息管理系统包括地块基础信息调查子系统、初步采样调查子系统、样品检测与数据报送子系统及数据统计分析与评价子系统。调查过程应用信息管理系统有效克服了传统调查技术手段的局限性，为企业用地调查全过程进度管理和质量管理提供了有力支撑。

8.1　基础信息调查子系统

8.1.1　研发思路

地块基础信息调查主要包括调查对象确定和地块基础信息采集调查。基础信息数据格式多样，包括文档、表格、影像、矢量文件等，传统方式一般利用纸质调查表进行信息填报，存在效率低、易出错、获得数据成果不规范等诸多问题。企业用地地块基础信息调查子系统集成移动互联网、物联网终端、遥感、地理信息、全球定位导航和网络数据库等现代信息技术开发，对于提高基础信息调查效率，规范数据填报过程和数据质量发挥了重要支撑和保障作用。

8.1.2　基础信息调查子系统功能模块设计

根据企业用地调查基础信息采集阶段工作内容和工作要求，设计的基础信息调查子系统，包括调查对象管理、地块边界勾画、空间信息采集质检、地块基础信息采集等模块，主要功能模块设计见图 8-1。

图 8-1 基础信息调查子系统主要功能模块设计

（1）调查对象管理

调查对象管理需导入的基本信息包括：地块编码、地块名称、计划经度、计划纬度、省（区、市）、市（州、盟）、县（区、市、旗）、地块地址、企业类型、企业名称。用户可从 Web 页面下载基本信息导入模板文件，将整理好的调查对象基本信息批量导入数据库。地块调查任务维护页面见图 8-2。

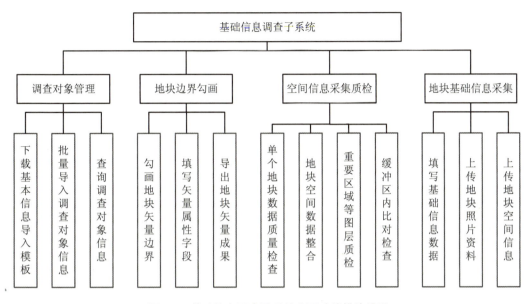

图 8-2 调查任务维护页面

（2）地块边界勾画

为编辑企业用地地块边界信息，基于高分辨率遥感影像和企业数据清单等，构建了企业用地边界勾画系统。调查人员利用企业用地位置数据、高分辨率遥感影像底图、外业踏勘人员确定地块点位,开展企业地块边界勾画工作,标定企业用地范围、企业内重要区域以及企业周边敏感受体,并在完成自审后在线提交。企业用地边界勾画系统页面见图 8-3。完成矢量成果导出后,逐个将企业截图保存至相应文件夹下,企业地块截图操作页面见图 8-4。

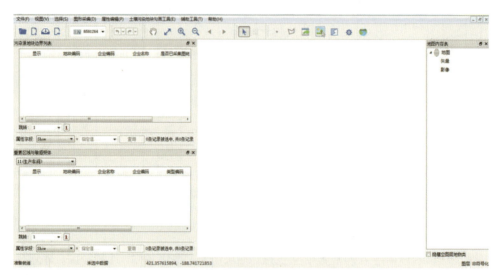

图 8-3　企业用地边界勾画系统页面

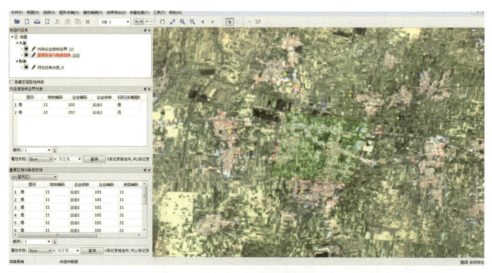

图 8-4　企业地块截图操作页面

(3) 空间信息采集质检

为做好企业用地空间信息质检审核以及整合上报工作,研发了企业用地调查空间信息质检功能。针对省(区、市)、市(州、盟)、县(区、市、旗)上报的企业用地空间信息数据,实现快速、高效、批量化完成空间信息数据的质量检查,辅助国家审核人员完成对空间信息数据的检查和审核。对于需要校正和补充相关信息的数据，再逐级下发到省（区、市）、市（州、盟）、县（区、市、旗）用户进行补充完善，为企业用地空间信息审核入库提供技术支撑。

质检功能支撑对企业用地调查上报的地块数据的质量检查，包括对空间信息数据文件的完整性、编码规范性、字段填写规范性等进行检查，并提供检查报告，辅助数据制作人员完成对数据的检查和修正，确保各地上传的空间信息数据的准确性和完整性。企业用地空间信息采集质检模块研发技术流程见图 8-5。

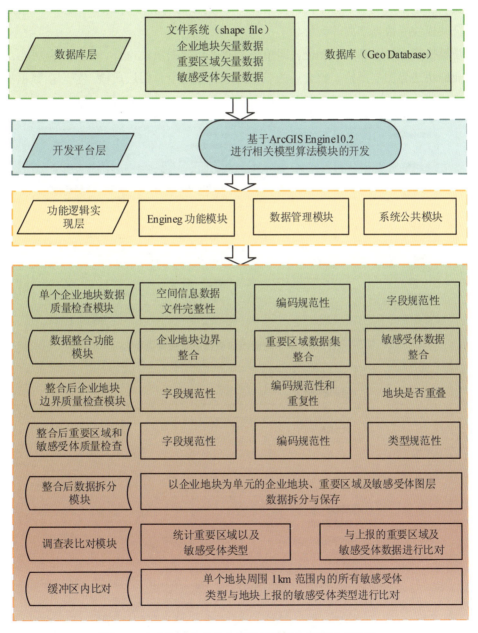

图 8-5　企业用地空间信息采集质检模块研发技术流程

整个系统架构最上层为功能页面层,为最终面向用户的交互层,面向不同用户提供不同的功能权限。功能页面层通过系统交互页面,统一封装功能逻辑层、数据库层,接受各功能所需的参数输入,并将结果进行展示,最终实现所有功能需求。

系统最底层为数据库层,采用文件系统(shape file)+ Geo Database 管理模式实现数据的读取、查询等功能。系统中间层为开发平台层,采用 C/S 架构,基于 ArcGIS Engine10.2 进行相关模型算法模块的开发。中间层往上是功能逻辑实现层,主要实现各应用系统功能所需的功能逻辑,并以动态链接库的方式供各应用系统的功能页面调用。逻辑实现层根据功能需求的不同,分为针对 Engine 的功能模块、针对数据管理的模块、系统公共模块(数据字典等)等。

质检模块主要包括 7 项功能,即单个企业地块数据质量检查、数据整合功能、整合后企业地块边界图层质检、整合后的重要区域及敏感受体图层质检、整合后数据拆分、调查表比对、缓冲区内比对,部分操作页面见图 8-6~图 8-9。

图 8-6　单个企业地块数据质量检查页面

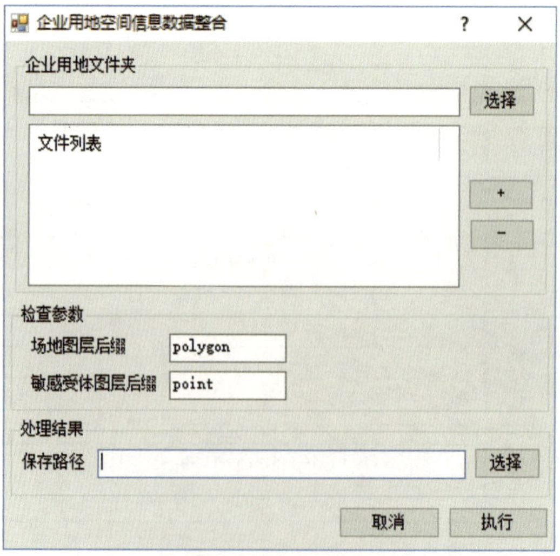

图 8-7　地块空间信息数据整合页面

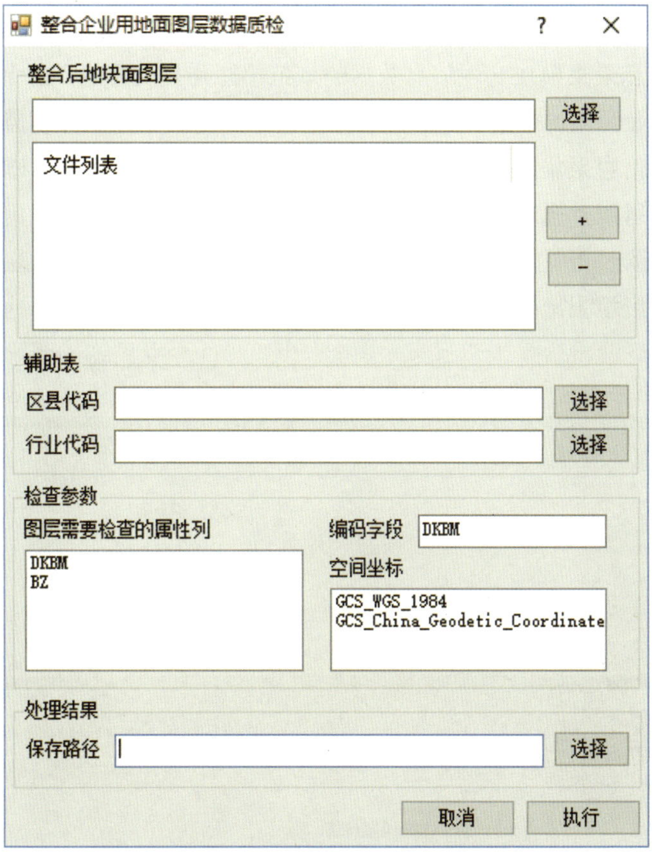

图 8-8　整合后企业用地面图层数据质检对话框

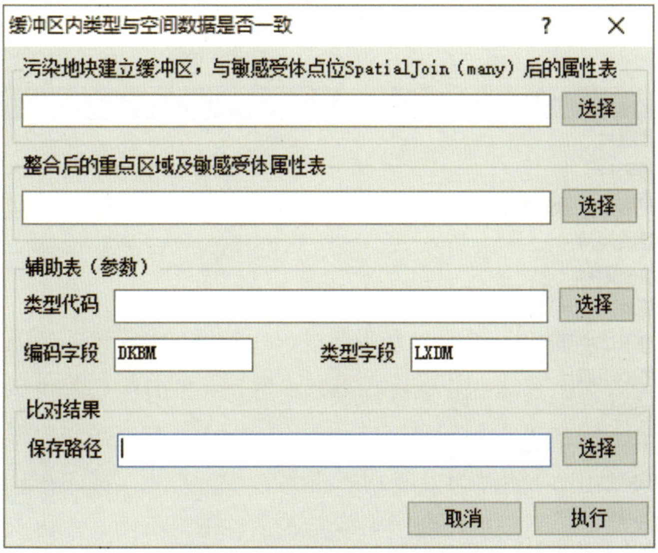

图 8-9　缓冲区内比对对话框

（4）地块基础信息采集

地块基础信息采集模块实现信息数据的规范填写与提交报送。企业地块基础信息包括地块基本情况、污染源信息、迁移途径信息、敏感受体信息、环境监测和调查评估信息等。调查单位信息采集小组组长可通过 Web 页面填报地块各类基础信息，批量上传基础信息调查获得照片资料和基础信息填报说明、地块边界等文件。用户可在页面下载数据导入模板，按照相关技术文件要求完成信息填报后，批量上传地块基础信息调查数据。信息采集小组填报地块基础信息 Web 页面见图 8-10，批量上传地块相关照片资料见图 8-11。

图 8-10　信息采集小组数据填报页面

图 8-11　照片模板内文件夹

8.1.3　基础信息调查用户类型与业务操作

基础信息采集阶段主要用户类型包括省级管理部门用户、地块边界勾画单位人员、基础信息调查单位用户、基础信息调查小组用户、基础信息调查单位内审人员用户、省级基础信息质量控制单位用户。

（1）省级管理部门用户

可在 Web 页面导入本省（区、市）重点行业企业用地调查对象数据，建立调查任务清单；新建承担本省（区、市）地块基础信息调查单位账号，并将地块基础信息采集任务分配至基础信息调查单位。

（2）地块边界勾画单位人员用户

可在 Web 页面完成重点行业企业用地调查地块边界勾画，上传地块边界图斑勾画矢量数据。

（3）地块基础信息调查单位用户

可在 Web 页面新建本单位承担基础信息调查的工作人员和内审人员信息，组建本单位地块基础信息调查小组，并将本单位地块基础信息调查任务分配给调查小组。

（4）地块基础信息调查小组用户

可在 Web 页面填报地块基础信息，在所有信息填报完成后向数据库提交地块基础信息数据，在本单位内审质量控制人员反馈整改意见后，对地块基础信息进行修改完善和再次提交，直至通过内审。

（5）地块基础信息内审人员用户

可在 Web 页面对基础信息采集小组提交的地块基础信息数据和文件进行内部质量控制审核，反馈整改意见，信息采集小组需要根据反馈意见对地块基础信息和相关照片、文件等进行修改完善，直至整改后复核通过，形成闭环。

（6）省级信息采集质量控制单位用户

省级质量控制单位用户主要包括企业用地外业核查人员、省级边界勾画质检人员，主要业务操作如下：

1）省级企业用地外业核查人员开展实地核查与资料调查，通过 Web 页面核实企业地块基础信息。

2）省级边界质检人员可在 Web 页面对省域范围内各市提交的企业地块边界图斑数据进行质检、整合，汇总整理后提交至国家层面进行审核入库。若检查数据存在问题，省级边界质检人员驳回数据，市级用户需进一步校核修改地块边界并完善地块空间信息直到准确无误再提交成果。

8.1.4　对基础信息调查关键支撑作用

（1）规范地块基础信息填报

基础信息调查子系统严格按照技术规定相关要求进行设计，保证全国不同调查单位信息采集人员在填报信息时执行同样的规定。对于"成立时间""地块利用历史""危险化学品"等必填信息项，通过设置星号项标记必填选项、设置提交校验等方式，实现了地块基础信息的规范填报，避免了填报数据遗漏缺项等问题。

（2）实现基础信息的标准化填报

通过"数据字典"设置基础信息调查子系统，实现地块关键基础信息指标的标准化填报。如在"地块基本情况"页面，系统要求信息采集小组按照行业分类数据字典填写行业类别等信息项；在"污染源信息"页面需按照污染物数据字典，逐一填写危险化学品、废气污染物、废水污染物和固体废物中涉及的污染物，在"迁移途径信息"页面需按照提供的列表选项填写包气带土层性质、饱和带渗透性等信息。通过对地块基础信息设置"数据字典"备选项，实现了企业地块基础信息的标准化采集。

（3）支持地块空间数据采集与质量控制

综合应用遥感、地理信息、网络数据库等多种信息技术，构建企业用地边界勾画和空间信息质量控制模块，提高了地块边界勾画工作效率，保证了空间信息属性字段的全面准确。空间信息质量控制模块可对空间信息采集数据的文件完整性、编码和字段填写规范性等进行检查，辅助调查人员完成对填报数据的自查自改，确保上传的地块空间信息数据的准确性和完整性。

（4）支撑基础信息批量导入与实时上传

地块基础信息涉及类别多、填报工作量大，基础信息采集模块支持批量基础信息数据导入功能。调查人员可按照技术规定填报要求和数据模板，将需要上传的信息内容、附件资料、照片等整理成可批量导入的数据文件，通过系统功能按钮进行相关信息的批量导入操作，页面暂存、提交功能按钮，实现基础信息数据的临时保存和实时上传。

8.2　初步采样调查子系统

8.2.1　研发思路

地块采样调查包括点位布设、现场采样和流转送检等工作内容。传统调查工作方式一般是编制完成布点方案，采样人员根据布点方案进行现场采样定点，样品采集和采样过程记录等，布点、采样与检测环节信息难以关联，采样过程编码、样品流转易出错，且出错后溯源难度大。采样过程难以建立工作档案，采样人员对技术规定理解的差异，可能会存在采样过程不规范、样品编码记录错误、漏采错采等诸多问题。

企业用地调查综合应用移动互联网、物联网终端、二维条码、遥感、地理信息和全球定位导航、网络数据库等多项信息技术开发了初步采样调查子系统，功能涵盖采样地块管理、布点文件及点位结构化数据上传、地块土壤和地下水样品的采集、样品流转送检等关键调查环节，对于精准派发采样任务、规范填报样品采集信息，有序流转送检土壤和地下水样品等具有重要的支撑和保障作用。

8.2.2 初步采样调查功能模块设计

根据企业用地调查初步采样调查阶段工作内容和工作要求设计研发的初步采样调查子系统，包括地块布点任务管理、地块布点数据管理、样品采集智能终端软件（以下简称采样终端 App）等模块，主要功能模块设计见图 8-12。

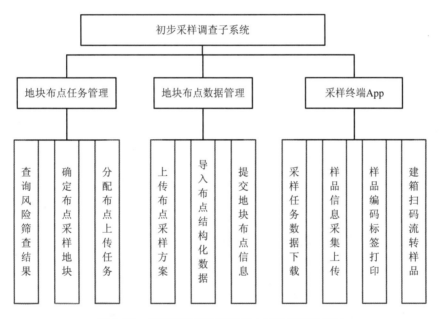

图 8-12　初步采样调查子系统主要功能模块设计

（1）地块布点任务管理

地块布点任务管理是指对根据企业用地调查地块基础信息采集与风险筛查结果确定的需要进行采样调查的地块，通过相关 Web 页面进行标记操作，确定地块布点任务。相关用户可在 Web 页面按照行政区、地块编码、地块名称等查询符合条件的企业地块，批量选中符合条件的地块，标记为需要开展布点和采样调查的地块。布点任务管理页面见图 8-13。

图 8-13　布点任务管理页面

（2）地块布点数据管理

确定进行采样调查的地块，需由布点单位编制地块布点采样方案。地块布点数据管理模块实现布点数据和文件的导入与维护。布点单位需在上传地块布点文件之前组织专家完成方案评审，通过 Web 页面上传布点采样方案、专家评审意见、方案修改完善的情况说明等文件资料和点位结构化数据。地块布点文件上传整改页面见图 8-14。

图 8-14　布点文件上传整改页面

布点人员可在页面下载地块布点结构化数据模板，按照模板准备布点结构化数据上传文件，主要内容包括地块编码、地块名称、样点编号、样点类型、土壤测试项目分类、地下水测试项目分类等。地块布点结构化数据模版样式见图 8-15。

地块土壤和地下水调查点位信息

地块编码：	8102011160518								
地块名称：	某化工材料有限公司地块								
布点区域编号*	筛选依据*	点位编号*	位置*	经度*	纬度*	点位类型*	计划钻探深度	测试项目*	深层土壤测试项目
2A	疑似重金属污染区域且程度较重	1A01	已知可能存在污染区域	113.745812	34.586	土壤	10.5	X单位Y市-土壤重金属7项,X单位Y市-土壤VOCs27项,X单位Y市-土壤SVOCs11项,X单位Y市-土壤二噁英	X单位Y市-土壤重金属7项,X单位Y市-土壤VOCs27项,X单位Y市-土壤SVOCs11项
2A	疑似重金属污染区域且程度较重	2A01	已知可能存在污染区域	113.767812	34.566	地下水	10.5	X单位Y市-地下水pH及重金属5项,X单位Y市-地下水VOCs5项,X单位Y市-SVOCs10项	
2B	疑似重金属污染区域且程度较重	1B01	已知可能存在污染区域	113.732112	34.5439	土壤	10.5	8102011160518-土壤金属7项,8102011160518-土壤挥发性有机物10项,X单位Y市-土壤二噁英	
备注：字母编号与疑似污染区域字母编号相对应	备注：按技术规定填写	备注：按技术规定填写	备注：按技术规定填写	备注：以度为单位	备注：以度为单位	备注：点位类型包括土壤、地下水两类	备注：保留一位小数	备注： 1、布点方案编制单位依据方案内容提前在系统内新建测试项目分类名称，在此列填写一个或多个测试项目分类名称，之间以英文输入状态的逗号（","）分隔； 2：测试项目分类名称应避免重复，建议采用"地块编码+测试项目简称"表示，如"8102011160518-土壤金属7项"、"8102011160518-土壤挥发性有机物10项"； 3、测试项目分类如需在多个地块共用时，建议采用"单位及任务地区识别信息+测试项目简称"表示，如"D单位X市-土壤氰化物"； 4、特殊情形，如同一地块的同一类测试项目需送不同检测实验室时，建议在测试项目简称中加入不同实验室的识别信息，如"D单位X市-Y室土壤氰化物"；	备注： 1、仅在地块深层土壤测试项目与表层土壤测试项目有不同考虑时填写； 2、此处"深层土壤"相对于采样终端的"土壤样品（一）"，是指除"土壤样品（一）"以外的其他土壤样品； 3、如填写则作为该点位深层土壤测试项目，如不填写留空，则深层土壤与表层土壤的测试项目均依据"测试项目"列确定； 4、填写测试项目分类名称，规则同"测试项目"列，即多个测试项目分类名称之间以英文输入状态的逗号（","）分隔。

图 8-15　地块布点数据模板

（3）采样终端 App

完成布点方案上传，直接通过质量控制审核或经整改后复核通过的地块，可以进入采样阶段。企业用地调查采样人员可使用采样终端 App 接收采样任务，开展地块初步采样调查，记录和上传土壤、地下水样品资料和采样照片，根据质量控制要求完成密码平行样品、全流程空白样、运输空白样等样品的采集和自动编码。采样终端 App 登录和采样任务查询页面见图 8-16，土壤和地下水采样资料记录页面见图 8-17 和图 8-18。

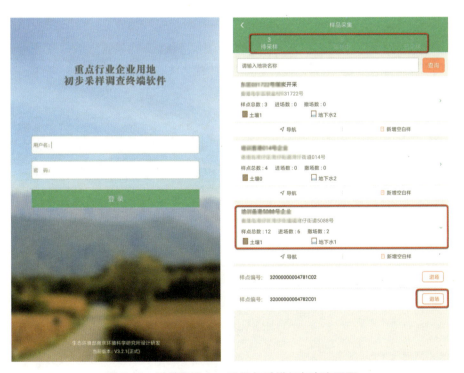

图 8-16　采样终端 App 登录与采样任务查询页面

图 8-17　土壤采样资料记录页面

图 8-18　地下水采样资料记录页面

采样人员在完成采样后，可通过采样终端 App，新建样品箱和运输批次，将采集样品流转至实验室进行检测。地块样品流转送检页面见图 8-19。

图 8-19　地块样品流转送检页面

8.2.3　初步采样调查用户类型与业务操作

（1）省级管理部门用户

可在 Web 页面选定和标记本省（区、市）重点行业企业用地采样调查对象，建立采样调查任务清单；新建承担本省地块布点采样方案编制、地块采样调查单位账号，并将地块布点任务和采样调查任务分别分配至布点单位和采样调查单位。

（2）地块布点单位用户

可在 Web 页面上传地块布点采样方案等相关资料和点位结构化数据，在市级、省级或国家级外部质量控制人员反馈整改意见后，对地块布点采样方案进行修改完善和再次提交，直至通过外部质量控制审核。

（3）地块采样单位用户

可在 Web 页面新增本单位采样工作人员和采样内审人员，组建本单位采样小组，并将本单位承担的地块采样任务分配至采样小组。

（4）地块采样小组用户

可登录采样终端 App，查询当前采样小组的任务信息，记录和提交现场采集土壤、地下水样品资料和照片，通过扫描样品编码，将采集样品流转至检测实验室。

（5）地块采样内审用户

可在 Web 页面对地块采样小组提交的地块采样资料和照片进行内部质量控制审核，反馈整改意见，采样小组需要根据反馈意见，通过采样终端 App 对地块采样资料和相关照片等进行修改完善，直至整改后复核通过，形成闭环。

8.2.4 初步采样调查关键支撑作用

（1）实现对地块布点数据的智能管理

初步采样调查子系统中地块布点管理模块实现了点位结构化数据的录入管理。点位结构化数据是地块采样布点的重要成果数据，也是采样调查的重要依据。地块布点管理模块支持按照数据模板，上传录入布点方案中的地块采样点位信息，如地块编码、布点区域编号、点位编号、经纬度、点位类型、测试项目分类等。点位结构化数据中点位编码和经纬度明确了采样点位置。测试项目分类则明确了采集土壤、地下水等样品的检测项目和送检实验室，通过对布点数据的结构化管理，实现了调查布点、采样、检测等业务环节有机衔接。

子系统中的测试项目分类模块是针对企业用地调查过程中地块特征污染物种类多、数量大，采取的"一地一策"解决方案，可针对每个企业地块"量身定制"检测项目与样品采集方案。系统支持将检测前处理方法、样品保存要求、检测实验室等相同的检测指标划为一类，由系统自动生成相应的检测子样编号，在采样终端软件上引导采集单独检测样品，显著提升了现场采样、分样的工作效率。

（2）支撑地块采样任务精准派发

通过地块采样调查子系统导入的点位结构化数据，将自动生成地块采样调查任务。地块采样调查子系统采样任务管理模块，实现了采样任务从管理部门下发至调查任务承担单位，再由调查任务承担单位下发至具体调查小组（组长）。调查单位相关人员账号也可根据采样任务的执行情况，对下发采样调查任务进行撤回和再分配，实现了采样调查任务的精准派发，确保了地块采样调查工作有序推进。

（3）规范样品采集信息填报

采样终端 App 是地块采样调查子系统的重要组成部分，按照地块采样调查相关技术规定以及采样过程需记录的信息、照片等要求设计采样终端 App 及各项内容填报页面，如地块基本信息、钻孔基本信息、土壤样品基本信息、地层性质基本信息等信息填报页面，以及采样准备照片、土孔钻探照片、土壤样品采集与保存照片、土壤采样记录单、质量控制记录单照片等采样过程照片拍摄页面，确保不同任务单位采样人员在记录采样过程信息时执行同样的技术要求。采样终端 App 可以记录照片拍摄位置经纬度数据、拍照时间等工作过程信息，开发实现了外部密码平行样、全流程空白样和运输空白样等质量控制样品采集和流转页面，提醒和引导现场采样人员进行规范操作。

（4）实现样品自动编码和标签打印

企业用地调查涉及地块内不同深度大量的土壤、地下水样品采集，对采集样品进行规范、有序的编码是传统采样调查过程中的难点。初步采样调查子系统可按照采样技术规定要求，根据地块采样点位编码、采样深度等信息，自动生成样品编码。对于采集密码平行样的质量控制样点，系统可自动对样品进行二次加密编码，生成格式统一的带有二维码的样品标签，并可在采样现场通过采样终端 App 连接的便携式蓝牙打印机，打印样品标签，为地块采样过程中样品编码与标签使用提供高效智能化的解决方案。

（5）支撑地块调查样品有序流转送检

采样终端 App 的"样品送检"模块设计有"样品箱"和"运输批次"相关页面。采样小组可通过采样终端 App 新建样品箱，将实际采样中的样品流转业务转移至线上，通过采样终端自带的照相机，扫描样品二维码标签，建立实物样品编码与样品箱的关联关系。采样小组可通过采样终端 App 添加运输批次，实现已采集样品的在线流转送检。采样终端 App 样品箱、运输批次相关模块功能，较好地支撑了地块采集样品的有序流转送检。

8.3 样品检测与数据报送子系统

8.3.1 研发思路

企业用地调查初步采样地块分布广，采集土壤和地下水样品量大。现场采集的样品运送至实验室，实验室接样人员需要对送达的样品进行检查并记录信息，人工核对工作量大，并且容易出现错误或遗漏。

为妥善解决上述工作难点与问题，综合应用移动互联网、物联网终端、二维码、网络数据库等信息技术，设计研发了企业用地调查样品检测与数据报送子系统，可支持实验室开展样品接收交接、检测数据报送等业务。

8.3.2 样品检测报送功能模块设计

根据企业用地调查样品检测与数据报送阶段工作内容和工作要求，设计了样品检测与数据报送子系统，主要功能包括地块样品测试管理、检测实验室基础数据管理、样品检测数据报送等，主要功能模块设计见图 8-20。

（1）地块样品测试管理模块

企业用地采样单位调查人员完成样品采集后需及时将样品流转至检测实验室进行测试。设计开发的地块样品测试管理模块包括检测终端 App 和相关 Web 页面。用户可通过收样检测智能终端软件（以下简称检测终端 App）查询待接收样品，扫描样品二维码，接收样品或存在质量问题时拒收样品。用户可通过 Web 页面查询已扫码接收的样品清单信息，打印样品交接表单；查询和批量下载已接收样品检测项目、样品有效保存时间等检测关键信息,以便对来样分析测试工作做出合理的安排。样品测试智能终端应用登录与送检样品查询页面见图 8-21。

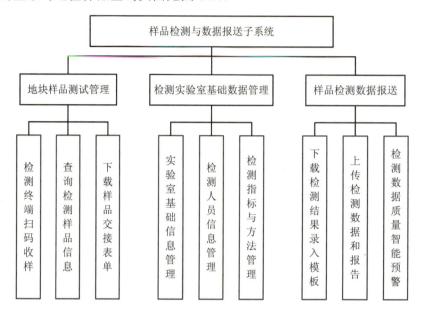

图 8-20　样品检测与数据报送子系统主要功能模块设计

图 8-21　检测终端 App 登录与样品查询页面

（2）检测实验室基础数据管理模块

为了确保承担任务的实验室具备相应的行业资质和任务能力，需针对检测实验室的信息进行管理。设计开发的检测实验室基础数据管理模块实现了对检测实验室的基础信息、检测人员、仪器设备、项目检测能力进行全方位登记备案管理。

实验室基础信息管理提供质量控制实验室、检测实验室基础信息、检测人员信息、仪器设备信息和项目检测信息的录入与管理。

实验室基础信息包括实验室声明、实验室组织结构图、CMA 认证、CNAS 认证、实验室资质等。

检测人员信息包括检测人员、审核人员、岗位职责、专业技能等。项目检测信息包括实验室检测能力、检测指标、实验室检测方法与相应检出限、单位时间最大检测能力等信息。

检测指标与方法管理提供系统中的所有检测指标和方法，检测指标信息包含系统中所有检测指标的编号、指标名称和化学式。检测方法包含系统中所有分析方法编号和名称。

检出限管理包含元素检出限和方法检出限，区分土壤和地下水两种介质，并分别设置国家检出限和实验室检出限。国家检出限作为每类元素的最低检出要求，由国家同步更新，不允许实验室修改；实验室检出限由各个实验室针对各个指标单独设定本实验室检测方法，并维护相应的检出限管理。

（3）样品检测数据报送模块

根据企业用地调查检测数据上报的要求，设计开发了样品检测数据报送模块，实现了检测数据的规范上报。用户通过统一的检测结果录入模板上报检测数据，系统可智能预警漏报、错报数据，并在数据传输过程中对上报数据进行加密，支持开展实验室内部复核和检测数据质量控制审核。样品检测数据报送模块的应用提高了检测实验室检测结果录入效率，确保了数据质量和数据安全。

测试数据报送模块实现样品管理、测试项目管理、数据质量控制管理，完成样品制备、分析、质量控制、录入、入库等实验室内部的全流程工作。样品在检测实验室完成检测任务后，通过统一模板填报检测结果，上传检测报告和内部质量控制报告，通过系统质量控制校验规则后，由实验室提交省级审核，提交过程中系统对数据进行加密传输，经省级质量控制实验室审核后，提交至国家管理部门，完成数据报送。

根据系统内置的平行样比对算法模型，对实验室批量报送的测试数据和自动监控分析比对结果，智能提示质量控制实验室针对密码平行样和统一监控样比对结果，综合评定样品检测结果是否异常，并对异常数据启动复核、复检工作。若确认样品异常，进行重采、重测，重新上报数据，并全程留痕。

8.3.3 样品检测报送用户类型与业务操作

（1）实验室工作人员用户

可通过检测终端 App 扫码接收送检样品，完成与采样单位的样品交接。可访问 Web 页面，查询已接收样品信息，打印样品交接表单，下载检测样品信息。

（2）检测数据报送人员用户

可访问 Web 页面，下载检测数据报送模板，批量报送土壤和地下水样品检测数据，上传检测报告和质量控制报告。

8.3.4 样品检测报送关键支撑作用

（1）保障检测单位样品交接有序开展

检测终端 App 是企业用地调查样品检测与数据报送子系统的重要组成模块。地块采样调查样品完成流转送至检测实验室后，实验室人员可通过检测终端 App 扫描样品标签二维码，完成收样交接，随后可下载系统自动生成的交接表单，经双方确认签字后完成样品交接，实现样品从采样单位到检测单位的有序交接。

（2）规范实验室相关信息备案管理

企业用地调查工作中，需要确保承担任务的实验室具备相应资质和检测能力。样品检测与数据报送子系统的实验室备案管理模块提供质量控制实验室、检测实验室信息的录入，通过材料审核的方式实现对实验室的备案管理。实验室备案管理包含基础信息管理、人员管理、检测指标与方法管理和检出限管理等功能，具备实验室备案过程全流程跟踪，实现了实验室信息标准化、信息化管理。

（3）规范样品检测数据报送

按照样品检测与检测数据报送相关要求，样品检测与数据报送子系统设计了数据上报模块，支持检测实验室人员按照数据报送模板，线下完成检测数据的汇总整理，线上进行检测数据的批量导入和提交。通过开发和应用检测数据报送相关页面功能，规范了检测数据上报格式，确保了全国不同检测单位在进行数据报送时执行同样的标准，提升了工作效率与报送数据质量。

（4）支持检测数据质量智能预警

按照样品检测数据质量控制检查的相关要求，需采取实验室内、实验室间比对方式，分别开展室内密码平行样和室间密码平行样检测结果的比对分析。在样品检测与数据报送子系统中嵌入密码平行样比对分析模型，自动识别不符合要求的样品检测结果，监控实验室样品检测过程中产生的异常情况。实验室数据上报过程中，实时对不符合要求的数据进行预警，由省级质量控制实验室对预警数据逐一排查，确定数据不合格原因，采取复测、复报等措施，有效支撑和保障了调查样品检测数据报送过程的质量审核。

8.4 数据统计分析与评价子系统

8.4.1 研发思路

企业用地调查土壤、地下水检测指标种类多，获得的样品检测数据量大，开发数据分析评价相关模块对于成果分析与集成的需求迫切。通过应用遥感、地理信息系统、网络数据库等信息技术，开发了企业用地调查数据统计分析与评价子系统，支撑企业用地调查数据的统计分析、对标评价与结果表达。

8.4.2 数据统计分析与评价功能模块设计

根据企业用地调查数据分析与评价阶段工作内容和工作的要求，设计了数据统计分析与评价子系统，包括调查成果数据库构建、检测进展统计分析、检测数据对标评价等。主要功能模块设计见图8-22。

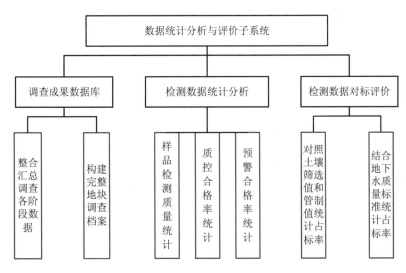

图 8-22 数据统计分析与评价子系统主要功能模块设计

（1）调查成果数据库构建

调查成果数据库整合汇总企业用地调查各阶段数据，打通地块档案、风险筛查、地块采样、分析上报、风险分级各环节间壁垒，建立国家与地方上下结合、高效可行的成果集成模式。

地块档案通过调查表填报信息和空间信息，完善地块基础信息，为风险筛查和布点采样提供基础。基于风险筛查和布点采样需求，分别对在产企业和关闭搬迁企业设置不同调查表，确定调查对象清单和基本信息。系统中以地块为单位将地块核实、基础信息采集、风险筛查与纠偏、布点采样、风险分级与质量控制、数据上报与质量控制的全流程数据进行整合，形成完整的地块调查档案。

风险分级在地块基础信息调查和初步采样调查的基础上，利用系统风险分级模型计算地块得分，根据多个地块的相对风险排序划分地块风险等级，提供风险分级的优化应用，支持人工调整地块风险筛查标准和地块风险级别，展示地块风险筛查关注度和风险等级等全方位信息，为确定污染地块优先管控顺序提供支撑。

（2）检测数据统计分析模块

检测数据统计分析模块主要服务于检测数据上报和成果集成，其中，检测数据上报统计分析主要针对样品检测质量、质量控制合格率、预警合格率等内容；成果集成阶段统计分析主要针对地块基础信息、检测数据信息，从样品尺度、样点尺度、地块尺度3个维度分别进行统计分析。

样品检测质量统计以地块为统计单元，展示地块下所有样品总数、普通样检测完成数量、平行样检测完成数量、平行样比对是否合格、是否撤场等信息，反映地块下所有样品检测进度。

质量控制合格率统计以检测实验室为统计单元，实时反映室内平行样、室间平行样累计合格率的综合情况。

预警合格率统计以行政区为统计单元，从地块、样品、检测项目维度反映行政区内室内平行样、室间平行样综合预警情况。

（3）检测数据对标评价模块

成果集成阶段统计分析区分样品、样点、地块3个尺度，针对检测项统计最大浓度，结合土壤筛选值和管制值统计占标率；结合地下水质量标准区分Ⅲ类、Ⅳ类统计占标率。

8.4.3 数据统计分析与评价用户类型与业务操作

（1）省级成果集成单位用户

可在 Web 页面查询本省地块档案、风险筛查、地块采样、分析上报、风险分级等各阶段数据；通过系统统计分析模块，查询本省（区、市）检测数据上报阶段样品质量控制合格率、预警合格率统计分析，成果集成阶段样品、样点、地块尺度的检测数据统计分析；通过系统对标统计模块查询本省（区、市）平行样比对结果。

（2）国家成果集成单位用户

可在 Web 页面对全国提交的数据进行复核，针对复核后的数据进行分析处理；实时监控各省数据上报进度和样品质量控制结果；成果集成阶段汇总全国数据，形成样品、样点、地块尺度3个维度统计表，分析地块污染情况，并复核各省（区、市）地块风险等级。

8.4.4 对数据统计分析与评价关键支撑作用

（1）实时反馈样品检测进展情况

数据统计分析与评价子系统中样品检测进展统计模块通过条件设置，查询满足条件要求的检测任务，实现对样品检测进度详细信息的统计与展示。根据检测实验室上报数据情况，以样品、样点和地块作为不同统计单元，对地块送检样品和样点总数、普通样和平行样检测完成数量、样品基本情况等信息进行统计，实时反馈地块检测进展。

（2）规范样品检测数据评价分析

数据统计分析与评价子系统内置统计评价模型，针对地块基础信息、检测数据信息，从样品尺度、样点尺度、地块尺度 3 个维度分别进行统计分析。针对获得的土壤和地下水检测数据，对照《土壤环境质量 建设用地土壤污染风险管控标准（试行）》（GB 36600—2018）和《地下水质量标准》（GB 14848—2017）等相关标准，进行对标评价计算，实现了对地块尺度、样点尺度土壤和地下水样品中各类检测指标的对标评价。

8.5 系统相关软硬件配置

8.5.1 软件配置要求

系统采用 B/S 架构，基于 JAVA+spring+spring MVC 开发建设。主要系统数据库及开发技术包括：Oracle 11G R2 企业版数据库、JAVA EE 应用平台软件 Tomcat7.0 或 WebLogic Server11G，服务器操作系统采用 Windows sever2012，JAVA 开发工具采用 JDK1.8。

8.5.2 硬件环境需求

外网（DMZ）服务器配置为 CPU 16 核 3.2GHz、内存 16G、硬盘 500G、操作系统 Windows sever 2012 为公网用户提供服务，用户量大时需增加服务器做负载均衡。数据库服务器配置为 CPU 8 核 3.2GHz、内存 16G、硬盘 500G、搭配数据库 Oracle11G 存储数据。

智能终端设备应能够安装并稳定运行安卓系统软件，满足 Android 5.0 以上，Jdk1.7 及以上，处理器 CPU 1.3G 及以上；运行内存 2G、机身闪存 16G、扩展存储 32G 及以上，摄像头支持自动对焦；专业防尘、防水和防震设计，IP67 级及以上；具有北斗卫星导航系统（BDS）和全球定位系统（GPS）双定位模块；支持陀螺仪、重力感应、光感应和地磁感应，方位等识别性能满足调查找点要求；支持电信、移动、联通 4G 移动网络，Wi-Fi 和蓝牙 4.0 及以上版本。

8.5.3 软件部署与安全保障

企业用地调查信息化软件部署在生态环境云虚拟主机上。按照不同单位人员业务权限设置角色，不同人员使用不同的账号，确保账号的唯一性。设置登录超时时间，超过限制时间自动下线以减少登录会话时间。系统数据存储在内网服务器，公网服务通过外网服务器进行中转访问。

第 9 章　总结与展望

企业用地调查是我国首次针对企业用地土壤污染状况开展的系统性调查,按照《土壤污染防治行动计划》和《全国土壤污染状况详查总体方案》的要求,历时 4 年,如期高质量圆满完成了企业用地调查目标和任务,取得了显著的环境效益、社会效益和经济效益。

9.1　总　结

本次企业用地调查基本摸清了我国重点行业企业用地中污染地块的分布及其环境风险情况,创新完善了我国企业用地土壤污染调查技术体系和组织实施体系,积累了重要的基础性数据和资料,锻炼培养了一支建设用地土壤污染调查及防治的专业技术队伍,有力提升了我国土壤污染调查及环境管理的专业化、规范化、精细化水平。

9.1.1　调查技术和方法的构建与创新

9.1.1.1　调查思路的创新

本次调查坚持目标导向和问题导向,围绕"住得安心"核心目标,落实"土十条""掌握重点行业企业用地中污染地块的分布及其环境风险情况"总体目标,针对全国开展企业用地调查存在的主要问题和挑战,明确了摸清土壤污染状况及污染地块分布、掌握污染地块环境风险情况、建立优先管控名录的主要任务。

企业用地调查以摸清地块环境风险为主线,关注地块土壤和地下水受到污染进而对受体造成不利影响的环境风险,基于"污染源—迁移途径—受体"三要素建立风险评价体系,基于企业地块污染产排、迁移扩散、周边环境等信息采集与调查方法,对地块环境风险进行综合分级评估,支撑建设用地土壤环境分类管理。

调查采用重点调查与系统调查协同的工作思路,一方面,综合考虑工作基础、时限要求、经费成本等因素,突出重点,聚焦"土十条"重点监管的、土壤环境影响突出的有色金属矿采选、有色金属冶炼、石油开采、石油加工、化工、焦化、电镀、制革等重点行业和重点企业地块；另一方面，参照国内外地块调查通用方法，设计了调查对象排查、基础信息调查、辅助采样调查、风险等级综合判定的系统调查思路，分阶段逐步深入实施，全面获取调查企业地块的生产经营基础信息及土壤和地下水环境状况信息。

9.1.1.2 技术路线的创新

围绕调查目标和主要任务，借鉴国内外先进调查技术方法，集成创新了调查技术路线，分调查对象确定、基础信息调查、风险筛查、样本地块采样调查、风险分级、成果集成等 6 个环节。

结合多源数据综合分析，聚焦对土壤环境影响突出的重点行业，全面排查存在潜在污染风险的重点行业企业地块；按照统一的技术方法对调查对象开展基础信息、污染特征、迁移特性和敏感受体等资料调查，在此基础上开展风险筛查，确定地块优先关注程度；基于风险管理的需求分析，选择高关注度地块和中低关注度样本地块开展辅助采样调查；综合评估划分各调查地块的潜在高、中、低风险等级，建立优先管控名录；开展数据统计处理与专题分析，集成报告、图件、数据库与信息管理平台。

9.1.1.3 关键调查技术和方法的创新

创新构建了企业用地调查技术方法体系，在调查对象确定、基础信息调查、风险筛查与分级、采样调查、数据分析与成果集成等方面形成了 5 个系统 20 余种技术和方法，包括基于多源企业信息的调查对象筛选确定技术与方法、基于多源数据的企业用地信息采集分析与整合技术、基于重点污染精准识别的采样调查技术与方法、基于"污染源—迁移途径—受体"三要素的企业用地风险筛查与分级技术和基于多元统计的数据分析方法，确保了高效优质完成企业用地调查任务。

9.1.1.4 应用手段的创新与应用

（1）基于 ArcGIS 的空间信息集成分析与制图技术的创新与应用

基于现场踏勘和 GPS 现场定位，利用 ArcGIS 地理信息系统软件，整合地块边界、重点功能区、敏感受体、采样点位等空间信息；采用空间热点分析等方法，对企业地块风险集聚程度进行差异分析与展示，应用国际先进的制图技术进行图件制作，以专题图方式高效展示调查成果。

（2）基于"互联网+"和网络数据库等信息化管理技术的创新与应用

综合应用移动互联网、物联网终端、二维条码、遥感、地理信息、全球定位、网络数据库等多种先进信息化技术手段，统筹考虑与土壤环境管理技术体系、监测网络建设的衔接，研发了集合调查任务分配、位置导航、信息采集、风险筛查结果计算、点位布设、样品采集、样品流转、实验室分析测试、数据上传、风险等级判定等覆盖全过程的手持终端和配套数据库与信息化平台，实现全流程信息实时上传、管理与质量控制，提高各环节工作效率，确保调查结果规范统一。

9.1.2 调查组织实施方法的总结与创新

9.1.2.1 调查组织方式的创新

一是多部门联合统筹，上下联动。企业用地调查是个系统工程，高效组织实施也是按期保质完成调查任务的重要保障。本次调查强化多部门联合统筹，在国家层面，由生态环境部等五部委联合成立全国土壤污染状况详查工作协调小组及其办公室，负责企业用地调查工作的统一领导和协调监督；在地方层面，各省（区、市）均成立相应的多部门参与的省级详查工作机构及专家咨询机构，负责本行政区域详查工作的统一领导、组织实施、技术咨询，并与国家层面实时对接。

二是充分发挥社会专业机构作用。各地按照相关要求，依靠行业技术力量，委托专业的第三方调查单位开展基础信息调查和采样调查工作，全国累计参与调查人员3万余人，充分发挥社会资源的作用；通过现场演练、线上线下培训、专家组帮扶指导，强化对调查人员的技术指导与培训力度，累积培养了一支专业能力过硬的技术队伍，推动提升行业整体技术水平。

9.1.2.2 调查工作机制的创新

一是建立系列工作机制。为推动各地规范、高效开展调查工作，确保按时保质完成调查任务，建立了定期会商、专家咨询论证、多渠道联络、分省施策、调度评估、线下监督检查与问题反馈、线上抽查审核等一系列有序的工作机制。

二是全流程质量保证与质量控制。调查过程中始终坚守质量控制生命线，建立了覆盖全流程的任务承担单位自审内审、省市级质量控制单位外审与国家级质量控制专家组抽审的三级质量控制模式，明确了国家级监督管理责任、省级质量监督主体责任和任务承担单位内部质量管理的首要责任。创新应用多源数据交叉验证、线上抽审与线下监督检查、密码平行样同步监控、多级专家纠偏与复核、会议审查等外部质量控制技术手段开展质量管理，并依托手持终端与信息管理系统实现调查全流程留痕，推动三级质量管理体系实施落地，实现了内外部质量管理协同、全过程质量控制有效衔接。

9.1.2.3 调查技术保障措施的创新

一是强化顶层设计，统一技术要求。构建涵盖调查对象确定、基础信息调查、风险筛查、采样调查、风险分级、成果集成全过程的技术规范体系；针对不同环节的技术特点，设计全流程专题技术培训课程，构建完善的培训管理体系，并结合需求定期编制培训教材与培训视频。

二是试点先行，逐步推广。调查中创新多项技术方法，为保证新技术的科学性和可操作性，在充分论证研讨的基础上，选择部分地区先行试点，试用、完善技术文件、优化模型方法、打通关键流程、总结工作模式，根据试点试用情况修改完善，再在全国加以推广。

三是加强技术指导帮扶。有效整合国内相关专业技术指导力量，成立专家咨询委员会，由国内高校、科研院所等机构中相关领域的院士和知名专家组成，定期研究解决调查过程中的重大技术问题；成立技术指导与质量检查专家队伍，分别组建基础信息调查环节和采样调查环节国家级质量控制专家组，全程指导帮扶对口省份的调查工作；各省（区、市）组建本地调查专家库，包括地块调查评估、环境影响评价、环境监测分析、地质勘查等领域专家，实时解决在调查工作中遇到的技术问题。

9.1.3 强化调查成果的应用

本次调查初步摸清了重点行业企业用地土壤污染状况底数，推动了各地构建关闭搬迁地块优先监管名录，更新了在产企业重点监管单位名录，夯实了土壤环境管理的基础；应用本次调查成果，支撑了各地依法开展关闭搬迁污染地块风险管控和修复，推动了从严管控农药、化工等行业中的重度污染地块，防止污染地块违法违规开发，防范了重大环境风险；支撑了在产企业开展源头防控重大工程和边生产边管控试点示范，推进了土壤污染源头防治与风险管控；推动了在产企业依法全面落实土壤污染隐患排查、自行监测等土壤污染防治义务，增强了企业土壤生态环境保护意识；支撑了分行业隐患排查技术指南、重点监管单位周边监测技术指南等标准规范的制定，健全了土壤污染防治技术标准体系；为"十四五"土壤与农业农村生态环境保护规划编制、"十四五"期间土壤污染先行区和地下水污染防治试验区建设工作等重点工作提供了有力支撑，提升了土壤生态环境管理与相关产业发展的专业化水平。

9.2 展望

本次企业用地调查是在总结现有调查技术体系和以往工作经验基础上开展的一次国情调查，受当前工作基础、时限要求、经费成本等因素限制，在调查技术方法、成果应用等方面仍然有一些可以改进的地方，可在后续相关企业用地调查工作中不断优化和提高。

9.2.1 进一步完善企业用地调查技术体系

1）在调查对象筛选方面，除聚焦对土壤污染风险较大的重点行业企业之外，其余地块仍可能存在土壤污染风险，需结合土壤污染状况普查和日常土壤污染状况调查，进一步扩大调查行业，逐步掌握其土壤污染风险情况。

2）在风险筛查与风险分级方面，完成了全国层面的企业用地潜在风险等级的划分。可进一步分区域、分行业细化分析模型，对指标赋值及分级标准进行系统性的优化调整，以更精准支撑管理需求。

3）在基础信息调查方面，有些信息项区分度不高，或与风险筛查相关性不强，后续可进一步简化；信息采集与甄别过程人工依赖性强，成本较高，可进一步结合大数据等技术进行信息汇总与关联融合分析。

4）在样品分析测试方面，存在有些检测指标因采用不同的分析测试方法缺乏数据可比性等问题，需进一步加强统一规范；可以针对一些新污染物开展监测，评估环境风险。

9.2.2 进一步深度挖掘企业用地调查数据

企业用地调查获得了大量的企业地块生产经营基础信息及土壤和地下水环境状况数据，结合"十四五"典型行业企业用地调查等工作，有待进一步对重点行业污染成因开展分析，强化企业污染与生产工艺、周边农用地状况等关联分析，推动数据深度挖掘和成果应用。

9.2.3 进一步完善标准体系，加强相关产业发展的支撑

根据企业用地调查工作实践经验，总结和评价各种技术和方法的应用效果，推进地块污染调查方法的标准化体系建设；梳理调查结果中土壤和地下水超标点位涉及的相关工艺和场所，推进土壤污染成因与趋势分析；研究制定分行业隐患排查指南，推动企业用地土壤与地下水污染预防。企业用地调查发现的在已有标准之外、毒性大且检出率高的有机污染物，研究相关检测分析方法、风险管控阈值，适时纳入土壤污染风险管控标准。

借助企业用地调查工作经验，不断运用大数据技术、云计算技术、三维可视化技术等先进的信息化技术，通过统一平台和终端，实现企业用地从信息数据采集、采样调查、数据上传、数据处理与评价、调查结果表达的智能化提升，实施动态表征展示，增强调查工作效能。强化相关从业单位与人员的业务培训，推动土壤污染调查及风险管控等相关产业的规范、健康、可持续发展。

附 录

附录 A

土壤污染重点行业及其影响途径、企业筛选原则表

门类	大类	中类	小类	主要污染因子及影响途径	行业确定依据	重点企业筛选原则
B采矿业	07石油和天然气开采业	071石油开采	0710石油开采	主要污染因子：总石油烃（TPH）、苯系物、多环芳烃、Pb、含油量、Cr^{6+} 主要影响环节： ➢ 废水：采出水处理和外排（总石油烃、常规离子）、压裂液收集和处理系统（总石油烃、重金属） ➢ 固体废物：落地油（总石油烃）、含油污泥油泥砂集中收集和处理系统（总石油烃）、井场油基废弃钻井废物处理装置（总石油烃、有机化学药剂、重金属）、联合站底泥和浮渣处理系统（总石油烃、有机化学药剂、重金属）、水基钻井废物（有机化学药剂、重金属）、采浆坑 ➢ 事故和泄漏：井喷事故、油罐原油管道破裂或爆炸事故、油罐和管道泄漏、套外漏	"土十条"重点行业	5年内大型企业，15年内的大型、中型企业，15年以上的所有企业（按企业经济规模划分）

门类	大类	中类	小类	主要污染因子及影响途径	行业确定依据	重点企业筛选原则
B 采矿业	08 黑色金属矿采选业	081 铁矿采选	0810 铁矿采选	主要污染因子：pH、重金属（铬、钒、锰、铁等） 主要影响环节： ➢ 固体废物：废石（渗滤液酸性废水）、尾矿	按照行业污染物产排特点及参考行业专家意见纳入	所有硫铁矿采选企业；其他开采 5 年以内，规模 100 万 t/a（地下矿）或 200 万 t/a（露天矿）以上企业，开采 5~15 年，规模 30 万 t/a（地下矿）或 60 万 t/a（露天矿）以上企业，开采 15 年以上的所有企业
		082 锰矿、铬矿采选	0820 锰矿、铬矿采选	主要污染因子：锰、铬等重金属 主要影响环节： ➢ 废水：选矿废水（铬、锰等） ➢ 固体废物：废石、尾矿	按照行业污染物产排特点及参考行业专家意见纳入	开采 5 年以内，规模 10 万 t/a 以上企业，开采 5~15 年，规模 5 万 t/a 以上企业，开采 15 年以上的所有企业
		089 其他黑色金属矿采选	0890 其他黑色金属矿采选（钒矿）	主要污染因子：pH、重金属（钒、锰等） 主要影响环节： ➢ 固体废物：废石、尾矿	按照行业污染物产排特点及参考行业专家意见纳入	开采 5 年以内，规模 5 万 t/a 以上企业，开采 5 年以上的所有企业
	09 有色金属矿采选业	091 常用有色金属矿采选	0911 铜矿采选	主要污染因子：pH、重金属（铅、汞、镉、铬、类金属砷、镍、铊、锰、锑、铜、锌、银、钒、钴等） 主要影响环节： ➢ 废水：废石场/排土场淋溶水、尾矿库下涌水、矿井下涌水 ➢ 废气：采矿废气、破碎筛分粉尘、废石场排土场扬尘（颗粒物）；尾矿库扬尘（重金属） ➢ 固体废物：废石场/排土场、低品位矿石堆场（重金属）	"土十条"重点行业；国家鼓励的有毒有害原料（产品）替代品目录涉及行业；砷污染防治技术政策行业	开采 15 年以上企业，开采 15 年以内，规模 3 万 t/a 以上的企业
			0912 铅锌矿采选	同 0911 铜矿采选		

门类	大类	中类	小类	主要污染因子及影响途径	行业确定依据	重点企业筛选原则
B 采矿业	09 有色金属矿采选业	091 常用有色金属矿采选	0913 镍钴矿采选	同 0911 铜矿采选	"土十条"重点行业；国家鼓励的有毒有害原料（产品）替代品目录涉及行业；砷污染防治技术政策行业	开采 15 年以上的企业，开采 15 年以内、规模 3 万 t/a 以上的企业
			0914 锡矿采选	同 0911 铜矿采选		开采 15 年以上的企业，开采 15 年以内、规模 1 万 t/a 以上的企业
			0915 锑矿采选	同 0911 铜矿采选		
			0916 铝矿采选	同 0911 铜矿采选，重点考虑铝土矿选矿产生的尾矿土壤污染		开采 15 年以上的企业，开采 15 年以内、规模 6 万 t/a 以上的企业
			0919 其他常用有色金属采选（汞）	同 0911 铜矿采选		所有汞矿采选企业
		092 贵金属矿采选	0921 金矿采选	同 0911 铜矿采选，另： ➢ 废水：高砷矿废水含砷，矿山涉及氰化浸出工序的应考虑含氰 ➢ 废气：高砷矿选矿预焙烧烟气含砷 ➢ 固体废物：氰化提金废渣		开采 15 年以上的企业，开采 15 年以内、含氰化浸出工艺或规模 1.5 万 t/a 以上企业
			0921 银矿采选	同 0911 铜矿采选，另： ➢ 废水：高砷矿废水含砷 ➢ 废气：高砷矿选矿预焙烧烟气含砷		
		093 稀有稀土金属矿采选	0931 钨钼矿采选	同上，废水中重金属包括钼		开采 15 年以上的企业，开采 15 年以内、规模 3 万 t/a 以上的企业
			0932 稀土金属矿采选	同上，另： ➢ 废水：离子型稀土矿开采地下浸出液渗漏（溶出迁移重金属、硫酸盐）		开采 15 年以上的企业，开采 15 年以内、规模 6 万 t/a 以上的企业

门类	大类	中类	小类	主要污染因子及影响途径	行业确定依据	重点企业筛选原则
C 制造业	17 纺织业	171 棉纺织及印染精加工	1713 棉印染精加工	主要污染因子：重金属（铬）、苯胺类、可吸附有机卤素（AOX）、苯系物（苯、二甲苯、苯乙烯） 主要影响环节： ➤ 废水：染色、印花（铬、苯胺类、AOX） ➤ 废气：印花（苯系物） ➤ 固体废物：废水处理污泥（铬）、定型机空气净化冷凝物（油剂）		
		172 毛纺织染整精加工	1723 毛染整精加工	同上		
		173 麻纺织染整精加工	1733 麻染整精加工	同上		
		174 丝绢纺织及印染精加工	1743 丝印染精加工	同上		
		175 化纤织造及印染精加工	1752 化纤织物染整精加工	主要污染因子：重金属（铬、锑）、苯胺类、苯系物（苯、二甲苯、苯乙烯） 主要影响环节： ➤ 废水：染色、印花（铬、锑、苯胺类、对苯二甲酸） ➤ 废气：印花（苯系物） ➤ 固体废物：废水处理污泥（铬、锑）	国家鼓励的有毒有害原料（产品）替代品目录涉及行业	生产 10 年以上，规模 3 000 万 m/a 以上的企业，生产 10～25 年，规模 1 000 万 m/a 以上的企业，生产 25 年以上的所有企业
		176 针织或钩针编织物及其制品制造	1762 针织或钩针编织物印染精加工	主要污染因子：重金属（铬）、苯胺类、苯系物（苯、二甲苯、苯乙烯） 主要影响环节： ➤ 废水：染色、印花（铬、苯胺类） ➤ 废气：印花（苯系物） ➤ 固体废物：废水处理污泥（铬）		

门类	大类	中类	小类	主要污染因子及影响途径	行业确定依据	重点企业筛选原则
C 制造业	19 皮革、毛皮、羽毛及其制品和制鞋业	191 皮革鞣制加工	1910 皮革鞣制加工	主要污染因子：pH、总铬、六价铬 主要影响环节： ➢ 废水：浸制工序（pH、总铬、六价铬） ➢ 固体废物：废水处理污泥（总铬、六价铬）	重金属"十三五"规划纲要重点行业；国家鼓励替代的有毒有害原料（产品）替代品目录涉及行业	生产 15 年以上的企业、生产 15 年以下，年产 20 万标张以上的企业
		193 毛皮鞣制及制品加工	1931 毛皮鞣制加工	主要污染因子：pH、总铬、六价铬 主要影响环节： ➢ 废水：浸酸、鞣制工序（pH、总铬、六价铬） ➢ 固体废物：废水处理污泥（总铬、六价铬）		生产 15 年以上的企业、生产 15 年以下，年产 10 万标张以上的企业
	22 造纸和纸制品业	221 纸浆制造	2211 木竹浆制造	主要污染因子：可吸附有机卤素（AOX，含二噁英） 主要影响环节： ➢ 废水：含氯漂白工序	国家鼓励的有毒有害原料（产品）替代品目录；POPs 公约涉及行业	生产 5 年以内，规模 10 万 t/a 以上的企业、生产 5~15 年，规模 5 万 t/a 以上的企业、生产 15 年以上的所有企业
			2212 非木竹浆制造	主要污染因子：可吸附有机卤素（AOX，含二噁英） 主要影响环节： ➢ 废水：含氯漂白工序（AOX）		生产 5 年以内，规模 5 万 t/a 以上的企业、生产 5~15 年，规模 3.4 万 t/a 以上的企业、生产 15 年以上的所有企业
	25 石油加工、炼焦和核燃料加工业	251 精炼石油产品制造	2511 原料加工及石油制品制造	主要污染因子：总石油烃、苯系物、多环芳烃、重金属催化剂 主要影响环节： ➢ 废气：收集处理装置逸散（非甲烷总烃）、生产装置逸散（VOCs） ➢ 废水：炼化企业含油废水（总石油烃、多环芳烃）、含硫废水（硫化物）、含碱废水（含酚类、酚类） ➢ 固体废物：碱渣、含油含重金属污泥（总石油烃、镍、钴、钼、铬、镍、钼等）、废酸、石油精制废白土渣等的储存堆放和处理系统 ➢ 事故和泄漏：装置和油罐及管道爆炸事故、油管和管道泄漏	"土十条"重点行业	生产 5 年以内的大型企业、生产 5~15 年以内的中型及以上企业、生产 15 年以上的所有企业

门类	大类	中类	小类	主要污染因子及影响途径	行业确定依据	重点企业筛选原则
C 制造业	25 石油加工、炼焦和核燃料加工业	251 精炼石油产品制造	2512 人造原油制造	主要污染因子：总石油烃、多环芳烃、重金属催化剂 主要影响环节： ➤ 废气：生产过程（多环芳烃） ➤ 废水：含油废水（总石油烃、多环芳烃）、气化废水（多环芳烃）、冲洗废水（石油烃）、含硫废水（硫化物）、含碱废水（酚类、多环芳烃）、含酚废水（酚类、多环芳烃） ➤ 固体废物：废催化剂（NiO、MoO_3、ZnO、Pt等）、含油含重金属污泥（总石油烃、铬、钼、镍等）		除以生物油为原料的所有企业
		252 炼焦	2520 炼焦	主要污染因子：苯、多环芳烃、酚类化合物、氰化物 主要影响环节： ➤ 废气：装煤（二噁英类、HCN、苯类、酚类、多环芳烃C_nH_m）、推焦（焦尘及C_nH_m）、熄焦（BaP、苯及C_nH_m）、荒煤气净化和化学产品回收过程（HCN、BaP、苯、萘、（挥发）酚和非甲烷总烃等） ➤ 废水：焦化废水[酚类（苯酚）、氰化物（酚类酚）、石油类、多环芳烃（BaP、蒽、萘）、选煤废水（Cu^{2+}、Mn^{2+}、Zn^{2+}等和石油类、硫化物、酚）]、煤场渗滤液 ➤ 固体废物：焦油渣、水处理污泥、干法脱硫废液沉渣、酸焦油、煤矸石	"土十条"重点行业	生产5年内的大型企业，生产5～10年的中型及以上的企业，生产10～20年的小型企业及以上的所有企业，生产20年以上的所有企业
	26 化学原料和化学制品制造业	261 基础化学原料制造	2611 无机酸制造	主要污染因子：铜、镉、铬、铅、锌、汞、砷、氟、硒 主要影响环节： ➤ 废气：炉气 ➤ 废水：炉气净化工产生的含酸废水、污酸 ➤ 固体废物：焙烧炉渣、废气净化渣、污酸处理渣、污泥	"土十条"重点监管行业；重金属"十三五"规划纲要重点行业；国家鼓励的有毒有害原料（产品）替代品目录涉及行业	以硫铁矿为原料生产硫酸的企业；以磷矿和黄磷为原料生产磷酸的企业；原料或产品涉及汞、砷、铬、铅、铜、锌、氢氟酸产品及氟代等污染因子的其他生产企业

门类	大类	中类	小类	主要污染因子及影响途径	行业确定依据	重点企业筛选原则
C 制造业	26 化学原料和化学制品制造业		2613 无机盐制造	主要污染因子：氟、氰、汞、砷、锑、铜、锌、钼、银、钡、锶、镉、铬、铅、镍、钴等 主要影响环节： ➢ 废气：粉碎、焙烧等工序的含尘废气等 ➢ 废水：沉淀、结晶浓缩等废水等 ➢ 固体废物：吸附过滤物及载体、废渣和污泥等		原料或产品涉及镉、汞、砷、铅、铬、锌、铜、镍、锶、钡、钼、银、钴等的生产企业
		261 基础化学原料制造	2614 有机化学原料制造	主要污染因子：锑、砷、铍、镉、铬、铅、镍、硒、银、锌、氰、四氯化碳、二氯乙烯、三氯乙烯、三氯甲烷、氯苯、二溴氯甲烷、三氯丙烯、四氯乙烷、三氯乙烷、甲苯、二甲苯、溴仿、苯乙烯、三氯丙烷、三甲苯、乙苯、二氯苯、萘、六氯丁二烯、三氯苯、2-甲基酚、双(2-氯异丙基)醚、二甲基酚、N-亚硝基二苯胺、六氯苯、氯苯、硝基苯、二甲基酚、咔唑、喹啉、4-甲基酚、二硝基甲苯、菲、蒽、芴、荧蒽、芘、二硝基苯、3,3-二氯联苯胺、苊、双(2-乙基己基)酞酸酯、氯萘、二硝基甲苯、茚、正丁基苯酞酸酯、二硝基甲苯、二硝基甲苯、基酚、4,6-二硝基-2-甲酚等 主要影响环节： ➢ 废气：合成工段废气、精馏工序不凝气等 ➢ 废水：分离、过滤洗漆工序、催化剂再生工序废水、反应罐、中间罐排放的污水、精馏、蒸馏等过程高沸残液等 ➢ 固体废物：废物、废过滤器滤芯、洗漆液及载体、含有反应残余物、废催化剂、吸附过滤物、精（蒸）馏类杂物、有机树脂类废物、含重金属的废渣和污泥等	"土十条"重点监管行业；重金属"十三五"规划纲要重点行业；国家鼓励的有毒有害原料（产品）替代品目录涉及行业	所有电石法制乙炔企业；原料或产品涉及《土壤环境质量建设用地土壤污染风险管控标准（试行）》中污染因子的生产企业

门类	大类	中类	小类	主要污染因子及影响途径	行业确定依据	重点企业筛选原则
C 制造业	26 化学原料和化学制品制造业	261 基础化学原料制造	2619 其他基础化学原料制造	主要污染因子：锑、砷、铬、镉、铜、镍、硒、银、铊、锌、汞、氰、二氯乙烷、二氯乙烯、氯仿、三氯乙烯、四氯化碳、二氯甲烷、三氯乙烷、甲苯、二溴氯甲烷、四氯乙烯、三氯乙烷、乙苯、二甲苯、溴仿、苯乙烯、三氯丙烷、三甲苯、二氯苯、三氯苯、萘、六氯丁二烯、六氯苯、双(2-氯异丙基)醚、二甲基酚、六氯乙烷、2-氯酚、4-甲基酚、硝基酚、二甲基酚、二氯酚、N-亚硝基二苯胺、硝基苯、联苯胺、菲、蒽、咔唑、二正丁基酞酸酯、荧蒽、芘、3,3-二氯联苯胺、茵、双(2-乙基己基)酞酸酯、氯苯胺、2-甲基萘、三氯酚、二硝基甲苯、苊、氯萘、二硝基酚、4,6-二硝基-2-甲酚等 主要影响环节： ➢ 废气：合成工段废气，精馏工序不凝气等 ➢ 废水：分离、过滤洗涤工序，催化剂再生工序废水，反应器、中间罐排放的污水，精馏、蒸馏过程高沸残液等 ➢ 固体废物：废液、废过滤器滤芯、废催化剂，废催化剂、吸附过滤物及载体，含有机溶剂的清洗杂物，精(蒸)馏釜底残渣，有机树脂类废物，含重金属的废渣和污泥等	"土十条"重点监管行业；重金属"十三五"规划纲要重点行业；国家鼓励的有毒有害原料(产品)替代品目录涉及行业	原料或产品涉及《土壤环境质量 建设用地土壤污染风险管控标准(试行)》中污染因子的生产企业

门类	大类	中类	小类	主要污染因子及影响途径	行业确定依据	重点企业筛选原则
C 制造业	26 化学原料和化学制品制造业	263 农药制造	2631 化学农药制造	主要污染因子：砷、镍、锌、氰、二氯乙烷、三氯乙烷、苯、三氯乙烯、二氯乙烯、四氯乙烯、氯苯、二甲苯、三甲苯、甲苯、二氯苯、三氯苯、苯乙烯、苯酚、2-氯酚、六氯乙烷、二氯乙烷、硝基苯、萘、苯胺、2-甲基酚、4-甲基酚、菲、蒽、咔唑、芘、苗、氯苯胺、2-甲基苯酚、三氯酚、二硝基酚等 主要影响环节： ➢ 废气：合成、精馏、蒸馏、投料、干燥等工序废气 ➢ 废水：分离、过滤洗涤、废气净化工序废水 ➢ 固体废物：釜残、废盐渣、污泥等	"土十条"重点监管行业；重金属"十三五"规划纲要重点行业	所有化学合成农药原药生产企业
		264 涂料、油墨、颜料及类似产品制造	2643 颜料制造	主要污染因子：铬、铜、铅、锌、二氯甲烷、苯、甲苯、氯苯、二甲苯、苯乙烯、三甲苯、苯胺、N-亚硝基二苯胺、硝基苯、咔唑、苗、芘、3,3-二氯联苯胺、菲、蒽、二硝基甲苯、4,6-二硝基-2-甲酚、氯苯胺等 主要影响环节： ➢ 废气：合成、蒸馏、精馏、产品粉碎工序废气 ➢ 废水：分离、过滤洗涤、废气净化工序废水、有机溶剂废物 ➢ 固体废物：废水处理污泥、废盐渣、树脂类废物等	国家鼓励的有毒有害原料（产品）替代品目录涉及行业	
			2644 染料制造	主要污染因子：铬、铜、铅、锌、二氯甲烷、苯、甲苯、氯苯、二甲苯、苯乙烯、三甲苯、苯胺、N-亚硝基二苯胺、硝基苯、咔唑、苗、芘、3,3-二氯联苯胺、菲、蒽、二硝基甲苯、4,6-二硝基-2-甲酚、氯苯胺等 主要影响环节： ➢ 废气：合成、蒸馏、精馏、产品粉碎工序废气 ➢ 废水：分离、过滤洗涤、废气净化工序废水、有机溶剂废物 ➢ 固体废物：废水处理污泥、废盐渣、树脂类废物等		所有化学合成颜料生产企业

门类	大类	中类	小类	主要污染因子及影响途径	行业确定依据	重点企业筛选原则
C 制造业	26 化学原料和化学制品制造业	265 合成材料制造	2651 初级形态塑料及合成树脂制造	主要污染因子：汞、三氯乙烯、二氯乙烷、二氯甲烷、二氯乙烯、氯仿、三氯乙烷、乙苯、苯乙烯、三氯丙烷、四氯化碳、二甲苯、苯、苯乙烯、三甲苯、六氯丁二烯、二甲硝基苯胺、4-甲基苯、硝基酚、二甲硝基二苯胺、菲、二正丁基酸酯、酯、苊、双（2-乙基己基）酞酸酯、芴等 主要影响环节： ➢ 废气：合成、精馏、蒸馏工序废气等 ➢ 废水：分离、过滤洗涤、废气净化工序废水等 ➢ 固体废物：污泥、有机溶剂废物等		所有电石法制聚氯乙烯企业；原料或产品涉及《土壤环境质量 建设用地土壤污染风险管控标准（试行）》中污染因子的生产企业
			2652 合成橡胶制造	主要污染因子：汞、三氯乙烯、二氯乙烷、二氯甲烷、二氯乙烯、氯仿、三氯乙烷、乙苯、苯乙烯、三氯丙烷、四氯化碳、二甲苯、苯、苯乙烯、三甲苯、六氯丁二烯、二甲硝基苯胺、4-甲基苯、硝基酚、二甲硝基二苯胺、菲、二正丁基酸酯、酯、苊、双（2-乙基己基）酞酸酯、芴等 主要影响环节： ➢ 废气：合成、精馏、蒸馏工序废气等 ➢ 废水：分离、过滤洗涤、废气净化工序废水等 ➢ 固体废物：污泥、有机溶剂废物等	"土十条"重点监管行业；重金属"十三五"规划纲要重点监管的有毒有害原料（产品）替代品目录涉及行业	
			2653 合成纤维单（聚）体的制造	主要污染因子：汞、三氯乙烯、二氯乙烷、二氯甲烷、二氯乙烯、氯仿、三氯乙烷、乙苯、苯乙烯、三氯丙烷、四氯化碳、二甲苯、苯、苯乙烯、三甲苯、六氯丁二烯、二甲硝基苯胺、4-甲基苯、硝基酚、二甲硝基二苯胺、菲、二正丁基酸酯、酯、苊、双（2-乙基己基）酞酸酯、芴等 主要影响环节： ➢ 废气：合成、精馏、蒸馏工序废气等 ➢ 废水：分离、过滤洗涤、废气净化工序废水等 ➢ 固体废物：污泥、有机溶剂废物等		原料或产品涉及《土壤环境质量 建设用地土壤污染风险管控标准（试行）》中污染因子的生产企业

门类	大类	中类	小类	主要污染因子及影响途径	行业确定依据	重点企业筛选原则
C 制造业	26 化学原料和化学制品制造业	265 合成材料制造	2659 其他合成材料制造	主要污染因子：汞、三氯乙烯、二氯甲烷、二氯乙烷、三氯乙烷、三氯乙烯、氯仿、三氯化碳、苯、二氯乙烯、三甲苯、四氯乙烷、乙苯、二甲苯、苯乙烯、硝基苯、六氯丁二烯、六氯乙烷、4-甲基酚、二甲基酚、N-亚硝基二苯胺、菲、芘、双（2-乙基己基）酞酸酯等。主要影响环节：➢ 废气：合成、精馏、蒸馏工序废气等；➢ 废水：分离、过滤净化工序废水；➢ 固体废物：污泥、废气净化渣、有机溶剂废物等		原料或产品涉及《土壤环境质量 建设用地土壤污染风险管控标准（试行）》中污染因子的企业
		266 专用化学品制造	2661 化学试剂和助剂制造	主要污染因子：锑、砷、铍、镉、铬、铜、铅、镍、硒、银、铊、锌、汞、氰、四氯乙烷、二氯乙烯、二氯甲烷、三氯乙烯、氯仿、三氯乙烷、甲苯、二溴氯甲烷、四氯乙烯、三甲苯、氯苯、乙苯、二甲苯、萘、溴仿、苯乙烯、三氯丙烷、2-甲苯胺、双（2-氯异丙基）醚、六氯乙烯、4-甲基酚、硝基苯、硝基酚、菲、蒽、咔唑、二甲基酞酸酯、荧蒽、芘、联苯胺、3,3'-二氯联苯胺、二正丁基酞酸酯、双（2-乙基己基）酞酸酯、2-甲基酚、二氯酚、茚、氯苯、二硝基苯、4,6-二硝基-2-甲酚等。主要影响环节：➢ 废气：精馏等工序不凝气等含多种有机物；➢ 废水：分离、过滤、结晶、洗涤工序废水含多种有机物及重金属等；➢ 固体废物：废液、废过滤器滤芯、洗涤废液、吸附过滤残渣及载体、含有机溶剂的反应残余物、精（蒸）馏釜底残渣、有机树脂类废物、含重金属的废渣和污泥等	"土十条"重点监管行业；重金属"十三五"规划纲要重点行业；国家鼓励的有毒有害原料（产品）替代品目录涉及行业	原料或产品涉及《土壤环境质量 建设用地土壤污染风险管控标准（试行）》中污染因子的企业

门类	大类	中类	小类	主要污染因子及影响途径	行业确定依据	重点企业筛选原则
C 制造业	26 化学原料和化学制品制造业	266 专用化学品制造	2662 专项化学用品制造	主要污染因子：锑、砷、镉、铬、铜、铅、镍、硒、银、铊、锌、汞、氰、铍、二氯甲烷、二氯乙烷、氯仿、三氯乙烷、四氯化碳、苯、二氯乙烯、三氯乙烯、甲苯、二溴氯甲烷、三氯丙烷、四氯乙烯、氯苯、乙苯、二甲苯、溴仿、苯乙烯、三氯丙烷、三甲苯、二氯苯、二氯丁二烯、苯胺、2-氯酚、硝基苯、双（2-氯异丙基）醚、六氯乙烷、4-甲基苯酚、硝基酚、二甲基酚、二氯酚、咔唑、菲、蒽、六氯苯、六氯丁二烯、N-亚硝基二苯胺、荧蒽、芘、联苯胺、3,3-二氯联苯胺、苗、双（2-乙基己基）酞酸酯、氯苯、胺、2-甲基萘、三氯酚、二硝基甲苯、芴、氯萘、二硝基酚、4,6-二硝基-2-甲酚等 主要影响环节： ▶ 废气：精馏等工序不凝气等含多种类有机物 ▶ 废水：分离、过滤、结晶、洗涤工序废水含多种有机物及重金属等 ▶ 固体废物：废液、废过滤器滤芯、洗涤废液、反应残余物、吸附过滤物及载体、含有机溶剂的清洗杂物、馏釜底残渣、有机树脂类废物、含重金属的废渣和污泥等	"土十条"重点监管行业；重金属"十三五"规划纲要重点行业；国家鼓励的有毒有害原料（产品）替代品目录涉及行业	"土十条"原料或产品涉及《土壤环境质量 建设用地土壤污染风险管控标准（试行）》中污染因子的企业
			2664 信息化学品制造	主要污染因子：砷、氟、镓、砷、银、氰、二氯乙烯、二氯甲烷、硝基酚、蒽、咔唑、茚、二硝基酚等 主要影响环节： ▶ 废气：晶片杂质废气、合成、精馏废气等 ▶ 废水：胶片生产废水、晶片清洗、蚀刻废水及废酸 ▶ 固体废物：晶片杂质、废胶片、废晶片、废液晶		

门类	大类	中类	小类	主要污染因子及影响途径	行业确定依据	重点企业筛选原则
C 制造业	26 化学原料和化学制品制造业	266 专用化学品制造	2669 其他专用化学产品制造	主要污染因子：锑、砷、铍、铬、镉、铅、镍、硒、银、铊、锌、氰、汞、二氯乙烯、二氯甲烷、氯仿、三氯乙烷、四氯化碳、苯、二氯丙烷、三溴氯甲烷、甲苯、四氯乙烯、三氯乙烯、乙苯、二甲苯、溴仿、苯乙烯、三氯丙烷、三甲苯、二氯苯、萘、六氯乙烷、三氯丁二烯、2-氯酚、苯胺、硝基苯、双(2-氯异丙基)醚、二甲基酚、4-甲基酚、硝基酚、二甲基酚、二氯酚、N-亚硝基二苯胺、六氯苯、联苯胺、菲、蒽、二正丁基酞酸酯、荧蒽、芘、3,3-二氯联苯胺、茚、双(2-乙基己基)酞酸酯、氯苯胺、2-甲基萘、三氯酚、二硝基甲苯、苓、二硝基酚、4,6-二硝基-2-甲酚等 主要影响环节： ➢ 废气：精馏等工序不凝气等含多种类有机物 ➢ 废水：分离、过滤、结晶、洗涤工序废水含多种有机溶剂等 ➢ 固体废物：废液、废过滤物、吸附过滤物及滤芯、含有机溶剂的反应残余物、废过滤物及载体、含有机树脂类废物、含重金属的废渣和污泥等	原料或产品涉及"土十条"重点监管行业；"十三五"规划纲要重点行业；国家鼓励的有毒有害原料(产品)替代品目录涉及行业	原料或产品涉及《土壤环境质量 建设用地土壤污染风险管控标准（试行）》中污染因子的企业
		267 炸药、火工及焰火产品制造	2671 炸药及火工产品制造（污普中分类号为2664）	主要污染因子：硝基苯类、黑索金、乙烷、四氯化碳、硝基苯酚类、二氯乙烷、甲醇、苯胺类、铅、汞等 主要影响环节： ➢ 废气：合成、蒸发等废气、混合、配制等废气 ➢ 废水：水解、分离、沉淀等过程产生废水 ➢ 固体废物：蒸发、过滤等过程产生有机废液		所有炸药和雷管生产企业

门类	大类	中类	小类	主要污染因子及影响途径	行业确定依据	重点企业筛选原则
C 制造业	27 医药制造业	271 化学药品原料药制造	2710 化学药品原料药制造	主要污染因子：砷、镍、汞、氰、二氯甲烷、四氯化碳、苯、三氯乙烯、甲苯、四氯乙烯、乙苯、二氯苯、溴仿、苯乙烯、二氯苯、二甲基苯胺、六氯乙烷、4-甲基酚、硝基苯、硝基苯、2-甲基酚、二氯酚、萘、二硝基酚、氯苯胺、二甲基酚等 主要影响环节： ➢ 废气：合成、精馏、蒸馏、投料、干燥等工序废气 ➢ 废水：分离、精馏、过滤洗涤、废气净化工序废水 ➢ 固体废物：釜残、废盐渣、污泥等	按照行业污染物排放特点及参考行业专家意见纳入	全部化学合成原料药生产企业
C 制造业	28 化学纤维制造业	281 纤维素纤维原料及纤维制造	2811 化纤浆粕制造	主要污染因子：pH、AOX 主要影响环节： ➢ 废水：黑液（碱、AOX)、酸性废水 ➢ 固体废物：废碱液	按照行业污染物产排特点及参考行业专家意见纳入	生产 5 年以内，规模 5 万 t/a 以上的企业，生产 5~15 年，规模 2.5 万 t/a 以上的企业，生产 15 年以上的所有企业
C 制造业	28 化学纤维制造业	281 纤维素纤维原料及纤维制造	2812 人造纤维（纤维素纤维）制造	主要污染因子：pH、锌 主要影响环节： ➢ 生产废物：酸碱液（酸碱、锌） ➢ 固体废物：废酸碱、废活性炭		生产 5 年以内，规模 10 万 t/a 以上的企业，生产 5~15 年，规模 5 万 t/a 以上的企业，生产 15 年以上的所有企业
C 制造业	28 化学纤维制造业	282 合成纤维制造	2822 涤纶纤维制造	主要污染因子：重金属（锑） 主要影响环节： ➢ 生产废水：废催化剂（锑）、污泥（锑） ➢ 固体废物：废催化剂（锑）、污泥（锑）		生产 5 年以内，规模 5 万 t/a 以上的企业，生产 5~15 年，规模 1.5 万 t/a 以上的企业，生产 15 年以上的所有企业
C 制造业	28 化学纤维制造业	282 合成纤维制造	2823 腈纶纤维制造	主要污染因子：氰化物、锌、丙烯腈 主要影响环节： ➢ 生产废水：氰化物、锌、丙烯腈 ➢ 固体废物：废液（二甲基乙酰胺）		

门类	大类	中类	小类	主要污染因子及影响途径	行业确定依据	重点企业筛选原则
C 制造业	28 化学纤维制造业	282 合成纤维制造	2826 氨纶纤维制造	主要污染因子：二甲基乙酰胺 主要影响环节： ➢ 废气：生产废气（二甲基乙酰胺） ➢ 废水：生产废水（pH、二甲基乙酰胺） ➢ 固体废物：釜底液（低聚物、二甲基乙酰胺）	按照行业污染物产排特环及参考行业专家意见纳入	生产 5 年以内、规模 0.3 万 t/a 以上的企业，规模 0.1 万 t/a 以上、生产 15 年以上的所有企业
			2829 其他合成纤维制造	主要污染因子：苯并[a]芘、邻,对苯二胺（芳纶） 主要影响环节： ➢ 废气：生产废气（苯并[a]芘） ➢ 废水：生产废水[酸碱、邻,对苯二胺（芳纶）] ➢ 固体废物：酸碱、低聚物、原料废渣（芳纶：PPDA、TPC）、废催化剂、釜残液		生产 5 年以内、规模 0.2 万 t/a 以上的企业，规模 500 t/a 以上、生产 15 年以上的全部企业
	31 黑色金属冶炼和压延加工业	311 炼铁	3110 炼铁	主要污染因子：重金属（铅、砷、镉、铬、汞、镍等）、二噁英 主要影响环节： ➢ 废气：烧结球团（氟化物、二噁英、重金属涉及铅、砷、镉、铬、汞、锌、镍等）、高炉炼铁（铅、锌、镉、铬、镍等） ➢ 废水：水冲渣（重金属）、煤气净化水（铅、锌、酚类）	砷污染防治技术政策、重点行业二噁英污染防治技术政策（铁矿石烧结）；汞污染防治技术政策	
		312 炼钢	3120 炼钢	主要污染因子：重金属（铅、砷、镉、铬、汞、锌等）、二噁英 主要影响环节： ➢ 废气：转炉（氟化物、铅、锌）、电炉（氟化物、二噁英、重金属涉及铅、砷、镉、铬、镍、汞） ➢ 废水：煤气洗涤废水（重金属）、连铸废水（石油类） ➢ 固体废物：废油（石油类）、钢渣（重金属）	汞污染防治技术政策、重点行业二噁英污染防治技术政策（电弧炉炼钢）	生产 5 年以内、规模 100 万 t/a 以上的企业，规模 50 万 t/a 以上、生产 15 年以上的所有企业

门类	大类	中类	小类	主要污染因子及影响途径	行业确定依据	重点企业筛选原则
C 制造业	31 黑色金属冶炼和压延加工业	315 铁合金冶炼	3150 铁合金冶炼	主要污染因子：重金属（铅、砷、铬、锰、镍、铬） 主要影响环节： ➢ 废气：铁合金矿热炉及其他冶炼装置（重金属如铅、砷、铬、锰、铬、铊等） ➢ 废水：渣水淬废水（重金属），直接冷却水（重金属） ➢ 固体废物：冶炼渣（重金属），水处理污泥（重金属），矿热炉除尘灰（重金属）	按照行业污染物产排特点及参考行业专家意见纳入	生产 5 年以内，规模 2.5 万 t/a 以上的企业，生产 5～15 年，规模 1.25 万 t/a 以上的企业，生产 15 年以上的全部企业
	32 有色金属冶炼和压延加工业	321 常用有色金属冶炼	3211 铜冶炼	主要污染因子：重金属（铅、砷、镉、铬、汞、铜等）、二噁英（再生） 主要影响环节： ➢ 废气：冶炼、环境集烟（重金属），再生冶炼（重金属、二噁英），湿法不考虑废气 ➢ 废水：生产废水（含初期雨水、pH、重金属铅、砷、镉、铬、汞、铜） ➢ 固体废物：冶炼渣、废酸、水处理污泥	"土十条"行业；"十一五"土壤调查行业；重金属"十三五"规划要素行业；砷污染防治技术政策；涉及行业：重点行业砷污染防治技术政策（再生金属）	生产 15 年以上的企业，生产 15 年以内，规模 3 万 t/a 以上的企业
			3212 铅锌冶炼	主要污染因子：重金属（铅、砷、镉、铬、汞、锌等）、二噁英（再生） 主要影响环节： ➢ 废气：冶炼、环境集烟（重金属），再生冶炼（重金属、二噁英），湿法不考虑废气，白烟尘、铅滤饼、砷滤饼 ➢ 废水：生产废水（含初期雨水、pH、重金属铅、砷、镉、铬、汞、锌、铜） ➢ 固体废物：冶炼渣、废酸、浸出渣、渣选尾矿、铝镍渣、铜镉渣、铅银渣（重金属）等	二噁英污染防治技术政策	生产 15 年以上的企业，生产 15 年以内，全部铅冶炼企业和规模 3 万 t/a 以上的锌冶炼企业

门类	大类	中类	小类	主要污染因子及影响途径	行业确定依据	重点企业筛选原则
C 制造业	32 有色金属冶炼和压延加工业	321 常用有色金属冶炼	3213 镍钴冶炼	主要污染因子：重金属（铅、砷、铬、汞、镍等） 主要影响环节： ➢ 废气：冶炼、环境集烟（重金属如铅、砷、铬、汞、镍等）、再生冶炼（重金属、二噁英），湿法不考虑废气 ➢ 废水：生产废水（含初期雨水，pH，重金属） ➢ 固体废物：冶炼渣、水处理污泥（重金属）、浸出渣（湿法）、渣选尾矿		生产 15 年以上的企业，生产 15 年以内、规模 1 万 t/a 以上的企业
			3214 锡冶炼	主要污染因子：重金属（铅、砷、铬、汞、锡等） 主要影响环节： ➢ 废气：冶炼、环境集烟（重金属如铅、砷、铬、汞、锡等）、再生冶炼（重金属、二噁英） ➢ 废水：（含初期雨水，pH，重金属铅、铜、锌、锡、汞） ➢ 固体废物：冶炼渣、水处理污泥（重金属）、废酸	"土十条"行业；"十一五"土壤调查行业；重金属"十三五"规划纲要重点行业；汞污染防治技术政策；砷污染防治技术政策；涉及二噁英行业；重金属污染防治技术政策（再生金属）	生产 15 年以上的企业，生产 15 年以内、规模 3 000 t/a 以上的企业
			3215 锑冶炼	主要污染因子：重金属（铅、砷、铬、汞、锑等） 主要影响环节： ➢ 废气：冶炼、环境集烟（重金属、二噁英）、再生冶炼（重金属、二噁英） ➢ 废水：（含初期雨水，pH，重金属铅、铜、锌、锑、汞） ➢ 固体废物：冶炼渣、水处理污泥（重金属）、废酸		生产 15 年以上的企业，生产 15 年以内、规模 1 300 t/a 以上的企业

门类	大类	中类	小类	主要污染因子及影响途径	行业确定依据	重点企业筛选原则
C 制造业	32 有色金属冶炼和压延加工业	321 常用有色金属冶炼	3216 铝冶炼	主要污染因子：氟化物、苯并[a]芘（铝用碳素）、二噁英（再生） 主要影响环节： ➤ 废气：铝电解槽烟气（氟化物）、铝用碳素沥青烟（苯并[a]芘）、再生铝（二噁英） ➤ 废水：生产废水（氟化物）、煤气生产废水（氟化物） ➤ 固体废物：赤泥（氧化铝，pH）、大修渣（电解铝，氟化物）		生产 15 年以上的企业，生产 15 年以内，规模 30 万 t/a（氧化铝）或 5 万 t/a（电解或再生铝）以上的企业
			3217 镁冶炼	主要污染因子：氯化物、重金属（铅、砷、镉、铬、汞等） 主要影响环节： ➤ 废气：冶炼废气（氯化物） ➤ 废水：含重金属废水（铜、铬） ➤ 固体废物：冶炼渣、水处理污泥	"土十条"行业；"十一五"土壤调查行业；重金属"十三五"规划纲要重点行业；砷污染防治技术政策；涉汞行业；重点污染防治技术政策；二噁英污染防治技术政策（再生）	生产 15 年以上的企业，生产 15 年以内，规模 5 000 t/a 以上的企业
			3219 其他常用有色金属冶炼（汞）	主要污染因子：冶炼烟气（重金属如铅、砷、镉、铬、汞、锑等） 主要影响环节： ➤ 废气：冶炼废气（铅、砷、镉、铬、汞、锑等） ➤ 废水：生产废水（pH、重金属铅、砷、镉、铬、汞、锑） ➤ 固体废物：冶炼渣（重金属）、水处理污泥（重金属）		涉汞企业全部纳入

门类	大类	中类	小类	主要污染因子及影响途径	行业确定依据	重点企业筛选原则
C 制造业	32 有色金属冶炼和压延加工业	322 贵金属冶炼	3221 金冶炼	主要污染因子：重金属（砷、汞）、氰化物 主要影响环节： ➢ 废气：高砷矿含砷废气、混汞法含汞废气 ➢ 废水：生产废水（pH、重金属汞、铅、锌、镉、砷、氰化物等） ➢ 固体废物：浸出渣（重金属、氰化物等）		生产 15 年以上的企业，生产 15 年以内，规模 1 t/a 以上的企业
			3222 银冶炼	主要污染因子：重金属（铅、汞等） 主要影响环节： ➢ 废气：冶炼烟气（重金属如铅、砷等） ➢ 废水：生产废水（pH、重金属铅、砷、镉、铬、汞） ➢ 固体废物：冶炼渣（重金属）、水处理污泥（重金属、砷）	"土十条"行业；"一五"土壤调查行业；重金属"十三五"规划纲要重点行业；污染防治技术政策；涉及行业二噁英污染防治技术政策（再生金属）	生产 15 年以上的企业，生产 15 年以内，规模 100 t/a 以上的企业
			3231 钨钼冶炼	主要污染因子：重金属（铅、砷、镉、铬、汞、钼等） 主要影响环节： ➢ 废气：冶炼烟气（重金属如铅、钼等），湿法不考虑废气 ➢ 废水：生产废水（pH、重金属铅、砷、镉、铬、汞、钼） ➢ 固体废物：冶炼渣、水处理污泥、浸出渣（重金属）		生产 15 年以上的企业，生产 15 年以内，规模 3 000 t/a 以上的企业
		323 稀有稀土金属冶炼	3232 稀土金属冶炼	主要污染因子：重金属（铅、砷、镉、铬、汞）、氟化物 主要影响环节： ➢ 废气：焙烧烟气（氟化物、稀土氧化物、重金属如铅、砷、镉、铬、汞） ➢ 废水：浸出、苯取（pH、氟化物、重金属、汞等） ➢ 固体废物：酸浸渣（pH、重金属）、除杂渣（重金属）		生产 15 年以上的企业，生产 15 年以内，规模 2 000 t/a 以上的企业

门类	大类	中类	小类	主要污染因子及影响途径	行业确定依据	重点企业筛选原则
C 制造业	33 金属制品业	336 金属表面处理及热处理加工	3360 金属表面处理及热处理加工	主要污染因子：pH、氰化物、氟化物、重金属（铬、铜、镍、锌、镉、铅、锡、汞）、铬酸雾 主要影响环节： ➢ 废水：前处理、电镀、后处理工序（pH、氰化物、铬、铜、镍、锌、镉、铅、锡、汞） ➢ 废气：镀铬、氰化电镀工序（铬酸雾、氰化物） ➢ 固体废物：废水处理污泥（铬、铜、镍、镉、锌、铅、汞）	"土十条"行业；重金属"十三五"规划纲要重点行业；国家鼓励的有毒有害原料（产品）替代品目录	原辅料中含氟、氰、铜、铬、镍、锌、镉、铅、锡、汞的企业
	38 电气机械和器材制造业	384 电池制造	3841 锂离子电池制造	主要污染因子：pH、重金属（钴） 主要影响环节： ➢ 废水：重金属（钴） ➢ 固体废物：重金属（钴）		生产15年以上的企业
			3842 镍氢电池制造	主要污染因子：pH、重金属（镍） 主要影响环节： ➢ 废水：pH、重金属（镍） ➢ 固体废物：污泥/尘渣（镍）	重金属"十三五"规划纲要重点行业（铅蓄电池制造为重点）；国家鼓励的有毒有害原料（产品）替代品目录	生产15年以上的企业
			3849 其他电池制造	铅蓄电池 主要污染因子：pH、重金属（铅、镉） 主要影响环节： ➢ 废水：电池清洗工序、地面冲洗(pH、铅、镉) ➢ 废气：极片制成、化成工序（铅、镉） ➢ 固体废物：废水处理污泥、熔铅渣、废电池、废极板等（铅、镉）		原辅料中含铅、锌、镉、锰、银或产品为铅蓄电池、镍镉电池的企业，生产15年以上的硅太阳能电池生产企业

门类	大类	中类	小类	主要污染因子及影响途径	行业确定依据	重点企业筛选原则
C 制造业	38 电气机械和器材制造业	384 电池制造		镍镉电池 主要污染因子：pH、重金属（镍、镉） 主要影响环节： ➢ 废水：pH、重金属（镍、镉） ➢ 固体废物：废电池、污泥/生渣（镍、镉）	重金属"十三五"规划纲要重点行业（铅蓄电池制造为重点）；国家鼓励的有毒有害原料（产品）替代品目录	原辅料中含铅、镉、锌、锰、银或产品为铅蓄电池、镍镉电池的企业，生产15年以上的硅太阳能电池生产企业
			3849 其他电池制造	锌锰/银 主要污染物：pH、重金属（锌、锰、汞） 主要影响环节： ➢ 废水：pH、重金属（锌、锰、汞） ➢ 固体废物：污泥/生渣（汞、锌、锰）		
				太阳能电池 主要污染物：pH、氟化物 主要影响环节： ➢ 废水：硅片清洗、酸雾吸收塔废水（pH、氟化物） ➢ 废气：硅片制绒、等离子刻蚀废气（氟化物）		
G 交通运输、仓储和邮政业	59 仓储业	599 其他仓储业	5990 其他仓储业	主要污染因子：重金属（铅、砷、汞、铜等） 主要影响环节： ➢ 废气：储罐大小呼吸废气（总石油烃）、粉尘（铅、砷、镉、铬、汞、铜等） ➢ 固体废物：石油储罐罐底清理废物（总石油烃）	按照行业污染物产排特点及参考行业专家意见纳入	原油、成品油及涉及危险化学品仓储企业以及金属矿物仓储企业
N 水利、环境和公共设施管理业	77 生态保护和环境治理业	772 环境治理业	7724 危险废物治理	主要污染因子：重金属（铅、汞、铬、镉、砷）、二噁英 主要影响环节： ➢ 废气：焚烧废气（重金属如铅、汞、铬、镉、砷等、二噁英、飞灰） ➢ 废水：渗滤液（重金属如铅、汞、铬、镉、砷等）	行业（废物焚烧）；重点行业二噁英污染防治技术政策（废物焚烧）	所有危险废物焚烧、医疗废物的处理处置企业

门类	大类	中类	小类	主要污染因子及影响途径	行业确定依据	重点企业筛选原则
N 水利、环境和公共设施管理业	78 公共设施管理业	782 环境卫生管理	7820 环境卫生管理（生活垃圾处置）	主要污染因子：二噁英 ➢ 废气：焚烧废气（重金属如铅、汞、铬、镉、砷等，二噁英，飞灰） ➢ 废水：垃圾渗滤液（重金属如铅、汞、铬、镉、砷等）	按照行业污染物产排特点及参考行业专家意见纳入	所有生活垃圾处置企业

注：地方结合实际情况，将符合以下条件的行业补充纳入土壤污染重点行业：

①新型煤化工等对土壤产生污染特征的行业，如国家重点林区所在省份应包括2663 林产化工业、浙江、江苏、广东等省份应包括4210 金属废料和碎屑加工处理（电子拆解）业；

②有明显地域特征的土壤污染但行业小类不明确的；

③行业整体对土壤影响较小，但个别工艺会造成严重土壤污染的，如涉及金属表面处理工序的C33 金属制品业（332、334、335、338）、C34 通用设备制造业、C35 专用设备制造业、C36 汽车制造业、C37 铁路、船舶、航空航天和其他运输设备制造业、C38 电气机械和器材制造业（384 电池制造业、C39 计算机、通信和其他电子设备制造业（396、397）、C40 仪器仪表制造业、C43 金属制品、机械和设备修理业等。

附录 B

关闭搬迁企业地块风险筛查指标释义及等级得分的计算方法

1 土壤可能受污染程度

该指标是指地块土壤可能受到污染的严重程度。其判断项如下：

（1）裸露土壤有明显颜色异常、油渍等污染痕迹；
（2）裸露土壤有异常气味；
（3）现场快速监测结果表明，土壤污染物含量明显高于清洁点；
（4）该地块及周边邻近地块曾发生过化学品泄漏或环境污染事故；
（5）地块内有遗留的危险废物；
（6）地块内设施、建筑物等已拆除或严重破损；
（7）访谈或已有记录表明该地块土壤曾受到过污染。

地块存在 2 种及以上上述情况时，应将土壤受污染程度评为"土壤可能受到重度污染"；地块存在 1 种上述情况时，应将土壤受污染程度评为"土壤可能受到中度污染"；如无上述情况，应将土壤受污染程度评为"不确定"。

2 重点区域面积

该指标是指地块内曾经用作生产区、储存区、废水治理区、固体废物贮存或处置区等重点区域面积的总和。

3 生产经营活动时间

该指标是指地块上的企业涉及可能造成土壤污染的生产经营活动的总时间。可能造成土壤污染的生产经营行业见表 B-1。

表 B-1 可能造成土壤污染的生产经营行业

工业门类	生产经营行业
B 采矿业	07 石油和天然气开采业
	08 黑色金属矿采选业
	09 有色金属矿采选业
C 制造业	17 纺织业
	19 皮革、毛皮、羽毛及其制品和制鞋业
	22 造纸和纸制品业
	25 石油加工、炼焦和核燃料加工业

工业门类	生产经营行业
C 制造业	26 化学原料和化学制品制造业
	27 医药制造业
	28 化学纤维制造业
	31 黑色金属冶炼和压延加工业
	32 有色金属冶炼和压延加工业
	33 金属制品业
	38 电气机械和器材制造业
G 交通运输、仓储和邮政业	59 仓储业
N 水利、环境和公共设施管理业	77 生态保护和环境治理业
	78 公共设施管理业

4 污染物对人体健康的危害效应

该指标是指地块特征污染物的人体健康危害效应。地块中的特征污染物可通过资料分析和现场踏勘确定。确定特征污染物的种类后，风险筛查和风险分级系统即可自动计算获得污染物对人体健康的危害效应得分，其具体计算方法如下：

每种污染物的人体健康影响毒性分值可根据污染物的致癌斜率因子（SF）和非致癌参考剂量（RfD）得到。致癌污染物的毒性分值赋值见表 B-2，非致癌污染物的毒性分值赋值见表 B-3（慢性暴露）和表 B-4（急性暴露）。地块污染物对人体健康的危害效应等级得分为地块所有特征污染物毒性分值之和。

表 B-2 致癌污染物的毒性分值赋分

致癌分类	A 类	B 类	C 类	赋分
致癌斜率因子 SF/ [mg/(kg·d)]	SF≥0.5	SF≥5	SF≥50	10 000
	0.05≤SF<0.5	0.5≤SF<5	5≤SF<50	1 000
	SF<0.05	0.05≤SF<0.5	0.5≤SF<5	100
	—	SF<0.05	SF<0.5	10

注：世界卫生组织国际癌症研究所（IARC）将致癌物质分为 5 类。A 类：对人类确定致癌，现有 118 种物质；B 类：对人类很可能致癌，对动物确定致癌，现有 79 种物质；C 类：对人类有可能致癌，对动物很可能致癌，现有 290 种物质；D 类：致癌性的证据不足，现有 501 种物质；E 类：无致癌性，现有 1 种物质。如污染物属于 A 类、B 类或 C 类致癌物质，则根据其对应的致癌类别及致癌斜率因子（SF）进行赋分；如污染物属于 D 或 E 类致癌物质，则其致癌毒性赋分为 0。

表 B-3 非致癌污染物慢性暴露毒性分值赋分

参考剂量（RfD）/[mg/(kg·d)]	赋分
RfD＜0.000 5	10 000
0.000 5≤RfD＜0.005	1 000
0.005≤RfD＜0.05	100
0.05≤RfD＜0.5	10
RfD≥0.5	1

表 B-4 非致癌污染物急性暴露毒性分值赋分

口腔 LD_{50}/(mg/kg)	皮肤 LD_{50}/(mg/kg)	灰尘或雾 LC_{50}/(mg/L)	气或蒸汽 $LC_{50}/10^{-6}$	赋分
LD_{50}＜5	LD_{50}＜2	LC_{50}＜0.2	LC_{50}＜20	1 000
5≤LD_{50}＜50	2≤LD_{50}＜20	0.2≤LC_{50}＜2	20≤LC_{50}＜200	100
50≤LD_{50}＜500	20≤LD_{50}＜200	2≤LC_{50}＜20	200≤LC_{50}＜2 000	10
500≤LD_{50}	200≤LD_{50}	20≤LC_{50}	2 000≤LC_{50}	1

污染物毒性赋分说明：

（1）对于某种污染物，如果 RfD 和 SF 都可用，分别按表 B-2 和表 B-3 选最高分数进行赋值。

（2）对于某种污染物，如果 RfD 和 SF 只有一个可用，则根据 RfD 或 SF 进行赋值。

（3）对于某种污染物，如果 RfD 和 SF 均不可用，则根据急性暴露参数 LD_{50} 进行赋值。

（4）对于某种污染物，如果三种类型的参数均不可用，则赋值缺省值 0。

5 污染物中是否含持久性有机污染物

该指标是指地块特征污染物中是否含有滴滴涕、氯丹、灭蚁灵、艾氏剂、狄氏剂、异狄氏剂、七氯、毒杀芬、六氯苯、多氯联苯、二噁英、呋喃、α-六氯环己烷、β-六氯环己烷、林丹、十氯酮、五氯苯、六溴联苯、四溴二苯醚、五溴二苯醚、六溴二苯醚、七溴二苯醚、全氟辛基磺酸及其盐类和全氟辛基磺酰氟、硫丹等持久性有机污染物。

6 重点区域地表覆盖情况

该指标是指重点区域中曾经用作生产区、储存区、废水治理区、固体废物贮存或处置区等区域地表的覆盖情况。覆盖情况良好应该包括硬化地面完好，无破损或裂缝等条件。

7 地下防渗措施

该指标是指地块中地下储罐、管线、储水池等容易发生污染物泄漏的重点区域或设施的工程防渗措施情况。完整的工程防渗措施应包括防渗混凝土层、土工膜等。

8 包气带土壤渗透性

该指标是指地块包气带自然土壤的渗透性，采用土质进行表征，对杂填土等人工填土不作考虑。土质分类方法参照《岩土工程勘察规范》（GB 50021—2001）。如包气带含有多个土层，则以渗透性最低的土层为准。地块的土层分布和土质情况可通过地块内或地块周边以往的工程地质勘探资料获得。

《岩土工程勘察规范》对包气带土壤土质的分类方法如下：

（1）碎石土：粒径大于 2 mm 的颗粒质量超过总质量 50%。

（2）砂土：粒径大于 2 mm 的颗粒质量不超过总质量的 50%，粒径大于 0.075 mm 的颗粒质量超过总质量 50%。

（3）粉土：粒径大于 0.075 mm 的颗粒质量不超过总质量的 50%，且塑性指数等于或小于 10。

（4）黏性土：塑性指数大于 10。

9 污染物挥发性

该指标是指地块中特征污染物的挥发性，以污染物的亨利常数进行表征。如地块中含有多种挥发性的污染物，则以亨利常数最大者为准。

10 污染物迁移性

该指标是指地块中特征污染物的迁移能力，主要由污染物在水中的溶解度（SO）和分配系数（K_d）共同决定。污染物的迁移性赋分见表 B-5。

如地块中存在多种特征污染物，则在确定其等级时，以迁移性最高的污染物为准。

表 B-5 污染物迁移性的赋分

溶解度 SO/ (mg/L)	分配系数 K_d/（L/kg）		
	$K_d \leqslant 10$	$10 < K_d \leqslant 1\,000$	$K_d > 1\,000$
SO$\geqslant$100	1	0.01	0.000 1
1$\leqslant$SO<100	0.2	0.002	2×10^{-5}
0.01$\leqslant$SO<1	0.002	2×10^{-5}	2×10^{-7}
SO<0.01	2×10^{-5}	2×10^{-7}	2×10^{-9}

注：①金属或无机污染物可直接采用 K_d 结合 SO 进行赋分；②有机污染物可通过有机碳吸附系数（K_{oc}），经公式 $K_d=0.15K_{oc}$ 计算得到 K_d 后结合 SO 进行赋分。

11 年降水量

该指标是指地块所在区域的年降水量，以气象部门统计的多年平均降水量为准。

12 地块土地利用方式

该指标指地块当前或规划土地利用方式。如当前与规划土地利用方式不一致时，以其中敏感程度较高的为准。

13 地块及周边 500 m 以内人口数量

该指标是指地块及周边 500 m 以内的人口总数。

14 人群进入和接触地块的可能性

该指标是指人群进入和接触地块可能受污染区域的可能性大小。

15 重点区域离最近敏感目标的距离

该指标是指地块内的生产区、储存区、废水治理区、固体废物贮存或处置区等重点区域边界至最近敏感目标（幼儿园、学校、居民区、医院、食用农产品产地、地表水体、集中式饮用水水源地及自然保护区）的距离。

如地块周边有多个敏感目标，则以离重点区域最近敏感目标的距离为准。

16 地下水可能受污染程度

该指标是指地块土壤可能受到污染的严重程度。其判断项如下：
（1）地下水的颜色、气味有明显异常的，或者地下水中能见到油状物质的；
（2）地下水中能见到油状物质；
（3）现场快速监测结果表明，地下水水质存在明显异常的；
（4）地块及周边邻近地块曾发生过地下储罐泄漏或其他可能导致地下水污染的环境事故；
（5）地块存在六价铬、氯代烃、石油烃、苯系物等易迁移的污染物；
（6）访谈或已有记录表明该地块地下水曾受到过污染。

地块存在 2 种及以上上述情况时，应将地下水受污染程度评为"地下水可能受到重度污染"；地块存在 1 种上述情况时，应将地下水受污染程度评为"地下水可能受到中度污染"；如无上述情况，应将地下水受污染程度评为"不确定"。

17 地下水埋深

该指标是指从地表到地下水潜水面的垂直深度。

18 饱和带土壤渗透性

该指标是指地块饱和带土壤的渗透性，采用土质进行表征。土质分类方法参照《岩土工程勘察规范》（GB 50021—2001）。如饱和带中含有多个土层，则以渗透性最高的土层为准。饱和带土壤的土质情况可通过地块内或地块周边以往的工程地质勘探资料获得。

《岩土工程勘察规范》对饱和带土壤土质的分类方法为：

（1）漂石（块石）：粒径大于 200 mm 的颗粒质量超过总质量的 50%。
（2）卵石（碎石）：粒径大于 20 mm 的颗粒质量超过总质量的 50%。
（3）圆砾（角砾）：粒径大于 2 mm 的颗粒质量超过总质量的 50%。
（4）砾砂：粒径大于 2 mm 的颗粒质量占总质量 25%~50%。
（5）粗砂：粒径大于 0.5 mm 的颗粒质量超过总质量的 50%。
（6）中砂：粒径大于 0.25 mm 的颗粒质量超过总质量的 50%。
（7）细砂：粒径大于 0.075 mm 的颗粒质量超过总质量的 85%。
（8）粉砂：粒径大于 0.075 mm 的颗粒质量超过总质量的 50%。
（9）粉土：粒径大于 0.075 mm 的颗粒质量不超过总质量的 50%，且塑性指数等于或小于 10。
（10）粉质黏土：塑性指数大于 10，且小于或等于 17。
（11）黏土：塑性指数大于 17。

19 地下水及邻近区域地表水用途

该指标是指地块所在区域地下水及周边 100 m 内地表水体的利用方式。如地块地下水与周边 100 m 内地表水体的利用方式不一致，以其中敏感程度较高的为准。

20 重点区域离最近饮用水井、集中式饮用水水源地的距离

该指标是指重点区域边界至周边最近饮用水井或集中式饮用水水源地的距离。如地块周边有多个饮用水井或集中式饮用水水源地，则以离地块最近的为准。

附录 C

在产企业地块风险筛查指标释义及等级得分的计算方法

1 泄漏物环境风险

该指标指企业生产各环节中有毒有害物质可能的泄露带来的环境风险,包括在产企业原辅材料和产品中有毒有害物质的总量、泄漏物毒性和泄漏物防控水平 3 项。该指标的等级得分可通过以下公式计算得到:

泄漏物环境风险等级得分 =(原辅材料和产品中有毒有害物质的总量得分×
泄漏物毒性得分×泄漏物防控水平得分)

式中:

● 原辅材料和产品中有毒有害物质的总量:有毒有害物质指危险化学品中具有人体健康危害效应的化学物质,原辅材料和产品中有毒有害物质的总量为在产企业原辅材料中有毒有害物质的年使用量和产品中有毒有害物质的年产量之和的最近 3 年平均值,单位为吨。该项的等级划分及赋分情况见表 C-1。

表 C-1 原辅材料和产品中有毒有害物质的总量指标的等级划分和赋分

指标	指标等级	赋分
原辅材料和产品中有毒有害物质的总量(M_m)	$M_m \geqslant 10\ 000\ t$	100
	$1\ 000\ t \leqslant M_m < 10\ 000\ t$	10
	$100\ t \leqslant M_m < 1\ 000\ t$	1
	$M_m < 100\ t$	0.1

● 泄漏物毒性:为在产企业原辅材料、产品中有毒有害物质的人体健康危害效应,包括致癌效应和非致癌效应。其中,有毒有害物质的种类可通过资料分析和现场踏勘确定;各种污染物的人体健康影响毒性分值可根据污染物的致癌斜率因子(SF)、非致癌参考剂量(RfD)和半致死剂量(LD_{50})得到。整个地块泄漏物毒性的得分为泄漏物中所有可能存在污染物的毒性分值之和。确定有毒有害物质的种类后,风险筛查和风险分级系统即可自动计算获得污染物对人体健康的危害效应得分。

致癌污染物、非致癌污染物慢性暴露途径、非致癌污染物急性暴露途径毒性分值的赋分情况分别见表 C-2、表 C-3 和表 C-4。具体赋分说明如下:

(1)如某种污染物均有 SF 和 RfD 参数,则选择高分值参数的赋分。
(2)如某种污染物仅有 RfD 或 SF 参数中的一种,则采用这种参数的赋分。
(3)如某种污染物均没有 RfD 和 SF 参数,则采用其急性暴露 LD_{50} 参数的赋分。

（4）如果种污染物均没有 RfD、SF 和 LD$_{50}$ 参数，则赋分缺省为 0。

表 C-2　致癌污染物的毒性分值赋分

致癌类别	A 类	B 类	C 类	赋分
致癌斜率因子 SF/ [mg/(kg·d)]	SF≥0.5	SF≥5	SF≥50	10 000
	0.05≤SF<0.5	0.5≤SF<5	5≤SF<50	1 000
	SF<0.05	0.05≤SF<0.5	0.5≤SF<5	100
	—	SF<0.05	SF<0.5	10

注：①世界卫生组织国际癌症研究所（IARC）将致癌物质分为 5 类。A 类：对人类确定致癌；B 类：对人类很可能致癌，对动物确定致癌；C 类：对人类有可能致癌，对动物很可能致癌；D 类：致癌性证据不足；E 类：无致癌性。
②如污染物属于 A 类、B 类或 C 类的致癌物质，则根据其对应的致癌类别及致癌斜率因子（SF）进行赋分；如污染物属于 D 类或 E 类致癌物，则其致癌毒性赋分为 0。

表 C-3　非致癌污染物慢性暴露途径的毒性分值赋分

参考剂量（RfD）/[mg/(kg·d)]	赋分
RfD<0.000 5	10 000
0.000 5≤RfD<0.005	1 000
0.005≤RfD<0.05	100
0.05≤RfD<0.5	10
RfD≥0.5	1

表 C-4　非致癌污染物急性暴露途径的毒性分值赋分

口腔 LD$_{50}$/ (mg/kg)	皮肤 LD$_{50}$/ (mg/kg)	灰尘或雾 LC$_{50}$/ (mg/L)	气或蒸汽 LC$_{50}$/ 10^{-6}	赋分
LD$_{50}$<5	LD$_{50}$<2	LC$_{50}$<0.2	LC$_{50}$<20	1 000
5≤LD$_{50}$<50	2≤LD$_{50}$<20	0.2≤LC$_{50}$<2	20≤LC$_{50}$<200	100
50≤LD$_{50}$<500	20≤LD$_{50}$<200	2≤LC$_{50}$<20	200≤LC$_{50}$<2 000	10
LD$_{50}$≥500	LD$_{50}$≥200	LC$_{50}$≥20	LD$_{50}$≥2 000	1

● 泄漏物的防控水平：包括在产企业原辅材料和产品的管控水平、有无原辅材料或产品地下管线或地下储罐、环境污染事故与化学品泄漏次数等指标。各指标的等级划分及赋分情况见表 C-5～表 C-7。地块泄漏物防控水平的得分为上述各指标的分值之和。

表 C-5　原辅材料和产品管控水平指标的等级划分和赋分

指标	指标等级	赋分
原辅材料和产品的管控水平	未开展清洁生产审核	1.0
	已开展清洁生产审核	0.1

表 C-6　有无原辅材料或产品地下管线或地下储罐指标的等级划分和赋分

指标	指标等级	赋分
有无原辅材料或产品地下管线或地下储罐	有	1.0
	无	0.1

表 C-7　环境污染事故与化学品泄漏次数指标的等级划分和赋分

指标	指标等级	赋分
环境污染事故与化学品泄漏次数	发生过 3 次及以上环境事故或泄漏	1.0
	发生过 1~2 次环境事故或泄漏	0.6
	未发生过环境事故与泄漏	0

2　废水环境风险

该指标包括企业工业废水毒性、工业废水排放管控水平 2 项。其等级得分可用以下公式计算得到：

废水环境风险的等级得分 =（工业废水毒性得分×工业废水排放管控水平得分）

式中：

● 工业废水毒性：指工业废水中可能存在的污染物的人体健康危害效应，包括致癌效应和非致癌效应。各种污染物的毒性分值计算方法可参照附录 B 中的"泄漏物环境风险"。地块工业废水毒性的得分为工业废水中所有可能存在的污染物毒性分值之和。

● 工业废水排放管控水平：包括在产企业的工业废水在线监测装置和厂区内工业废水治理设施 2 项指标。其等级划分和赋分情况分别见表 C-8 和表 C-9。整个地块工业废水排放管控水平的得分为上述两项指标的赋分之和。

表 C-8　工业废水在线监测装置指标的等级划分和赋分

指标	指标等级	赋分
工业废水在线监测装置	无	0.5
	有	0

表 C-9　厂区内工业废水治理设施指标的等级划分和赋分

指标	指标等级	赋分
厂区内工业废水治理设施	无	1.0
	有	0.1

3 废气环境风险

该指标包括在产企业的废气毒性、废气排放管控水平2项。该指标的等级得分可以用以下公式计算得到：

废气环境风险的等级得分=（废气毒性得分×废气排放管控水平得分）

式中：
- 废气毒性：为废气中可能存在的污染物的人体健康危害效应。各种污染物的毒性分值计算方法可参照附录B中的"泄漏物环境风险"。整个地块废气毒性的得分为废气中所有可能存在的污染物毒性分值之和。
- 废气排放管控水平：包括在产企业的废气在线监测装置和废气治理设施2项指标。各项指标的等级划分和赋分情况见表C-10和表C-11。地块废气排放管控水平得分为上述两项指标赋分之和。

表C-10 废气在线监测装置指标的等级划分和赋分

指标	指标等级	赋分
废气在线监测装置	无	0.5
	有	0

表C-11 废气治理设施指标的等级划分和赋分

指标	指标等级	赋分
废气治理设施	无	1.0
	有	0.1

4 固体废物环境风险

该指标包括一般工业固体废物（以下简称一般性固体废物）环境风险与危险废物（以下简称危险废物）环境风险2项。其得分为这两项指标之和。

一般性固体废物环境风险的等级得分可通过以下公式计算得到：

一般性固体废物环境风险得分 =（一般性固体废物的年贮存量得分×一般性固体废物的管控水平得分）

式中：
- 一般性固体废物的年贮存量：为地块上在产企业最近3年一般性固体废物年贮存量的平均值，单位为吨。一般性固体废物的年贮存量的等级划分及赋分情况见表C-12。

表 C-12　一般性固体废物的年贮存量的等级划分和赋分

指标	指标等级	赋分
一般性固体废物的年贮存量（M_{sw}）	$M_{sw} \geqslant 5\,000\ t$	100
	$500\ t \leqslant M_{sw} < 5\,000\ t$	10
	$50\ t \leqslant M_{sw} < 500\ t$	1
	$M_{sw} < 50\ t$	0.5

注：一般性固体废物是指除危险废物之外的工业固体废物。

- 一般性固体废物的管控水平：为地块上在产企业一般性固体废物贮存区的防护措施水平。其等级划分及赋分情况见表 C-13。

表 C-13　一般性固体废物管控水平指标的等级划分和赋分

指标	指标等级	赋分
一般性固体废物的管控水平	贮存区无防护设施	1.0
	贮存区有部分防护设施	0.6
	贮存区防护设施齐全	0.1
	无一般性固体废物	0

注：一般性固体废物贮存区的防护设施包括地面硬化、顶棚覆盖、围堰围墙、雨水收集导排系统。

危险废物环境风险的得分可通过以下公式计算得到：

危险废物环境风险得分 =（危险废物的年产生量×危险废物的管控水平）

- 危险废物的年产生量：指地块内在产企业危险废物年产生量的最近 3 年平均值，单位为吨。危险废物的年产生量的等级划分及赋分情况见表 C-14。

表 C-14　危险废物的年产生量的等级划分和赋分

指标	指标等级	赋分
危险废物的年产生量（M_h）	$M_h \geqslant 5\,000\ t$	100
	$500\ t \leqslant M_h < 5\,000\ t$	10
	$50\ t \leqslant M_h < 500\ t$	1
	$M_h < 50\ t$	0.5

- 危险废物的管控水平：指地块内在产企业危险废物的管理水平，其等级划分和赋值情况见表 C-15。

表 C-15 危险废物管控水平指标的等级划分和赋分

指标	指标水平	赋分
危险废物管控水平	存在危险废物自行利用处置	2.0
	无危险废物自行利用处置，危险废物贮存场所"三防"（防渗漏、防雨淋、防流失）措施不齐全	1.2
	无危险废物自行利用处置，危险废物贮存场所"三防"措施齐全	0.2
	无危险废物	0

5 企业环境违法行为次数

该指标是指企业近 3 年内废气、废水、固体废物相关的环境违法行为次数。

6 土壤可能受污染程度

该指标是指地块土壤可能受到污染的严重程度。其判断项如下：

（1）裸露土壤有明显颜色异常、油渍等污染痕迹；

（2）裸露土壤有异常气味；

（3）现场快速监测结果表明，土壤污染物含量明显高于清洁点；

（4）该地块及周边邻近地块曾发生过化学品泄漏或环境污染事故；

（5）存在危险废物自行利用处置；

（6）访谈或已有记录表明该地块土壤曾受到过污染；

（7）近 3 年曾因废气、废水、固体废物造成的环境问题被举报或投诉。

地块存在 2 种及以上上述情况时，应将土壤受污染程度评为"土壤可能受到重度污染"；地块存在 1 种上述情况时，应将土壤受污染程度评为"土壤可能受到中度污染"；如无上述情况，应将土壤受污染程度评为"不确定"。

7 重点区域面积

该指标是指地块内生产区、储存区、废水治理区、固体废物贮存或处置区等重点区域面积的总和。

8 生产经营活动时间

该指标是指地块上的生产企业涉及可能造成土壤污染的生产经营行业的总时间。可能造成土壤污染的生产经营行业见表 C-16。

表 C-16　可能造成土壤污染的生产经营行业

工业门类	生产经营行业
B 采矿业	07 石油和天然气开采业
	08 黑色金属矿采选业
	09 有色金属矿采选业
C 制造业	17 纺织业
	19 皮革、毛皮、羽毛及其制品和制鞋业
	22 造纸和纸制品业
	25 石油加工、炼焦和核燃料加工业
	26 化学原料和化学制品制造业
	27 医药制造业
	28 化学纤维制造业
	31 黑色金属冶炼和压延加工业
	32 有色金属冶炼和压延加工业
	33 金属制品业
	38 电气机械和器材制造业
G 交通运输、仓储和邮政业	59 仓储业
N 水利、环境和公共设施管理业	77 生态保护和环境治理业
	78 公共设施管理业

9　污染物对人体健康的危害效应

该指标是指地块特征污染物的人体健康危害效应。地块中的特征污染物可通过资料分析和现场踏勘确定。各种特征污染物的毒性分值计算方法可参照附录 B 中的"泄漏物环境风险"。整个地块污染物对人体健康危害效应的得分为地块中所有特征污染物的毒性分值之和。

10　污染物中是否含持久性有机污染物

该指标是指地块特征污染物中是否含有滴滴涕、氯丹、灭蚁灵、艾氏剂、狄氏剂、异狄氏剂、七氯、毒杀芬、六氯苯、多氯联苯、二噁英、呋喃、α-六氯环己烷、β-六氯环己烷、林丹、十氯酮、五氯苯、六溴联苯、四溴二苯醚、五溴二苯醚、六溴二苯醚、七溴二苯醚、全氟辛基磺酸及其盐类和全氟辛基磺酰氟、硫丹等持久性有机污染物。

11　重点区域地表覆盖情况

该指标是指重点区域中的生产区、储存区、废水治理区、固体废物贮存或处置区等区域地表的覆盖情况。覆盖情况良好应该包括硬化地面完好，无破损或裂缝等条件。

12 地下防渗措施

该指标是指地块中地下储罐、管线、储水池等容易发生污染物泄漏的重点区域或设施的工程防渗措施情况。完整的工程防渗措施应包括防渗混凝土层、土工膜等。

13 包气带土壤渗透性

该指标是指地块包气带自然土壤的渗透性，采用土质进行表征，对杂填土等人工填土不作考虑。土质的分类方法参照《岩土工程勘察规范》(GB 50021—2001)。如包气带中有多个土层，则以渗透性最低的土层为准。地块的土层分布和土质情况可通过地块内或地块周边以往的工程地质勘探资料获得。

《岩土工程勘察规范》对包气带土壤土质的分类方法如下：

（1）碎石土：粒径大于 2 mm 的颗粒质量超过总质量 50%。

（2）砂土：粒径大于 2 mm 的颗粒质量不超过总质量的 50%、粒径大于 0.075 mm 的颗粒质量超过总质量 50%。

（3）粉土：粒径大于 0.075 mm 的颗粒质量不超过总质量的 50%、且塑性指数等于或小于 10。

（4）黏性土：塑性指数大于 10。

14 污染物挥发性

该指标是指地块中特征污染物的挥发性，以污染物的亨利常数进行表征。如地块中含有多种挥发性污染物，则以亨利常数最大者为准。

15 污染物迁移性

该指标是指地块中特征污染物的迁移能力，主要由污染物在水中的溶解度（SO）和分配系数（K_d）共同决定。污染物的迁移性赋分见表 C-17。

如地块中存在多种特征污染物，则在确定其等级时，以迁移性最高的污染物为准。

表 C-17 污染物迁移性的等级划分和赋分

溶解度（SO）/	分配系数 K_d/（L/kg）		
（mg/L）	$K_d \leqslant 10$	$10 < K_d \leqslant 1\ 000$	$K_d > 1\ 000$
SO≥100	1	0.01	0.000 1
1≤SO<100	0.2	0.002	2×10^{-5}
0.01≤SO<1	0.002	2×10^{-5}	2×10^{-7}
SO<0.01	2×10^{-5}	2×10^{-7}	2×10^{-9}

注：①金属或无机污染物可直接采用 K_d 结合 SO 进行赋分；②有机污染物可通过有机碳吸附系数（K_{oc}），经公式 $K_d = 0.15 K_{oc}$ 计算得到 K_d 后结合 SO 进行赋分。

16 年降水量

该指标为地块所在区域的年降水量。以气象部门统计的多年平均降水量为准。

17 地块中职工的人数

该指标是指地块中除临时人员之外其他所有的工作人员。

18 地块周边 500 m 内的人口数量

该指标是指地块及周边 500 m 以内的人口总数。

19 重点区域离最近敏感目标的距离

该指标是指地块内的生产区、储存区、废水治理区、固体废物贮存或处置区等重点区域边界至最近敏感目标（幼儿园、学校、居民区、医院、食用农产品产地、地表水体、集中式饮用水水源地及自然保护区）的距离。

如地块周边有多个敏感目标，则以离重点区域最近敏感目标的距离为准。

20 地下水可能受污染程度

该指标是指地块地下水可能受到污染的严重程度。其判断项如下：

（1）地下水的颜色、气味有明显异常；

（2）地下水中能见到油状物质；

（3）现场快速监测结果表明，地下水水质存在明显异常；

（4）地块内及周边邻近地块曾发生过地下储罐泄漏或其他可能导致地下水污染的环境污染事故；

（5）地块存在六价铬、氯代烃、石油烃、苯系物等易迁移的污染物；

（6）访谈或已有记录表明该地块地下水曾受到过污染；

（7）近 3 年曾因废气、废水、固体废物造成的环境问题被举报或投诉。

地块存在 2 种及以上上述情况时，应将地下水受污染程度评为"地下水可能受到重度污染"；地块存在 1 种上述情况时，应将地下水受污染程度评为"地下水可能受到中度污染"；如无上述情况，应将地下水受污染程度评为"不确定"。

21 地下水埋深

该指标是指从地表到地下水潜水面的垂直深度。

22 饱和带土壤渗透性

该指标是指地块饱和带土壤的渗透性，采用土质进行表征。土质的分类方法参照《岩土工程勘察规范》(GB 50021—2001)。如饱和带中含有多个土层,则以渗透性最高的土层为准。饱和带土壤的土质情况可通过地块内或地块周边以往的工程地质勘探资料获得。

《岩土工程勘察规范》对饱和带土壤土质的分类方法如下:

(1) 漂石(块石):粒径大于 200 mm 的颗粒质量超过总质量的 50%。
(2) 卵石(碎石):粒径大于 20 mm 的颗粒质量超过总质量的 50%。
(3) 圆砾(角砾):粒径大于 2 mm 的颗粒质量超过总质量的 50%。
(4) 砾砂:粒径大于 2 mm 的颗粒质量占总质量 25%~50%。
(5) 粗砂:粒径大于 0.5 mm 的颗粒质量超过总质量的 50%。
(6) 中砂:粒径大于 0.25 mm 的颗粒质量超过总质量的 50%。
(7) 细砂:粒径大于 0.075 mm 的颗粒质量超过总质量的 85%。
(8) 粉砂:粒径大于 0.075 mm 的颗粒质量超过总质量的 50%。
(9) 粉土:粒径大于 0.075 mm 的颗粒质量不超过总质量的 50%,且塑性指数等于或小于 10。
(10) 粉质黏土:塑性指数大于 10,且小于或等于 17。
(11) 黏土:塑性指数大于 17。

23 地下水及邻近区域地表水用途

该指标是指地块所在区域地下水及周边 100 m 内地表水体的利用方式。如地块地下水与周边 100 m 内地表水体的利用方式不一致,以其中敏感程度较高的为准。

24 重点区域离最近饮用水井或地表水体的距离

该指标是指重点区域边界至周边最近饮用水井或地表水水体的距离。如地块周边有多个饮用水井或地表水体,则以离地块边界最近的为准。

附录 D

关闭搬迁企业地块信息调查表

地块名称：

填表单位：

联系电话：

填　表　人（签字）：　　　　日期：　　年　　月　　日

组内审核人（签字）：　　　　日期：　　年　　月　　日

单位审核人（签字）：　　　　日期：　　年　　月　　日

表 D-1　关闭搬迁企业地块基本情况表

1. 地块编码□□□□□□-□-□□-□□□□ （6位行政区划代码，1位地块类型代码，2位行业大类代码，4位流水代码）	
2. 地块名称	
3. 原单位名称	
4. 法定代表人	
5. 单位所在地 _____省（自治区、直辖市）_____地区（市、州、盟）_____县（区、市、旗） _____乡（镇）_____街（村）、门牌号	
6. 企业正门地理坐标 经度　　°　　′　　″E　　　纬度　　°　　′　　″N	
7. 地块占地面积（m²）	
8. 联系方式 　联系人姓名　　　　　　　电话	
9. 行业类别* 　　　　　　　　　　　　　　　行业代码□□□	
10. 登记注册类型□□□	11. 企业规模 □大型 □中型 □小型 □微型
12. 运营时间*　　　年至　　　年	
13. 地块现使用权属　□原关闭搬迁企业　□集体　□土地储备单位　□开发单位	
14. 使用权单位名称	
15. 使用权单位联系方式 　联系人姓名　　　　　　　联系电话	
16. 地块是否位于工业园区或集聚区*　□是　　□否	
17. 地块规划用途*　□工业类用地　□住宅类用地　□商业类用地　□公共场所用地　□不确定	

18. 地块利用历史*

起始时间	结束时间	土地用途	行业

填表说明：

企业信息按关闭搬迁前的原企业信息进行填报。

【1. 地块编码】由13位代码组成，前6位行政区划代码，按照国家统计局于2017年3月发布的最新县及县以上行政区划代码（截至2016年7月31日）进行编码；1位地块类型代码，在产企业地

块为1，关闭搬迁企业地块为2；2位行业大类代码；后4位流水号码，某区县内所有类型地块统一编码，从0001开始编码。

【2. 地块名称】根据关闭搬迁前的原企业名称对地块命名。

【3. 原单位名称】指关闭搬迁前的原单位，经有关部门批准正式使用的全称。按工商部门登记或法人登记的名称填写；填写时要求使用规范化汉字全称，与单位公章所使用的名称完全一致。凡经登记主管机关核准或批准，具有两个或两个以上名称的单位，要求填写一个法人单位名称，同时用括号注明其余的单位名称。如单位名称变更，应同时用括号注明变更前的名称（曾用名）。

【4. 法定代表人】指依照法律或者法人组织章程规定，代表法人行使职权的负责人。原企业法人单位按《营业执照》填写对应的原企业法定代表人。不具有法人资格的产业活动单位填写原单位的主要负责人。

【5. 单位所在地】单位所在地指调查对象生产场所实际所在地的详细地址。大型联合企业所属二级单位，一律按本二级单位所在地址填写。要求写明省（自治区、直辖市）、市（地区、州、盟）、县（区、市、旗）、乡（镇）以及具体街（村）的名称和详细的门牌号码，不能填写通信号码或通信信箱号码。

【6. 企业正门地理坐标】指企业正门位置的经度和纬度，填报格式为度分秒，最后的秒精确到小数点后两位。利用GPS实地测量后填报。

【7. 地块占地面积】指该企业厂界内总的占地面积，以m^2为单位，小数点后保留两位有效数字。可参考环境影响报告书（表）、安全评价报告、土地使用证等资料填写；或利用手持智能终端系统勾画出地块边界后，计算地块面积。

【8. 联系方式】指原企业负责环保的联系人姓名、联系电话。

【9. 行业类别】按照《国民经济行业分类》（GB/T 4754—2011）规范填写行业类别及行业代码，填写至行业小类，行业代码由四位数字组成。若涉及多个行业小类，则填写所有行业小类。《国民经济行业分类》（GB/T 4754—2011）查询可参见国家统计局网站，查询网址：http://www.stats.gov.cn/tjsj/tjbz/hyflbz/。可参照环境影响报告书（表）《建设项目环境保护审批登记表》中行业类别填写。

【10. 登记注册类型】指企业在工商行政管理机关登记注册的类型。依据《营业执照》或"国家企业信用信息公示系统"上的类型，按照《关于划分企业登记注册类型的规定》（国统字〔2011〕86号）划分的企业登记注册类型填写代码（登记注册类型与代码见在产企业地块信息调查表填表说明表E-1-1）。

【11. 企业规模】按照国家统计局《关于印发统计上大中小微型企业划分办法的通知》（国统字〔2011〕75号）的规定划分企业规模，工业企业按从业人员数、营业收入两项指标划分为大型、中型、小型、微型企业，划分标准见表E-1-2（见在产企业地块信息调查表填表说明）。

【12. 运营时间】指关闭搬迁前的原企业在该地块上生产运作的起止时间。

【13. 地块现使用权属】指当前取得该地块使用权的单位类型。

【14. 使用权单位名称】指当前取得该地块使用权的单位名称，按工商部门登记或法人登记的名称填写，与单位公章所使用的名称完全一致。集体土地以国土资源部门登记的为准。

【15. 使用权单位联系方式】按现使用权单位主要负责人填写。

【16. 地块是否位于工业园区或集聚区】按实际情况填写。

【17. 地块规划用途】按已有规划填写地块用途，若无规划填不确定。

【18. 地块利用历史】按照年代由近至远的顺序填写地块上原关闭搬迁企业开业之前曾经的土地使用状况。其中，土地用途分为工业用地、住宅用地、商业用地、农田、荒地、其他、不确定；若土地用途一栏填写工业用地，则需填写行业，行业类型按《国民经济行业分类》（GB/T 4754—2011）行业大类填写；否则不填。可参考表 E-1-3 样式填写（见在产企业地块信息调查表填表说明）。主要通过人员访谈和历史资料查阅方式获取信息。

表 D-2　关闭搬迁企业污染源信息调查表

一、基本情况
1. 平面布置图（上传）
2. 主要产品清单（上传）
3. 主要原辅材料清单（上传）
4. 主要生产工艺流程图（上传）
二、地块综合情况
1. 重点区域总面积*（m²）（包括生产区、储存区、废水治理区、固体废物贮存或处置区） 各区域面积（m²）：生产区 储存区 废水治理区 固体废物贮存或处置区
2. 重点区域地表（除绿化带外）是否存在未硬化地面*　　　　□是　　□否
3. 重点区域硬化地面是否存在破损或裂缝*　　　　　　　　　□是　　□否
4. 厂区内是否存在无硬化或防渗的工业废水排放沟渠、渗坑、水塘*　□是　　□否
5. 厂区内是否有产品、原辅材料、油品的地下储罐或输送管线*　　□是　　□否
6. 厂区内是否有工业废水的地下输送管线或储存池*　　　　　　□是　　□否
7. 厂区内地下储罐、管线、储水池等设施是否有防渗措施*　　□全有　□部分有　□全无 （若第 5 或 6 项选是，则需填写此项内容，否则不填）
8. 该企业是否发生过化学品泄漏或环境污染事故*　　　　□是（次数　　）□否
9. 该地块土壤是否存在以下情况* 　□地块内裸露土壤有明显颜色异常、油渍等污染痕迹 　□地块内裸露土壤有异常气味 　□现场快速检测设备（XRF、PID 等）显示污染物含量明显高于清洁土壤 　□周边邻近地块曾发生过化学品泄漏或环境污染事故 　□该企业危险废物曾自行利用处置 　□地块内有遗留的危险废物 　□地块内设施、构建筑物等已拆除或严重破损 　□通过访谈或已有记录表明该地块内土壤曾受到过污染
10. 该地块地下水是否存在以下情况* 　□地下水有颜色或气味等异常现象 　□地下水能见到油状物质 　□现场快速检测设备显示地下水水质异常 　□该企业有易迁移的污染物（如六价铬、氯代烃、石油烃、苯系物等） 　□地块内及周边邻近地块曾发生过地下储罐泄漏或其他可能导致地下水污染的环境污染事故 　□通过访谈或已有记录表明该地块地下水曾受到过污染

11. 序号	12. 特征污染物名称*
1	
2	
3	
……	

填表说明：

一、基本情况

【1. 平面布置图（上传）】地块各区域、构建筑物、设施分布图，利用手持智能终端系统上传。

【2. 主要产品清单（上传）】指企业生产年度或生产周期内全年工业总产值中占比重较大或较关键工业产品。可参考环境影响报告、清洁生产审核报告中产品清单，使用手持智能终端系统上传。企业历史上曾生产过的产品均需列出。

【3. 主要原辅材料清单（上传）】指与主要产品生产相关的主要原辅材料。可参考环境影响报告、清洁生产审核报告中原辅材料清单，使用手持智能终端系统上传。企业历史上曾使用过的原辅材料均需列出。

【4. 主要生产工艺流程图（上传）】主要指企业产生污染的工艺流程，需包括产品、原辅材料、产排污节点等信息，可参考环境影响报告、清洁生产审核报告等资料，使用手持智能终端系统上传。

二、地块综合情况

【1. 重点区域总面积】需填写企业地块内重点区域的总面积，并分别填写各区域面积，以 m^2 为单位，小数点后保留两位有效数字。地块内重点区域包括生产区、储存区、废水治理区、固体废物贮存或处置区，其中，生产区指产品及原辅材料生产、使用场所，包括生产车间、生产装置区等；储存区指产品、原辅材料、油品储存场所，包括储罐储槽所在区域、仓库、装卸区等；废水治理区指工业废水处理设施所在区域；固体废物贮存或处置区包括一般工业固体废物临时或永久性堆放场所、处置场所，危险废物临时贮存场所、自行利用或处置场所等。

【2. 重点区域地表（除绿化带外）是否存在未硬化地面、3. 重点区域硬化地面是否存在破损或裂缝】根据现场踏勘实际情况填写。

【4. 厂区内是否存在无硬化或防渗的工业废水排放沟渠、渗坑、水塘】主要指排放沟渠、渗坑、水塘是否存在无硬化或防渗的情况，导致废水直接接触土壤，根据现场踏勘实际情况填写。

【5. 厂区内是否有产品、原辅材料、油品的地下储罐或输送管线、6. 厂区内是否有工业废水的地下输送管线或储存池】根据现场踏勘或访谈企业人员情况填写。若两项中任何一项填是，则需填写第 7 项信息；否则不填。

【7. 厂区内地下储罐、管线、储水池等设施是否有防渗措施】指上述设施是否有防止污染物渗入到土壤、地下水中的措施，根据现场踏勘或访谈企业人员情况填写。

【8. 该企业是否发生过化学品泄漏或环境污染事故】通过访谈熟悉企业情况的环境监察人员或从环保部门、安监部门查阅相关记录如实填写，若企业曾发生过上述情况，则需相应填写发生次数。

【9. 该地块土壤是否存在以下情况】通过现场踏勘、人员访谈或查阅相关记录,选择地块内任何区域存在的情况。

【10. 该地块地下水是否存在以下情况】通过现场踏勘、人员访谈或查阅相关记录,选择地块内任何区域存在的情况。其中,前三项地下水有颜色或气味等异常现象、地下水能见到油状物质、现场快速检测设备显示地下水水质异常,需通过企业地块内或周边存在的水井进行观察。若周围无水井或无法进行地下水勘查,则不选。

该企业有易迁移的污染物(如六价铬、氯代烃、石油烃、苯系物等),需根据企业产品、原辅材料、"三废"情况等信息进行分析判断。

【11. 序号、12. 特征污染物名称】特征污染物指该企业生产、排污过程中产生的可能造成土壤污染的重金属、有机物等有毒有害物质。根据企业生产原辅材料、产品、"三废"情况等信息分析、填写地块特征污染物,可结合《省级土壤污染状况详查实施方案编制指南》(环办土壤函〔2017〕1023号)中附表 1-3 和附表 1-4 中各行业污染物辅助分析。

表 D-3 迁移途径信息调查表

一、土壤途径		
包气带（地下水位以上）土壤分层情况（自上而下）		
1. 是否有杂填土等人工填土层*	□是　　□否	
2. 土层序号	3. 土层性质*	
1	□碎石土　□砂土　□粉土　□黏性土　□不确定	
2	□碎石土　□砂土　□粉土　□黏性土　□不确定	
3	□碎石土　□砂土　□粉土　□黏性土　□不确定	
……		
二、地下水途径		
1. 地下水埋深*（m）		
2. 饱和带渗透性*　□砾砂土及以上　□粗砂土、中砂土及细砂土　□粉砂土及以下　□不确定		
3. 地块所在区域是否属于喀斯特地貌　□是　　□否		
4. 年降水量*（mm）		

填表说明：

一、土壤途径

【1. 是否有杂填土等人工填土层】参考企业工程地质勘察报告填写。

【2. 土层序号、3. 土层性质】指按土层颗粒级配或塑性指数划分的土的分类，按《岩土工程勘察规范》（GB 50021—2001）分为碎石土、砂土、粉土、黏性土。从土壤表面由上至下依次填写地下水位以上包气带各土层的土层性质，不包括杂填土等人工填土层。可参考企业工程地质勘察报告填写。

二、地下水途径

【1. 地下水埋深】根据工程地质勘察报告填写，以 m 为单位，小数点后保留一位有效数字。

【2. 饱和带渗透性】以第一饱和含水层土质表征渗透性，根据工程地质勘察报告或现场勘查填写；若存在多个土层，则以渗透性最好的一层土质填写。土质分类参照《岩土工程勘察规范》（GB 50021—2001），见在产企业地块信息调查表填表说明。

【3. 地块所在区域是否属于喀斯特地貌】根据当地地质资料填写。

【4. 年降水量】指地块所在区域气象部门统计的当地多年平均降水量，以 mm 为单位，保留整数。可参考环境影响报告等资料填写。

表 D-4　敏感受体信息调查表

1. 地块内及周边 500 m 范围内人口数量*
□＞5 000　　□1 000～5 000　　□100～1 000　　□＜100
2. 人群进入和接触地块可能性*（可多选）
□地块无隔离或管制措施，人群进入可能性高
□有围栏设施限制进入，人群进入可能性较低
□有专人值守禁止进入，人群进入可能性较低
□地块位于偏远地区，人群进入可能性较低
3. 地块周边 1 km 范围内存在以下敏感目标及敏感目标到最近的重点区域的距离*（可多选）
□无敏感目标
□幼儿园　　　　　　　（距离（m）＿＿＿＿＿＿＿＿）
□学校　　　　　　　　（距离（m）＿＿＿＿＿＿＿＿）
□居民区　　　　　　　（距离（m）＿＿＿＿＿＿＿＿）
□医院　　　　　　　　（距离（m）＿＿＿＿＿＿＿＿）
□集中式饮用水水源地　（距离（m）＿＿＿＿＿＿＿＿）
□饮用水井　　　　　　（距离（m）＿＿＿＿＿＿＿＿）
□食用农产品产地　　　（距离（m）＿＿＿＿＿＿＿＿）
□自然保护区　　　　　（距离（m）＿＿＿＿＿＿＿＿）
□地表水体　　　　　　（距离（m）＿＿＿＿＿＿＿＿）
4. 地块所在区域地下水用途*
□饮用或生活用水　□水源保护　□食品加工　□农业灌溉　□工业用途　□不开发　□不确定
5. 地块邻近区域（100 m 范围内）地表水用途*（若地块周边 100 m 范围内无地表水，则不填）
□饮用或生活用水　□水源保护　□食品加工　□农业灌溉　□工业用途　□不利用　□不确定

填表说明：

【1. 地块内及周边 500 m 范围内人口数量】通过人员访谈或查阅环境影响报告等资料填写。

【2. 人群进入和接触地块可能性】根据现场踏勘实际情况填写。

【3. 地块周边 1 km 范围内存在以下敏感目标及敏感目标到最近的重点区域的距离】通过查阅环境影响报告等资料、现场踏勘、人员访谈，选择地块周边 1 km 范围内存在的所有敏感目标，敏感目标包括幼儿园、学校、居民区、医院、集中式饮用水水源地、饮用水井、食用农产品产地、自然保护区和地表水体，同时估算敏感目标到地块内最近的重点区域边界的距离，并在手持智能终端系统中标出敏感目标的位置。可参考环境影响报告。

【4. 地块所在区域地下水用途】按地块所在区域地下水的用途填写，分为饮用或生活用水、水源保护、食品加工、农业灌溉、工业用途、不开发或不确定。可通过访谈水利部门或国土部门管理人员填写。

【5. 地块邻近区域（100 m 范围内）地表水用途】若地块周边 100 m 范围内有地表水体，则填写地表水用途，通过访谈企业人员或周边居民填写；若没有，则不填。

表 D-5 环境监测和调查评估信息调查表

一、土壤监测数据	
1. 土壤环境调查监测工作　　□未开展过　　□曾开展过 （若选择曾开展过，则需填写以下第 2～7 项内容，否则不填）	
2. 调查时间　　年	
3. 是否检出污染物超标　　□是　　□否 （若选择是，则需填写以下第 4～6 项内容，否则不填）	

4. 序号	5. 超标污染物名称	6. 最大实测浓度/（mg/kg）
1		
2		
3		
……		

7. 来源	
二、地下水监测数据	
1. 地下水环境调查监测工作　　□未开展过　　□曾开展过 （若选择曾开展过，则需填写以下第 2～7 项内容，否则不填）	
2. 调查时间　　年	
3. 是否检出污染物超标　　□是　　□否 （若选择是，则需填写以下第 4～6 项内容，否则不填）	

4. 序号	5. 超标污染物名称	6. 最大实测浓度/（μg/L）
1		
2		
3		
……		

7. 来源	
三、调查评估	
1. 调查评估　□未开展过　　□正在开展　　□已经完成 （若选择正在开展或已经完成，则需填写以下第 2～5 项内容，否则不填）	
2. 调查评估时间　　年	
3. 调查结果显示是否有土壤污染　　　　□是　　□否	
4. 调查结果显示是否有地下水污染　　　□是　　□否	
5. 风险评估主要结论	
6. 来源	

（一）土壤污染区		
1. 序号	2. 土壤超标污染物名称	3. 最大实测浓度/（mg/kg）
1		
2		
3		
……		
（二）地下水污染区		
1. 序号	2. 地下水超标污染物名称	3. 最大实测浓度/（μg/L）
1		
2		
3		
……		

填表说明：

一、土壤监测数据

【1. 土壤环境调查监测工作】根据环保部门备案记录、企业相关记录，填写企业地块上是否曾开展过土壤环境调查监测工作，若有则需要根据监测数据填写第 2~7 项内容。若曾开展过多次调查监测工作，以最近一次监测数据为准，填写相关信息。

【2. 调查时间】完成土壤环境调查监测工作的时间。

【3. 是否检出污染物超标】根据调查监测结果，以《建设用地土壤污染风险筛选指导值》（正在修订过程中，实际应用时以公开发布的最新版本为准，关闭搬迁企业地块根据规划用途选择对应的筛选值，规划用途不明确时按敏感类用地执行）为标准，选择土壤样品中是否检出污染物超标。若有，需填写第 4~6 项内容；若无，则不填。

【4. 序号、5. 超标污染物名称、6. 最大实测浓度】依次填写检出的超标污染物名称和该污染物检测的最大浓度，以 mg/kg 为单位，小数点后保留两位有效数字。

【7. 来源】填写监测数据的来源，如某某报告（某某年）。

二、地下水监测数据

【1. 地下水环境调查监测工作】根据环保部门备案记录、企业相关记录，填写企业地块上是否曾开展过地下水环境调查监测工作，若有则需要根据监测数据填写第 2~7 项内容。若曾开展过多次调查监测工作，以最近一次监测数据为准，填写相关信息。

【2. 调查时间】完成地下水环境调查监测工作的时间。

【3. 是否检出污染物超标】根据调查监测结果，以《地下水水质标准》（DZ/T 0290—2015）Ⅲ类水水质为标准，选择地下水样品中是否检出污染物超标。若有，需填写第 4~6 项内容；若无，则不填。

【4. 序号、5. 超标污染物名称、6. 最大实测浓度】依次填写检出的超标污染物名称和该污染物

检测的最大浓度，以 µg/L 为单位，小数点后保留两位有效数字。

【7. 来源】填写监测数据的来源，如某某报告（某某年）。

三、调查评估

【1. 调查评估】根据当地环保部门备案记录、调查评估报告填写地块上调查评估开展情况。

【2. 调查评估时间】完成调查评估工作的时间。

【3. 调查结果显示是否有土壤污染】根据调查结果填写。

【4. 调查结果显示是否有地下水污染】根据调查结果填写。

【5. 风险评估主要结论】根据风险评估结果填写，土壤或地下水污染是否超过可接受风险水平等主要结论。

【6. 来源】填写调查评估数据信息的来源，如某某报告（某某年）。

（一）土壤污染区

【1. 序号、2. 土壤超标污染物名称、3. 最大实测浓度】根据调查评估报告填写超过《建设用地土壤污染风险筛选指导值》（正在修订过程中，实际应用时以公开发布的最新版本为准，关闭搬迁企业地块根据规划用途选择对应的筛选值，规划用途不明时按敏感类用地执行）的污染物名称和该污染物检测的最大浓度，以 mg/kg 为单位，小数点后保留两位有效数字。

（二）地下水污染区

【1. 序号、2. 地下水超标污染物名称、3. 最大实测浓度】根据调查评估报告填写超过《地下水水质标准》（DZ/T 0290—2015）Ⅲ类水水质标准的污染物名称和该污染物检测的最大浓度，以 µg/L 为单位，小数点后保留两位有效数字。

附录 E

在产企业地块信息调查表

地块名称：

填表单位：

联系电话：

填 表 人（签字）：　　　　日期：　　年　　月　　日

组内审核人（签字）：　　　　日期：　　年　　月　　日

单位审核人（签字）：　　　　日期：　　年　　月　　日

表 E-1　在产企业地块基本情况表

1. 地块编码　　□□□□□□-□-□□-□□□□ （6 位行政区划代码，1 位地块类型代码，2 位行业大类代码，4 位流水代码）	
2. 地块名称	
3. 单位名称	
4. 统一社会信用代码　　□□□□□□□□□□□□□□□□□□	
5. 法定代表人	
6. 单位所在地 　　　　　　省（自治区、直辖市）　　　　　　地区（市、州、盟）　　　　　　县（区、市、旗） 　　　　　　乡（镇）　　　　　　　　　　　　　　　　　　　　　　　街（村）、门牌号	
7. 企业正门地理坐标 　　经度　　°　′　″E　　　　纬度　　°　′　″N	
8. 地块占地面积（m²）	
9. 联系方式 　　联系人姓名　　　　　电话	
10. 行业类别*　　　　　　　　　行业代码□□□□	
11. 登记注册类型　　□□□	12. 企业规模　□大型　□中型　□小型　□微型
13. 成立时间*　　　　年	14. 最新改扩建时间　　　年
15. 地块是否位于工业园区或集聚区*　　□是　　□否	
16. 地块利用历史*	

起始时间	结束时间	土地用途	行业

填表说明：

【1. 地块编码】由 13 位代码组成，前 6 位行政区划代码，按照国家统计局于 2017 年 3 月发布的最新县及县以上行政区划代码（截至 2016 年 7 月 31 日）进行编码；1 位地块类型代码，在产企业地块为 1，关闭搬迁企业地块为 2；2 位行业大类代码；后 4 位流水号码，某区县内所有类型地块统一编码，从 0001 开始编码。

【2. 地块名称】根据企业名称对地块命名，若企业存在多个厂区，需对每个厂区地块分别命名。

【3. 单位名称】指经有关部门批准正式使用的单位全称。按工商部门登记或法人登记的名称填写；填写时要求使用规范化汉字全称，与单位公章所使用的名称完全一致。凡经登记主管机关核准或批准，具有两个或两个以上名称的单位，要求填写一个法人单位名称，同时用括号注明其余的单位名称。如

单位名称变更（含当年变更），应同时用括号注明变更前的名称（曾用名）。

【4. 统一社会信用代码】指由国家标准委发布的一组长度为 18 位的用于法人和其他组织身份识别的代码。按照《营业执照》或查询"国家企业信用信息公示系统"填写。

【5. 法定代表人】是指依照法律或者法人组织章程规定，代表法人行使职权的负责人。企业法人单位按《营业执照》或查询"国家企业信用信息公示系统"填写企业法定代表人。不具有法人资格的产业活动单位填写本单位的主要负责人。

【6. 单位所在地】单位所在地指调查对象生产场所实际所在地的详细地址。大型联合企业所属二级单位，一律按本二级单位所在地址填写。要求写明省（自治区、直辖市）、市（地区、州、盟）、县（区、市、旗）、乡（镇）以及具体街（村）的名称和详细的门牌号码，不能填写通信号码或通信信箱号码。

【7. 企业正门地理坐标】指企业正门位置的经度和纬度，填报格式为度分秒，最后的秒精确到小数点后两位。利用 GPS 实地测量后填报。

【8. 地块占地面积】指该企业厂界内总的占地面积，以 m^2 为单位，小数点后保留两位有效数字。可参考环境影响报告书（表）、安全评价报告、土地使用证等资料填写；或利用手持智能终端系统勾画出地块边界后，计算地块面积。

【9. 联系方式】指企业负责环保的联系人姓名、联系电话。

【10. 行业类别】按照《国民经济行业分类》（GB/T 4754—2011）填写行业类别及行业代码，填写至行业小类，行业代码由四位数字组成。若涉及多个行业小类，则填写所有行业小类。《国民经济行业分类》（GB/T 4754—2011）查询可参见国家统计局网站，查询网址：http://www.stats.gov.cn/tjsj/tjbz/hyflbz/。可参照环境影响报告书（表）、《建设项目环境保护审批登记表》中行业类别填写。

【11. 登记注册类型】指企业在工商行政管理机关登记注册的类型。依据《营业执照》或"国家企业信用信息公示系统"上的类型，按照《关于划分企业登记注册类型的规定》（国统字〔2011〕86号）划分的企业登记注册类型填写代码（登记注册类型与代码见表 E-1-1）。

表 E-1-1　企业登记注册类型与代码表

代码	企业登记注册类型
100	内资企业
110	国有企业
120	集体企业
130	股份合作企业
140	联营企业
141	国有联营企业
142	集体联营企业
143	国有与集体联营企业
149	其他联营企业

代码	企业登记注册类型
150	有限责任公司
151	国有独资公司
159	其他有限责任公司
160	股份有限公司
170	私营企业
171	私营独资企业
172	私营合伙企业
173	私营有限责任公司
174	私营股份有限公司
190	其他企业
200	港、澳、台商投资企业
210	合资经营企业（港或澳、台资）
220	合作经营企业（港或澳、台资）
230	港、澳、台商独资经营企业
240	港、澳、台商投资股份有限公司
290	其他港、澳、台商投资企业
300	外商投资企业
310	中外合资经营企业
320	中外合作经营企业
330	外资企业
340	外商投资股份有限公司
390	其他外商投资企业

【12. 企业规模】按照国家统计局《关于印发统计上大中小微型企业划分办法的通知》（国统字〔2011〕75号）的规定划分企业规模，工业企业按从业人员数、营业收入两项指标划分为大型、中型、小型、微型企业，划分标准见表 E-1-2。

表 E-1-2　大中小微型企业划分标准

指标名称	计量单位	1-大型	2-中型	3-小型	4-微型
从业人员（X）	人	$X \geqslant 1\,000$	$300 \leqslant X < 1\,000$	$20 \leqslant X < 300$	$X < 20$
营业收入（Y）	万元	$Y \geqslant 40\,000$	$2\,000 \leqslant Y < 40\,000$	$300 \leqslant Y < 2\,000$	$Y < 300$

说明：1. 大型、中型和小型企业须同时满足所列指标的下限，否则下划一档；微型企业只需满足所列指标中的一项即可。2. 企业划分指标以现行统计制度为准。（1）从业人员，是指期末从业人

员数,没有期末从业人员数的,采用全年平均人员数代替;(2)营业收入,采用主营业务收入。

【13. 成立时间】按《营业执照》或查询"国家企业信用信息公示系统"填写。

【14. 最新改扩建时间】指企业最新的改、扩建项目的环评批复时间,无环评批复的按改扩建项目建设开工时间填报。

【15. 地块是否位于工业园区或集聚区】按实际情况填写。

【16. 地块利用历史】按照年代由近至远的顺序填写地块上在产企业成立之前的土地使用状况。其中,土地用途分为工业用地、住宅用地、商业用地、农田、荒地、其他、不确定;若土地用途一栏填写工业用地,则需填写行业,行业类型按《国民经济行业分类》(GB/T 4754—2011)行业大类填写;否则不填。可参考表 E-1-3 样式填写。主要通过人员访谈和历史资料查阅方式获取信息。

表 E-1-3　地块利用历史填写范例

起始时间	结束时间	土地用途	行业
2000 年	2012 年	工业用地	医药制造业
1960 年	1999 年	农田	
—	1960 年	荒地	

表 L-2 在产企业污染源信息调查表

1. 企业地块内部存在以下设施或区域（多选）
□生产区　　□储存区　　□废气治理设施　　□废水治理区域　　□固体废物贮存或处置区
2. 平面布置图（上传）
3. 主要产品清单（上传）
4. 主要原辅材料清单（上传）
5. 主要生产工艺流程图（上传）

一、生产情况

1. 序号	2. 危险化学品名称*	3. 产量或使用量*/t	4. 来源（拍照上传）
1			
2			
3			
……			

5. 企业是否开展过清洁生产审核*　　□是　　□否

二、废气

1. 是否排放废气　　□是　□否（若选择是，则需填写以下第2～6项内容，否则不填）

2. 序号	3. 废气污染物名称*	4. 来源（拍照上传）
1		
2		
3		
……		

5. 是否有废气治理设施*　　□是　□否
6. 是否有废气在线监测装置*　　□是　□否

三、废水

1. 是否产生工业废水　　□是　□否（若选择是，则需填写以下第2～6项内容，否则不填）

2. 序号	3. 废水污染物名称*	4. 来源（拍照上传）
1		
2		
3		
……		

5. 厂区内是否有废水治理设施*　　□是　□否
6. 是否有废水在线监测装置*　　□是　□否

四、固体废物	
1. 是否产生一般工业固体废物　□是　□否（若选择是，则需填写以下第 2~4 项内容，否则不填）	
2. 厂区内是否有一般工业固体废物贮存区□是　□否（若选择是，则需填写以下第 3~4 项内容，否则不填）	
3. 一般工业固体废物年贮存量*（t）	
4. 一般工业固体废物贮存区地面硬化、顶棚覆盖、围堰围墙、雨水收集及导排等设施是否具备* 　□全具备　　□部分具备　　□全不具备	
5. 是否产生危险废物*　　　□是　□否（若选择是，则需填写以下第 6~8 项内容，否则不填）	
6. 危险废物年产生量*（t）	
7. 危险废物贮存场所"三防"（防渗漏、防雨淋、防流失）措施是否齐全*　　□是　□否	
8. 该企业产生的危险废物是否存在自行利用处置*　　　　　　　　　　　□是　□否	
五、地块综合情况	
1. 重点区域总面积*（m²）（包括生产区、储存区、废水治理区、固体废物贮存或处置区） 各区域面积（m²）：生产区 储存区 废水治理区 固体废物贮存或处置区	
2. 重点区域地表（除绿化带外）是否存在未硬化地面*	□是　　□否
3. 重点区域硬化地面是否存在破损或裂缝*	□是　　□否
4. 厂内是否存在无硬化或防渗的工业废水排放沟渠、渗坑、水塘*	□是　　□否
5. 厂区内是否有产品、原辅材料、油品的地下储罐或输送管线*	□是　　□否
6. 厂区内是否有工业废水的地下输送管线或储存池*	□是　　□否
7. 厂区内地下储罐、管线、储水池等设施是否有防渗措施* （若第 5 或 6 项选是，则需填写此项内容，否则不填）	□全有　□部分有　□全无
8. 该企业是否发生过化学品泄漏或环境污染事故*	□是（次数　　）□否
9. 该企业近 3 年内是否曾因废气、废水、固体废物造成的环境问题被举报或投诉* 　□是（次数　　）□否	
10. 该企业近 3 年内是否有废气、废水、固体废物相关的环境违法行为*　□是（次数　　）□否	
11. 该地块土壤是否存在以下情况* 　□地块内裸露土壤有明显颜色异常、油渍等污染痕迹 　□地块内裸露土壤有异常气味 　□现场快速检测设备（XRF、PID 等）显示污染物含量明显高于清洁土壤 　□周边邻近地块曾发生过化学品泄漏或环境污染事故 　□访谈或已有记录表明该地块内土壤曾受到过污染	

12. 该地块地下水是否存在以下情况*	
□地下水有颜色或气味等异常现象 □地下水中能见到油状物质 □现场快速检测设备显示地下水水质异常 □该企业有易迁移的污染物（如六价铬、氯代烃、石油烃、苯系物等） □地块内及周边邻近地块曾发生过地下储罐泄漏或其他可能导致地下水污染的环境污染事故 □访谈或已有记录表明该地块地下水曾受到过污染	
13. 序号	14. 特征污染物名称*
1	
2	
3	
……	

填表说明：

【1. 企业存在以下设施或区域】根据实际踏勘和访谈情况，若企业地块内存在某设施或区域，则在相应设施或区域前的方框内画√；若不存在不选。

【2. 平面布置图（上传）】指地块各区域、构建筑物、设施分布图，利用手持智能终端系统上传。

【3. 主要产品清单（上传）】指企业生产年度或生产周期内全年工业总产值中占比重较大或较关键工业产品。可参考环境影响报告、清洁生产审核报告中产品清单，使用手持智能终端系统上传。企业正在生产或历史上曾生产过的产品均需列出。

【4. 主要原辅材料清单（上传）】指与主要产品生产相关的主要原辅材料。可参考环境影响报告、清洁生产审核报告中原辅材料清单，使用手持智能终端系统上传。企业正在使用或历史上曾使用过的原辅材料均需列出。

【5. 主要生产工艺流程图（上传）】主要指企业产生污染的工艺流程，需包括产品、原辅材料、产排污节点等信息，可参考环境影响报告、清洁生产审核报告等资料，使用手持智能终端系统上传。

一、生产情况

【1. 序号、2. 危险化学品名称】填写企业产品和原辅材料中属于危险化学品的物质名称，按《危险化学品目录》品名规范填写。可参考企业向安监部门报送的危险化学品信息。

【3. 产量或使用量】填写属于危险化学品的产品近三年平均产量或原辅材料近三年平均使用量，以吨为单位，小数点后保留三位有效数字。若近三年内企业有停产，则向前追溯，提供最近三年平均产量或使用量。

【4. 来源（拍照上传）】填写危险化学品信息的来源资料名称，需注明资料的年代，如某某报表（2015年），并对危险化学品清单等关键信息拍照上传。

【5. 企业是否开展过清洁生产审核】通过访谈企业人员或查阅清洁生产审核报告等资料填写。

二、废气

【1. 是否排放废气】通过访谈企业人员或查阅排污申报相关资料填写，若无废气排放，则不需填

写第 2~6 项信息。

【2. 序号、3. 废气污染物名称】指企业排放的废气中重金属、有机物等有毒有害物质，可参考排污申报相关资料、环境影响报告、清洁生产审核报告等资料填报。

【4. 来源（拍照上传）】填写废气污染物的来源资料名称，需注明资料年代，并对关键信息拍照上传。

【5. 是否有废气治理设施】按现场踏勘实际情况填写。

【6. 是否有废气在线监测装置】按现场踏勘实际情况填写。

三、废水

【1. 是否产生工业废水】通过访谈企业人员或查阅排污申报相关资料填写，仅考虑工业废水（不包括生活污水）；若不产生工业废水，则不需填写第 2~6 项信息。

【2. 序号、3. 废水污染物名称】指企业产生的工业废水中重金属、有机物等有毒有害物质，可参考排污申报相关资料、环境影响报告、清洁生产审核报告等资料填报。

【4. 来源（拍照上传）】填写工业废水污染物的来源资料名称，需注明资料年代，并对关键信息拍照上传。

【5. 厂区内是否有废水治理设施】按现场踏勘实际情况填写。

【6. 是否有废水在线监测装置】按现场踏勘实际情况填写。

四、固体废物

【1. 是否产生一般工业固体废物】通过访谈企业人员或查阅排放污染物申报登记相关资料填写，若选否，则不需填写第 2~4 项信息。

【2. 厂区内是否有一般工业固体废物贮存区】通过访谈企业人员，并结合现场踏勘情况填写，若产生固体废物而无贮存（包括临时存放），则无须填写第 4 项的信息。

【3. 一般工业固体废物年贮存量】填写该企业厂区内一般工业固体废物近三年的年平均贮存量，以 t 为单位，小数点后保留三位有效数字。可参考排污申报相关资料、环境统计报表等资料。

【4. 一般工业固体废物贮存区地面硬化、顶棚覆盖、围堰围墙、雨水收集及导排等设施是否具备】按现场踏勘实际情况填写。若厂区内存在多个工业固体废物贮存区，每个贮存区上述设施都具备，则选择全具备；每个贮存区均无上述设施，则选择全不具备；其他情况选择部分具备。

【5. 是否产生危险废物】通过访谈企业人员或查阅排污申报相关资料填写，若选否，则不需填写第 6~8 项信息。

【6. 危险废物年产生量】填写该企业厂区内危险废物近三年的年平均产生量，以 t 为单位，小数点后保留三位有效数字。可参考排污申报相关资料、危险废物转移联单等资料填报。

【7. 危险废物贮存场所"三防"（防渗漏、防雨淋、防流失）措施是否齐全】按现场踏勘实际情况填写。

【8. 该企业产生的危险废物是否存在自行利用处置】通过访谈企业人员或查阅危险废物台账资料填写。

五、地块综合情况

【1. 重点区域总面积】需填写企业地块内重点区域的总面积，并分别填写各区域面积，以 m^2 为

单位，小数点后保留两位有效数字。地块内重点区域包括生产区、储存区、废水治理区、固体废物贮存或处置区，其中，生产区指产品及原辅材料生产、使用场所，包括生产车间、生产装置区等；储存区指产品、原辅材料、油品储存场所，包括储罐储槽所在区域、仓库、装卸区等；废水治理区指工业废水处理设施所在区域；固体废物贮存或处置区包括一般工业固体废物临时或永久性堆放场所、处置场所，危险废物临时贮存场所、自行利用或处置场所等。

【2. 重点区域地表（除绿化带外）是否存在未硬化地面、3. 重点区域硬化地面是否存在破损或裂缝】根据现场踏勘实际情况填写。

【4. 厂区内是否存在无硬化或防渗的工业废水排放沟渠、渗坑、水塘】主要指排放沟渠、渗坑、水塘是否存在无硬化或防渗的情况，导致废水直接接触土壤，根据现场踏勘实际情况填写。

【5. 厂区内是否有产品、原辅材料、油品的地下储罐或输送管线、6. 厂区内是否有工业废水的地下输送管线或储存池】根据现场踏勘或访谈企业人员情况填写。若两项中任何一项填是，则需填写第7项信息；否则不填。

【7. 厂区内地下储罐、管线、储水池等设施是否有防渗措施】指上述设施是否有防止污染物渗入到土壤、地下水中的措施，根据现场踏勘或访谈企业人员情况填写。

【8. 该企业是否发生过化学品泄漏或环境污染事故】通过访谈熟悉企业情况的环境监察人员或从环保部门、安监部门查阅相关记录如实填写，若企业曾发生过上述情况，则需相应填写发生次数。

【9. 该企业近3年内是否曾因废气、废水、固体废物造成的环境污染问题被举报或投诉】通过访谈熟悉企业情况的环境监察人员或从环保部门查阅相关记录如实填写，若企业曾发生过上述情况，则需相应填写次数。

【10. 该企业近3年内是否有废气、废水、固体废物相关的环境违法行为】通过地方环保局官方网站或环保部门查询《责令改正违法行为决定书》，判断该企业近3年内是否有废气、废水、固体废物相关的环境违法行为。若有，则需相应填写次数。

【11. 该地块土壤是否存在以下情况】通过现场踏勘、人员访谈或查阅相关记录，选择地块内任何区域存在的情况。

【12. 该地块地下水是否存在以下情况】通过现场踏勘、人员访谈或查阅相关记录，选择地块内任何区域存在的情况。其中，前三项地下水有颜色或气味等异常现象、地下水中能见到油状物质、现场快速检测设备显示地下水水质异常，需通过企业地块内或周边存在的水井进行观察。若周围无水井或无法进行地下水勘查，则不选。

该企业有易迁移的污染物（如六价铬、氯代烃、石油烃、苯系物等），需根据企业产品、原辅材料、"三废"等信息进行分析判断。

【13. 序号、14. 特征污染物名称】特征污染物指该企业生产、排污过程中产生的可能造成土壤污染的重金属、有机物等有毒有害物质。根据企业生产原辅材料、产品、"三废"情况等信息分析、填写地块特征污染物，可结合《省级土壤污染状况详查实施方案编制指南》（环办土壤函〔2017〕1023号）中附表E-3和附表E-4中各行业污染物辅助分析。

表 E-3 迁移途径信息调查表

一、土壤途径		
包气带（地下水位以上）土壤分层情况（自上而下）		
1. 是否有杂填土等人工填土层*	□是　　□否	
2. 土层序号	3. 土层性质*	
1	□碎石土　□砂土　□粉土　□黏性土　□不确定	
2	□碎石土　□砂土　□粉土　□黏性土　□不确定	
3	□碎石土　□砂土　□粉土　□黏性土　□不确定	
……		
二、地下水途径		
1. 地下水埋深*（m）		
2. 饱和带渗透性*	□砾砂土及以上　□粗砂土、中砂土及细砂土　□粉砂土及以下　□不确定	
3. 地块所在区域是否属于喀斯特地貌	□是　　□否	
4. 年降水量*（mm）		

填表说明：

一、土壤途径

【1. 是否有杂填土等人工填土层】参考企业工程地质勘察报告填写。

【2. 土层序号、3. 土层性质】指按土层颗粒级配或塑性指数划分的土地分类，按《岩土工程勘察规范》（GB 50021—2001）分为碎石土、砂土、粉土、黏性土。从土壤表面由上至下依次填写地下水位以上包气带各土层的土层性质，不包括杂填土等人工填土。可参考企业工程地质勘察报告填写。

二、地下水途径

【1. 地下水埋深】根据工程地质勘察报告填写，以 m 为单位，小数点后保留一位有效数字。

【2. 饱和带渗透性】以第一饱和含水层土质表征渗透性，根据工程地质勘察报告或现场勘查填写；若存在多个土层，则以渗透性最好的一层土质填写。土质分类参照《岩土工程勘察规范》（GB 50021—2001）：

（1）漂石（块石）土：粒径大于 20 cm 的颗粒超过总质量的 50%。

（2）卵石（碎石）土：粒径大于 2 cm 的颗粒超过总质量的 50%。

（3）圆砾（角砾）：粒径大于 2 mm 的颗粒超过总质量的 50%。

（4）砾砂土：粒径大于 2 mm 的颗粒占总质量的 25%～50%。

（5）粗砂土：粒径大于 0.5 mm 的颗粒超过总质量的 50%。

（6）中砂土：粒径大于 0.25 mm 的颗粒超过总质量的 50%。

（7）细砂土：粒径大于 0.075 mm 的颗粒超过总质量的 85%。

（8）粉砂土：粒径大于 0.075 mm 的颗粒超过总质量的 50%。

(9) 粉土：塑性指数等于或小于 10，且粒径大于 0.075 mm 的颗粒的质量不超过全部质量的 50%。

(10) 粉质黏土：粉粒小于黏粒，塑性指数 10~17。

(11) 黏土：主要由黏粒组成，塑性指数大于 17。

【3. 地块所在区域是否属于喀斯特地貌】根据当地地质资料填写。

【4. 年降水量】指地块所在区域气象部门统计的当地多年平均降水量，以 mm 为单位，保留整数。可参考环境影响报告等资料填写。

表 E-4 敏感受体信息调查表

1. 地块内职工人数*
2. 地块周边 500 m 范围内人口数量* □＞5 000　□1 000～5 000　□100～1 000　□＜100
3. 地块周边 1 km 范围内存在以下敏感目标及敏感目标到最近的重点区域的距离*（可多选） □无敏感目标 □幼儿园　　　　　（距离（m）_____） □学校　　　　　　（距离（m）_____） □居民区　　　　　（距离（m）_____） □医院　　　　　　（距离（m）_____） □集中式饮用水水源地（距离（m）_____） □饮用水井　　　　（距离（m）_____） □食用农产品产地　（距离（m）_____） □自然保护区　　　（距离（m）_____） □地表水体　　　　（距离（m）_____）
4. 地块所在区域地下水用途* □饮用或生活用水　□水源保护　□食品加工　□农业灌溉　□工业用途　□不开发　□不确定
5. 地块邻近区域（100 m 范围内）地表水用途*（若地块周边 100 m 范围内无地表水，则不填） □饮用或生活用水　□水源保护　□食品加工　□农业灌溉　□工业用途　□不利用　□不确定

填表说明：

【1. 地块内职工人数】指在该企业长期工作的职工人数，不包括临时性出入企业的人员。通过访谈企业人员填写。

【2. 地块周边 500 m 范围内人口数量】通过人员访谈或查阅环境影响报告等资料填写。

【3. 地块周边 1 km 范围内存在以下敏感目标及敏感目标到最近的重点区域的距离】通过查阅环境影响报告等资料、现场踏勘、人员访谈，选择地块周边 1 km 范围内存在的所有敏感目标，敏感目标包括幼儿园、学校、居民区、医院、集中式饮用水水源地、饮用水井、食用农产品产地、自然保护区和地表水体，同时估算敏感目标到地块内最近的重点区域边界的距离，并在手持智能终端系统中标出敏感目标的位置。可参考环境影响报告。

【4. 地块所在区域地下水用途】按地块所在区域地下水的用途填写，分为饮用或生活用水、水源保护、食品加工、农业灌溉、工业用途、不开发或不确定。可通过访谈水利部门或国土部门管理人员填写。

【5. 地块邻近区域（100 m 范围内）地表水用途】若地块周边 100 m 范围内有地表水体，则填写地表水用途，通过访谈企业人员或周边居民填写；若没有，则不填。

表 E-5　土壤或地下水环境监测调查表

一、土壤监测数据		
1. 土壤环境调查监测工作　　□未开展过　　□曾开展过 （若选择曾开展过，则需填写以下第 2~7 项内容，否则不填）		
2. 调查时间　　年		
3. 是否检出污染物超标　　□是　□否 （若选择是，则需填写以下第 4~6 项内容，否则不填）		
4. 序号	5. 超标污染物名称	6. 最大实测浓度/（mg/kg）
1		
2		
3		
……		
7. 来源		
二、地下水监测数据		
1. 地下水环境调查监测工作　　□未开展过　　□曾开展过 （若选择曾开展过，则需填写以下第 2~7 项内容，否则不填）		
2. 调查时间　　年		
3. 是否检出污染物超标　　□是　□否 （若选择是，则需填写以下第 4~6 项内容，否则不填）		
4. 序号	5. 超标污染物名称	6. 最大实测浓度/（μg/L）
1		
2		
3		
……		
7. 来源		

填报说明：

一、土壤监测数据

【1. 土壤环境调查监测工作】根据环保部门备案记录、企业相关记录，填写企业地块上是否曾开展过土壤环境调查监测工作，若有则需要根据监测数据填写第 2~7 项内容。若曾开展过多次调查监测工作，以最近一次监测数据为准，填写相关信息。

【2. 调查时间】完成土壤环境调查监测工作的时间。

【3. 是否检出污染物超标】根据调查监测结果，以《建设用地土壤污染风险筛选指导值》（正在修订过程中，实际应用时以公开发布的最新版本为准，在产企业土壤污染风险筛选值应按照非敏感用地执行）为标准，选择土壤样品中是否检出污染物超标。若有，需填写第 4~6 项内容；若无，则不填。

【4. 序号、5. 超标污染物名称、6. 最大实测浓度】依次填写检出的超标污染物名称和该污染物检测的最大浓度，以 mg/kg 为单位，小数点后保留两位有效数字。

【7. 来源】填写监测数据的来源，如某某报告（某某年）。

二、地下水监测数据

【1. 地下水环境调查监测工作】根据环保部门备案记录、企业相关记录，填写企业地块上是否曾开展过地下水环境调查监测工作，若有则需要根据监测数据填写第 2~7 项内容。若曾开展过多次调查监测工作，以最近一次监测数据为准，填写相关信息。

【2. 调查时间】完成地下水环境调查监测工作的时间。

【3. 是否检出污染物超标】根据调查监测结果，以《地下水水质标准》（DZ/T 0290—2015）的Ⅲ类水水质为标准，选择地下水样品中是否检出污染物超标。若有，需填写第 4~6 项内容；若无，则不填。

【4. 序号、5. 超标污染物名称、6. 最大实测浓度】依次填写检出的超标污染物名称和该污染物检测的最大浓度，以 μg/L 为单位，小数点后保留两位有效数字。

【7. 来源】填写监测数据的来源，如某某报告（某某年）。

参考文献

生态环境部，2021a. 工业企业土壤和地下水自行监测技术指南（试行）：HJ 1209—2021.

生态环境部，2021b. 重点监管单位土壤污染隐患排查指南（生态环境部公告2021年第1号）

生态环境部，国家市场监督管理总局，2018. 土壤环境质量　建设用地土壤污染风险管控标准（试行）：GB 36600—2018.

生态环境部南京环境科学研究所，2020. 全国重点行业企业用地土壤污染状况调查手持终端与信息管理系统用户手册：地块布点单位.

生态环境部南京环境科学研究所，2020. 全国重点行业企业用地土壤污染状况调查手持终端与信息管理系统用户手册：地块采样单位.

生态环境部南京环境科学研究所，2020. 全国重点行业企业用地土壤污染状况调查手持终端与信息管理系统用户手册：管理部门与质量控制单位.

生态环境部南京环境科学研究所，2020. 全国重点行业企业用地土壤污染状况调查手持终端与信息管理系统用户手册：基础信息采集单位.

生态环境部南京环境科学研究所，2020. 全国重点行业企业用地土壤污染状况调查手持终端与信息管理系统用户手册：样品测试单位.

王桥，魏斌，王昌佐，等，2010. 基于环境一号卫星的生态环境遥感监测. 北京：科学出版社.

赵英时，等，2003. 遥感应用分析原理与方法. 北京：科学出版社.

日本環境省，2022a. 土壌汚染対策法ガイドライン第1編：土壌汚染対策法に基づく調査及び措置に関するガイドライン（改訂第3.1版），第2章　土壌汚染状況調査.

日本環境省，2022b. 土壌汚染対策法施行規則（平成十四年環境省令第二十九号）（令和四年環境省令第二十六号による改正）.

日本環境省，2022c. 土壌汚染対策法ガイドライン第1編：土壌汚染対策法に基づく調査及び措置に関するガイドライン（改訂第3.1版），Appendix-1～Appendix-27.

Canadian Council of Ministers of the Environment，2008. National classification system for contaminated sites：guidance document.

French Environment and Energy Management Agency，2003. French approach to contaminated-land management-revision1.

U.K. Environment Agency，2007. Research and analysis：UK soil and herbage pollutant survey（UKSHS），https：//www.gov.uk/government/publications/uk-soil-and-herbage-pollutant-survey.

U.S. Environmental Protection Agency，1985. Drfat RCRA Preliminary Assessment - site Investigation Guidance（TD180U551985）．

U.S. Environmental Protection Agency，1991. Guidance for Performing Preliminary Assessments Under CERCLA（EPA/540/G-91/013）．

U.S. Environmental Protection Agency，1992. Hazard ranking system guidance manual（EPA540-R-92-026）．

Wood M D，Copplestone D，Crook P，2007. UK Soil and Herbage Pollutant Survey：Report No. 1 Introduction and Summary.

Wood M D，Copplestone D，Crook P，2007. UK Soil and Herbage Pollutant Survey：Report No. 2 Chemical and radiometric sample collection methods.